Lippert · Lippert

Kreuzworträtsel Medical English

Almut Lippert
Herbert Lippert

Kreuzworträtsel

Medical English

ein „etwas anderer" Sprachkurs

77 medizinische Kreuzworträtsel
zur Wiederholung und Erweiterung des
englischen Fachwortschatzes mit sprachlichen
Erläuterungen und in Arzt-Patient-Gesprächen
häufig benötigten Redewendungen

ELSEVIER
URBAN & FISCHER

URBAN & FISCHER
München · Jena

Zuschriften und Kritik an:
Elsevier GmbH, Urban & Fischer Verlag, Lektorat Medizinstudium, Alexander Gattnarzik, Karlstraße 45, 80333 München
e-mail: medizinstudium@elsevier.com

Anschriften der Verfasser:
Dipl.-Psych. Dr. Almut Lippert
Klinikum Wahrendorff
Rudolf-Wahrendorff-Straße 22
D-31319 Sehnde

Dipl.-Psych. Prof. Dr. Dr. Herbert Lippert
Schneeren, Am Großen Horn 1
D-31535 Neustadt

Bibliografische Information der Deutschen Bibliothek
Die Deutsche Bibliothek verzeichnet diese Publikation in der Deutschen Nationalbibliografie; detaillierte bibliografische Daten sind im Internet unter http://dnb.ddb.de abrufbar.

1. Auflage 2004

Der Urban & Fischer Verlag ist ein Imprint der Elsevier GmbH

Programmleitung: Dr. Dorothea Hennessen
Lektorat und Redaktion: Alexander Gattnarzik
Herstellung: Peter Sutterlitte
Satz: Verfasser
Druck und Bindung: KRIPS, Meppel
Umschlaggestaltung: SpieszDesign, Neu-Ulm

Printed in The Netherlands
ISBN 3-437-41462-3

Aktuelle Informationen finden Sie im Internet unter www.elsevier.com und www.elsevier-deutschland.de

Medical English trainieren mit Kreuzworträtseln

Das Englische wurde nach dem Zweiten Weltkrieg uneingeschränkt zur Sprache der Wissenschaft und der internationalen Verständigung. Auch die deutschen Ärzte, psychologischen Psychotherapeuten, Physiotherapeuten, Sporttherapeuten, Logopäden usw. kommen nicht mehr ohne Englischkenntnisse aus, wenn sie

- die international führenden Zeitschriften ihres Fachgebietes lesen wollen (sie erscheinen alle in englischer Sprache),
- an internationalen Kongressen teilnehmen wollen (selbst auf in Deutschland stattfindenden Veranstaltungen ist Englisch die Verhandlungssprache),
- fremdsprachliche Patienten behandeln wollen (die Wahrscheinlichkeit, dass der Patient etwas Englisch versteht, ist größer als bei allen anderen Sprachen, denn Englisch ist die Fremdsprache, die man weltweit am häufigsten in der Schule lernt).

Dazu ist es nicht nötig, fließend Englisch sprechen oder Shakespeare und Dickens im Original lesen zu können. Es genügen vielmehr die Grundkenntnisse der englischen Sprache, die alle deutschen Akademiker im Gymnasium erworben haben, ergänzt durch

- das Wissen, wie man die während des deutschen Studiums erlernten griechisch-lateinischen Fachbegriffe in ihre englische Version umsetzt,
- einen Basiswortschatz englischer medizinischer Fachbegriffe, die nicht den gemeinsamen griechisch-lateinischen Wurzeln entstammen, sondern aus der Gemeinsprache übernommen werden, z. B. kidney für Niere (die man auch in der deutschen Medizin kaum je Ren oder Nephrós nennt),
- die in Arzt-Patient-Gesprächen häufig vorkommenden Redewendungen, z. B. Fragen zur Vorgeschichte, Bitten zur Mitwirkung bei der Untersuchung, Erläuterungen zur Behandlung und zur Prognose.

Spielend lernen

Dieses Medical English kann man mit Hilfe einschlägiger Lehrbücher sehr systematisch erlernen. Für den gestressten Therapeuten ist dies mühsam. In diesem Buch wird ein alternativer, mehr spielerischer Weg versucht: ohne viel Theorie mit dem Übersetzen zu beginnen und nach dem Prinzip „Versuch und Irrtum" zu lernen. Dazu bieten sich im besonderen Maß Kreuzworträtsel an, die seit ihrer „Erfindung" in England vor mehr als 100 Jahren alle Schichten der Bevölkerung faszinieren.

Beim Kreuzworträtsel wird die Kenntnis von Begriffen in kunterbunter Reihenfolge gefragt und die Richtigkeit der Antwort durch die kreuzenden Wörter automatisch geprüft. Die Rätsel ermuntern auch bei nicht sicher bekannten Begriffen zum Raten und regen damit den Geist an. Über den Vorzügen sollte man auch die Schattenseiten nicht vergessen: Kreuzworträtsel fragen häufig nur ein „Lexikonwissen" ab und ein guter Kreuzworträtsellöser muss nicht unbedingt mit seinem Wissen etwas anfangen können.

Deutsch und Englisch nahe verwandt

Der Deutschsprachige hat es sehr viel leichter, Medical English zu erlernen, als die meisten Nichtenglischsprachigen, da das Englische und das Deutsche als germanische Sprachen eine gemeinsame Wurzel haben. Im 5. Jahrhundert n. Chr. besetzten Angeln, Sachsen und Jüten große Teile der Insel und brachten ihre Sprache mit. Das Altenglische könnte man einen niederdeutschen Dialekt nennen. Entscheidend für die weitere Entwicklung wurde die Eroberung Englands durch die Normannen (1066). Wenn sich auch das dann von der Oberschicht gesprochene Französisch auf die Dauer nicht durchsetzen konnte, so drangen doch viele romanische Elemente in die englische Sprache ein. Im Neuenglischen gibt es deshalb oft zwei Wörter für den gleichen Gegenstand, z. B. windpipe und trachea für Luftröhre. Die aus dem Angelsächsischen stammenden Wörter sind meist dem Deutschen sehr ähnlich, z. B. lung/Lunge, heart/Herz, liver/Leber, zum Teil sogar gleich, z. B. arm/Arm, hand/Hand, finger/Finger.

Viele Fachbegriffe identisch

In der englischsprachigen Medizin werden weitgehend die gleichen aus dem Griechischen oder Lateinischen abgeleiteten Wortstämme, Vor- und Nachsilben zur Begriffsbildung verwendet wie in der deutschsprachigen. Die Endungen werden im Englischen wie im Deutschen oft der Landessprache angepasst, z. B. therapy/Therapie, psychologist/Psychologe.

Fachsprache und nicht nur Terminologie

Auch mit umfassendster Kenntnis der englischen Terminologie kann man in Gesprächen mit Patienten oder Kollegen nur wenig anfangen, wenn man keine Sätze damit bilden kann. Um dem gesprochenen Medical English etwas näher zu kommen, sind daher mehr als 300 Redewendungen aus Arzt-Patient-Gesprächen in die Rätsel eingebaut. Darüber hinaus werden auch die nach Wortzählungen in medizinischen Texten am häufigsten gebrauchten Verben, Adjektive, Pronomen usw. in den Rätseln gefragt. Dazu werden hunderte Beispiele für deren Anwendung in medizinischen Zusammenhängen gegeben.

Abkürzungen

Fachsprachen sind gekennzeichnet durch die nahezu unendliche Zahl der für den außen Stehenden meist unverständlichen Abkürzungen. Es sollte den Leser daher nicht überraschen, wenn diese auch in den Rätseln reichlich vorkommen. Sie dienen nicht nur als Lückenfüller, wenn die Buchstabenkombinationen keine Wörter mehr ermöglichen. Sie regen in doppeltem Sinn zum Nachdenken an: Ist für einen deutschen Begriff eine englische Abkürzung gefragt, so muss man zunächst einen oder mehrere passende englische Begriffe suchen und in einem zweiten Arbeitsgang sich dafür geeignete Abkürzungen überlegen. Einige Leitlinien mögen hilfreich sein:

- Die Elementsymbole sind im Deutschen und im Englischen identisch: Auch wenn Natrium im Englischen sodium heißt, das Elementsymbol bleibt Na. Identisch sind auch die Einheitenzeichen, wie mmol, kJ.
- Viele Abkürzungen für chemische Verbindungen sind international und daher im Englischen und Deutschen identisch, z. B. ChE für Cholinesterase. Manche unterscheiden sich nur geringfügig, z. B. DNA für DNS, wobei das S für Säure durch A für acid ersetzt wird (allerdings ist auch bei uns DNA schon weitgehend üblich).
- Bei mehrgliedrigen Begriffen ist die Reihenfolge der Teile im Englischen meist anders als im Lateinischen: Aus Arteria carotis interna wird internal carotid artery und damit die Abkürzung ICA. Auch gegenüber dem Deutschen bestehen manchmal traditionelle Unterschiede der Reihung: Aus HNO (Hals-Nasen-Ohren) wird ENT (ear, nose, and throat) oder ORL (otorhinolaryngology).
- Im Englischen wird häufiger als im Deutschen der aus den alten Sprachen abgeleitete Begriff verwendet, z. B. für Herz-Kreislauf-System CVS (cardiovascular system) und für Frauenheilkunde und Geburtshilfe OBG (obstetrics and gynecology). Es kommt aber auch das Umgekehrte vor: Aus dem ambulanten Patienten wird OP (outpatient) und mithin aus der Ambulanz/Poliklinik OPD (outpatient department), während AMB (ambulance) der Krankenwagen ist.
- Manche traditionelle deutsche Abkürzung hat im Englischen eine ganz andere Bedeutung. z. B. RR (Riva-Rocci für Blutdruck) wird vom Englischsprachigen zunächst als recovery room (Aufwachraum) verstanden. Umgekehrt ist man als deutscher Arzt geneigt, RUA als rechten Unterarm zu deuten, es handelt sich aber um den rechten Oberarm (right upper arm).
- Letztlich sind alle Abkürzungen mehrdeutig und werden häufig je nach Fachgebiet unterschiedlich gebraucht, z. B. IA für intraarterial, intraarticular, intraatrial, intraaortic, infiltration anesthesia oder AI für artificial intelligence, artificial insemination, aortic insufficiency, apical impulse (Herzspitzenstoß) usw. Da die meisten Abkürzungen nicht genormt sind, gibt es manchmal mehrere gängige Abkürzungen für den gleichen Begriff, z. B. LE (left eye) und OL (oculus laevus) für linkes Auge.

Britisches und amerikanisches Englisch

Mehr als die Hälfte der Menschen mit Muttersprache Englisch lebt in den USA. Das amerikanische Englisch weicht in Aussprache und Schreibweise geringfügig vom britischen Englisch ab. So wird bei den aus dem Lateinischen stammenden Fachbegriffen ae und oe meist durch einfaches e ersetzt, z. B. hematology statt haematology. Die Schreibweise von aus dem romanischen Sprachraum stammenden Wörtern wird oft vereinfacht, z. B. color statt colour, center statt centre. In diesem Buch wird die amerikanische Schreibweise verwendet, wenn nichts anderes vermerkt ist.

Bitte um Rückkoppelung

Den beiden „Rätselmachern“ (Tochter und Vater) war die Gestaltung der Rätsel eher Vergnügen zwischen der Arbeit an „ernsthaften“ Büchern, und sie wünschen diesen Spaß ebenso ihren Lesern.

Die Verfasser haben mit ihrem „Sprachkurs“ Neuland betreten. Ähnlich wie eine Arzt-Patient-Beziehung nur dann gut sein kann, wenn der Arzt auf die Bedürfnisse des Patienten eingeht, kann das Rätselprojekt nur gelingen, wenn Beurteilungen und Hinweise von den Lesern kommen. Schreiben Sie, bitte, freimütig Ihre Wünsche.

Almut Lippert
Herbert Lippert

Spielregeln

für die Kreuzwortgitterrätsel in diesem Buch

1. Es wird die amerikanische Schreibweise mit e statt ae und oe bevorzugt, z. B. HEMATOMA, ESOPHAGUS; falls die britische Schreibweise gefragt ist, z. B. HAEMATOMA, OESOPHAGUS, wird dies ausdrücklich vermerkt
2. Mehrgliedrige Begriffe und Redewendungen werden ohne Zwischenräume geschrieben, z. B. what brought you here? → WHATBROUGHTYOUHERE
3. Apostroph, Bindestriche und Satzzeichen entfallen, z. B. Baker's cyst → BAKERSCYST
4. Ziffern und griechische Buchstaben werden ausgeschrieben, z. B. 10th rib → TENTHRIB

1

Waagerecht:

1 (Aus Arzt-Patient-Gespräch:) Ich werde Sie gründlich untersuchen
10 Linker Oberlappen (Abkürzung)
11 Orale Rehydratationslösung (Abkürzung)
13 Herzmuskelentzündung
15 Niemand, in keiner Weise, z. B. … too soon (im letzten Augenblick)
16 Linker Vorhof
18 Geschmacksverlust
20 Lungenembolie (Abkürzung)
21 Außenrand der Augenhöhle
22 Urogenital (Abkürzung)
23 Rolle, Spirale
24 Verzichten, (Stellung) aufgeben
27 Handelnder, Täter
29 Ärztlicher Notdienst (Abkürzung)
31 Knochengerüst
32 Oft, häufig, z. B. more … than not (meistens)
33 Schlagvolumen (Abkürzung)
34 Nein, z. B. … code (Hinweis in Krankenakte, dass kein Wiederbelebungsversuch unternommen werden soll)
36 Büschel, z. B. … of hair (Haarbüschel)
39 Extravasal (Abkürzung)
40 Aortenbogen
42 Einzig, allein, nur, z. B. the … daughter (die einzige Tochter), my one and … hope (meine einzige Hoffnung)
45 Kampfplatz
46 Dieses Syndrom (Akronym) droht nach Entfernung der Milz, vor allem im Kindesalter
47 Viel, sehr, z. B. … like a child (ganz wie ein Kind)
49 Herr (Abkürzung)
50 Reizblase
51 „Nichts durch den Mund“ (Nüchternvorschrift vor Eingriffen) (Abkürzung)
52 Herzspitzenstoß (Abkürzung)
53 Sumpf, z. B. … fever (Sumpffieber, Leptospirose)
54 Millicurie (Einheitenzeichen [SI-Einheit der Aktivität einer radioaktiven Substanz ist das Becquerel, 1 Millicurie entspricht 37 MBq])
55 R. interventricularis anterior der A. coronaria sinistra (Abkürzung)
56 Hängen, z. B. …over (Überrest, Katzenjammer, Kater)
57 Serumhepatitis (Abkürzung)
58 Zinn
59 Elle
61 Empfohlene tägliche Aufnahme (Abkürzung)
62 Code der Alphaaminosäure Cystein
63 Küssen, z. B. …ing disease („Kusskrankheit“, infektiöse Mononukleose)
64 Nichteiweißstickstoff (Abkürzung)
65 Bequemlichkeit
67 Null, Nullpunkt
68 Es (bei Sigmund Freud)
69 (Aus Arzt-Patient-Gespräch:) Wird Ihr Ehemann zustimmen?

Senkrecht:

1 (Aus Arzt-Patient-Gespräch:) Ich würde sie jetzt gerne untersuchen
2 Unterlid (Abkürzung)
3 Lendengegend
4 Code der Alphaaminosäure Glycin (Aminoessigsäure)
5 Samenerguss
6 Ungleichheit, Gewinnchance, z. B. the … are 10 to 1 (die Chancen stehen 10 zu 1)
7 Von selbst entstehend
8 ° C (Celsius)
9 (Aus Arzt-Patient-Gespräch:) Bitte drehen Sie sich auf ihre rechte Seite!
12 Weiches Gewebe, z. B. … rheumatism (Weichteilrheumatismus)
14 Stoff (im Drogenjargon Suchtmittel)
17 Verlagerung, Umsiedlung, z. B. … stress syndrome
19 Ei
20 Taube, z. B. … breader’s lung (Vogelzüchterlunge)
25 Interstitielle Keratitis (Abkürzung)
26 Zähne
28 Beschäftigungstherapeut (Abkürzung)
30 Seelenblindheit, Rindenblindheit
35 Luftröhrenschleimhaut
37 Zwangsdenken, Gedankendrängen
38 Trigeminusneuralgie (Abkürzung)
41 Klopfmassage
43 Hinter dem Brustbein gelegen, z. B. … pain
44 Urangst
47 Schlecht angepasst, unausgeglichen
48 Knisterndes Reibegeräusch, z.B. von Knochenfragmenten und bei Pneumonie
49 Hilfsmittel, Werkzeug, z. B. by … of (mittels), to find the … (Mittel und Wege finden)
60 Helfen, Hilfe, Helfer
66 Dem deutschen BKS oder BSR entsprechend

1

1
2
3
4
5
6
7
8
9
10
11
12
13
14
15
16
17
18
19
20
21
22
23
24
25
26
27
28
29
30
31
32
33
34
35
36
37
38
39
40
41
42
43
44
45
46
47
48
49
50
51
52
53
54
55
56
57
58
59
60
61
62
63
64
65
66
67
68
69

2

Waagerecht:

1 (Aus Arzt-Patient-Gespräch:) Verspüren Sie Brennen beim Wasserlassen? (do you have ...)
10 Verweisen, überweisen, z. B. to ... a patient to a specialist (einen Patienten an einen Facharzt überweisen)
11 Rollenwechsel
14 Geldsumme, Kapital, z. B. public ...s (öffentliche Mittel)
16 (Dringendes) Bedürfnis, z. B. in case of ... (im Notfall)
17 Stimmgabel (für Hörtest)
19 Lehre vom Licht
22 Schmerz
24 Palpebra (Kurzform)
25 Arterienwand
26 Blutbildung (britische Schreibweise)
27 Negativer endexspiratorischer Druck (Abkürzung)
29 Schicksal, z. B. to seal someone's ... (jemandes Schicksal besiegeln)
30 Hatte, gehabt, z. B. she ... her arm broken (sie brach sich den Arm)
31 Auffälliges, charakteristisches Krankheitszeichen
33 Körperlicher Allgemeinzustand (Abkürzung)
34 Essentielle Fettsäuren (Abkürzung)
38 Gallenblasenkrebs
42 Dass, jene, jener, z. B. let it go at ... (lassen wir es dabei bewenden)
43 Ausströmen, z. B. to ... into tears (in Tränen ausbrechen)
44 Ambulanter Patient
46 Harnwegsinfektion (Abkürzung)
47 Dünndarm
49 Kurzbezeichnung für Ohrtrompete (auditory ...) und Eileiter (uterine ...)
50 Schwung, Elan, z. B. ... pill (Aufputschmittel)
51 Sauerstoffschuld
53 Ordnung, Reihenfolge, befehlen, anordnen, z. B. in alphabetical ...
54 Linker Vorhof (Abkürzung)
56 Daumenballenvorwölbung
59 Subkutan (Abkürzung)
60 (Aus Arzt-Patient-Gespräch:) Wie fühlen Sie sich zur Zeit?

Senkrecht:

1 (Aus Arzt-Patient-Gespräch:) Atmen Sie durch den Mund!
2 Kindstod (im ersten Lebensjahr)
3 Glomeruläre Filtrationsrate (Abkürzung)
4 Verhärtung (des Gewebes)
5 Herde, z. B. ... instinct (Herdentrieb)
6 Rollenspiel
7 Nekrotisierende (pseudomembranöse) Enterokolitis (Abkürzung)
8 Umpflanzen, verpflanzen (auch von Organen)
9 (Aus Arzt-Patient-Gespräch:) Sie benötigen keine besondere Behandlung (you don't ...)
10 Nierenmark
12 Neon (Elementsymbol)
13 Lehre von den Magen- und Darmkrankheiten (Abkürzung)
14 Foramen ovale (Abkürzung)
15 Natürliche Killerzellen (Abkürzung)
18 Todesangst
20 Idealgewicht (Abkürzung)
21 Aufhalten, zum Stillstand bringen
23 Akute Leukämie (Abkürzung)
28 Elektroenzephalogramm (Abkürzung)
29 Muskelhülle, z. B. ... lata
32 Intravenöse Cholangiographie (Abkürzung)
35 Herdförmige Hauthypoplasie (Abkürzung)
36 Prominentia laryngis (ugs.)
37 Angsttraum
39 Bürstensaum (an Epithelzellen)
40 Ergotherapie (Abkürzung)
41 Ein Zytoplasmaeiweiß in Muskelzellen
44 Öl, z. B. olive ... (Olivenöl)
45 Zurückziehen, entziehen, z. B. ...al symptoms (Entzugserscheinungen)
48 Auge
50 (Kinder-)Töpfchen
52 Zahnfleisch
55 Schlinge, Schleife, z. B. ... cervicalis (Schlinge des Halsnervengeflechts)
57 Handlung, Tat, handeln, eine Rolle spielen
58 Immunglobulin mit hohem Molekulargewicht

2

1 2 3 4 5 6 7 8 9
10 11 12 13
14 15 16
17 18 19 20
21 22 23
24 25
26 27 28
29
30 31 32 33
34 35 36 37
38 39 40 41
42
43 44
45
46 47 48
49
50 51 52
53 54 55
56 57 58
59
60

3

Waagerecht:

1 (Aus Arzt-Patient-Gespräch:) Sind sie zu Ihrem Arzt gegangen?
10 Kindliche Herztöne (Abkürzung)
11 Windstoß, Explosion, plötzliche Erkrankung
13 Lauge, … poisoning (Laugenverätzung)
14 Stumpf, dumpf, z. B. … pain
16 Kitzeln, z. B. to … the soles of someone's feet (jemanden an den Fußsohlen kitzeln)
17 Gebärmutterhorn
18 Gastroösophagealer Reflux (Abkürzung)
19 Tausendfaches der SI-Einheit der elektrischen Spannung (Einheitenzeichen)
20 Essen
21 Schlamm, z. B. … bath (Schlammbad)
22 Sogar, eben, z. B. … features (regelmäßige Gesichtszüge)
24 Brüllen, z. B. to … with pain (vor Schmerz brüllen)
25 Arzneimittel oder Apotheker betreffend
26 Code der Alphaaminosäure Phenylalanin
27 Mädchenhaft, jungfräulich, unberührt, z. B. …hood (Jungfräulichkeit)
28 Das Ohr betreffend
29 Fettleibig
30 Zoll (2,54 cm)
31 Wer, z. B. the patient … arrived yesterday (der Patient, der gestern ankam)
32 Strahl, z. B. x-… (Röntgenstrahl)
34 Gebärmutter, Schoß, Mutterleib (ugs.), z. B. from the … to the tomb (von der Wiege bis zur Bahre)
35 Badezimmer, Klosett, z. B. … training (Reinlichkeitserziehung)
38 Zittern, schwingen, vibrieren
40 Zwölffingerdarmgeschwür (Abkürzung)
41 Fieber unbekannter Herkunft (Abkürzung)
42 Rechter Brustbeinrand (Abkürzung)
43 Immer, ständig, z. B. As … yours (stets Ihr, Briefschluss)
45 Kernspinresonanz (Abkürzung)
46 Vollständiges Blutbild (Abkürzung)
47 Offenbaren, aufdecken, z. B. to … a secret (ein Geheimnis enthüllen)
48 Arbeiten, funktionieren, z. B. to be …d (operiert werden)
49 Eisen (Elementsymbol)
50 Verstand, Gemüt, z. B. to be in one's rigth … (bei vollem Verstand sein)
52 Gebrauchen, benutzen, z. B. ready for … (gebrauchsfertig), of no … (unbrauchbar)
53 Furchtbar, schrecklich
54 Kippen, z. B. … table (Kipptisch)
55 Ertrinken
56 Rechtsseitiger Leistenbruch (Abkürzung)
57 Erster schräger Durchmesser (Fechterstellung)
58 Linker Rippenbogen (Abkürzung)
59 Herzindex (Abkürzung)
61 Einheit, z. B. international … (internationale Einheit)
64 (Aus Arzt-Patient-Gespräch:) Tröpfelt Ihr Harn?

Senkrecht:

1 (Aus Arzt-Patient-Gespräch:) Fühlen sie Schmerzen, wenn Sie beugen?
2 Eierstockkrebs
3 Von, z. B. a friend … mine (ein Freund von mir), it is true … every case (das trifft in jedem Fall zu)
4 Entfernung der Schilddrüse
5 Beschäftigungstherapie (Abkürzung)
6 Harnleiterentzündung
7 Entdecken
8 Lebertran
9 (Aus Arzt-Patient-Gespräch:) Drehen Sie sich auf Ihre linke Seite!
11 Rinderbandwurm
12 Instrument zur Wärmemessung
13 Längswölbung des Fußes
15 Obere Extremität (Abkürzung)
23 Nein, z. B. … code (Hinweis in Krankenakte, dass kein Wiederbelebungsversuch unternommen werden soll)
27 Maschinengeräusch (bei offenem Ductus arteriosus)
30 Zwischen Zellen
31 Geistige Fähigkeiten, z. B. to be at one's …'s end (mit seiner Weisheit am Ende sein)
33 Akuter Herzinfarkt (Abkürzung)
36 Elfte Rippe
37 Kegelförmige Gewebeentnahme (aus dem Gebärmutterhals)
38 Lebensnotwendiger Nahrungsbestandteil
39 Knochenmark
40 Taub
41 Vorgehen, Verfahrensweise, Reihenfolge der Schritte
44 Vakuumextraktion (Abkürzung)
51 Diabetes insipidus (Abkürzung)
60 Kupfer (Elementsymbol)
62 Nickel (Elementsymbol)
63 Luftröhre und Bronchen betreffend (Abkürzung)

3

1
2
3
4
5
6
7
8
9
10
11
12
13
14
15
16
17
18
19
20
21
22
23
24
25
26
27
28
29
30
31
32
33
34
35
36
37
38
39
40
41
42
43
44
45
46
47
48
49
50
51
52
53
54
55
56
57
58
59
60
61
62
63
64

4

Waagerecht:

1 (Aus Arzt-Patient-Gespräch:) Wie lange haben Sie schon diesen Ausfluss aus Ihrem Ohr? (how long have you had this …)
11 Karzinoembryonales Antigen (Abkürzung)
12 Verleugnung
13 Synoviale Zyste in der Kniekehle (Eponym)
18 Polymerasekettenreaktion (Abkürzung)
19 Tatsächlich, wirklich, z. B. … feelings (aufrichtige Gefühle)
21 Wissenschaft von den Zähnen, Zahnkunde
22 Flüssigkeit (Abkürzung)
23 Auf, an, z. B. once … a time there was (es war einmal)
25 Megacolon congenitum (Eponym)
30 Geflügel(fleisch)
31 Valeriansäure
33 Auch, ferner, außerdem
35 Nessel, z. B. stinging … (Brennnessel), … rash (Nesselausschlag)
36 Vorgefühl, Vorsymptome (vor Anfall)
37 Hochzeit, Ehe, z. B. … therapy (Ehepaarbehandlung)
38 Gammaglutamyltransferase (Abkürzung)
41 Poliovirus-Schluckimpfstoff (Abkürzung)
42 Roh, ungekocht, unbearbeitet, z. B. … data (noch nicht ausgewertete Daten)
43 Grenzwerthypertonie (Abkürzung)
44 Schärfe (der Wahrnehmung)
47 Kleinster Tagesbedarf (Abkürzung)
48 Knochenhaut
51 Basaltemperatur (Abkürzung)
53 Brom (Elementsymbol)
54 Mager, z. B. … face (hageres Gesicht), … body mass (fettfreie Körpermasse)
55 Lesestörung
57 Diabetes insipidus (Abkürzung)
58 Ekzem (Abkürzung)
59 Englische Biersorte
60 Gonadotropin-Releasinghormon (Abkürzung)
61 Fehlen körperlicher und/oder geistiger Aktivität bei wachem Bewusstsein
63 Einspritzen
65 Purinarme Kost
67 Verbieten
68 Knaben, z. B. the science … (scherzhaft für „die Wissenschaftler“)
70 Geruch
71 Wismut (Elementsymbol)
72 Zweiter Halswirbel
75 (Aus Arzt-Patient-Gespräch:) Sie haben einen Muskel gezerrt

Senkrecht:

1 (Aus Arzt-Patient-Gespräch:) Hatten Sie eine normale Entbindung?
2 Sonne; z. B. …downing (Verwirrungszustand älterer Menschen in den dunkleren Abendstunden)
3 Gesundheitsfürsorge
4 Rheumafaktor (Abkürzung)
5 Rechte untere Extremität (Abkürzung)
6 Halsmuskeln
7 Unbewusst (Abkürzung)
8 Hinter dem Blinddarm gelegen, z. B. … recess
9 Operative Darm-zu-Darm-Verbindung (Abkürzung)
10 (Aus Arzt-Patient-Gespräch:) Drehen Sie sich auf Ihre rechte Seite!
14 Index zur Vitalitätsbeurteilung von Neugeborenen (Eponym)
15 Retroperitoneale Fibrose (Abkürzung)
16 Vollständiger Rückgang von Symptomen (Abkürzung)
17 Chlor (Elementsymbol)
20 Erythema nodosum (Abkürzung)
23 Einseitig, z. B. … paralysis (einseitige Lähmung)
24 Schweifkern (Abkürzung)
26 Rollenumkehr
27 Sozialarbeiter
28 Glomerulusfiltrat (Abkürzung)
29 Destilliertes Wasser (Abkürzung)
32 Tod
34 Bein
39 Ausbrechen (Hautausschlag), durchbrechen (Zähne)
40 Lendenlordose
45 Kälteschaden
46 Sein (to … or not to …, Hamlet)
49 Zehnte Rippe
50 Nicht abgestiegen, z. B. … testis
52 Pulmonalstenose (Abkürzung)
53 Bett
56 Mutterkuchen
62 Kontrastmittel-Röntgenbild der Harnorgane
64 Arbeit, z. B. this is not everybody’s … (das ist nicht jedermanns Sache)
66 Fähig, imstande
69 Ein Dispersionszustand von Kolloiden
73 Xylulose (Abkürzung)
74 Subkutan (Abkürzung)

4

5

Waagerecht:

1 (Aus Arzt-Patient-Gespräch:) Haben Sie Krampfanfälle?
8 Sprungbeinhals
11 Endpunkt der Erdachse, Ende eines Organs, z. B. superior … of kidney (oberer Nierenpol)
12 Herzfrequenz (Abkürzung)
13 Auf den Mund bezogen, z. B. … character (Persönlichkeitstyp in Psychoanalyse)
15 Vermehrte Blutfette
17 Zonenförmig, gürtelförmig
19 Trigeminusneuralgie (Abkürzung)
20 Rechte Lungenarterie
24 Fehlgeburt (Abkürzung)
25 Irren, z. B. to … is human
26 Stimmband
29 Interleukin (Abkürzung)
30 In hinein, zu, nach, z. B. to translate … German (ins Deutsche übersetzen)
31 Tatsächlich, wirklich, z. B. … feelings (aufrichtige Gefühle)
32 Einpolig, z. B. … neuron (unipolare Nervenzelle)
34 Schürze
37 Dr. med. (Abkürzung)
38 Trommelfellentzündung
39 Von der UICC (International Union Against Cancer) festgelegtes Einteilungssystem der Tumorstadien
42 Geschlechtskrankheit (Abkürzung)
43 Cholinesterase (Abkürzung)
44 Nervenknoten (Mehrzahl)
46 Grau (britische Schreibweise), z. B. … matter = … substance (graue Substanz im Zentralnervensystem)
47 Raum, z. B. … temperature (Raumtemperatur)
50 Dieses Syndrom (Akronym) droht nach Entfernung der Milz, vor allem im Kindesalter
51 Aufwachraum (Abkürzung)
52 Bleichen, erbleichen, z. B. … test (am Fingernagel)
54 Rezeptfrei (Abkürzung)
55 Kobalt (Elementsymbol)
57 Ringförmig
58 Höchste zulässige Tagesdosis (Abkürzung)
59 Insulinpflichtiger Diabetes mellitus (Abkürzung)
61 Spucken, z. B. … out (ausspucken)
62 Ateminsuffizienz (Abkürzung)
63 Extrazellulär (Abkürzung)
64 (Krankheits-)Einsicht, Verständnis
66 Hacken-Schienbein-Versuch
67 (Aus Arzt-Patient-Gespräch:) Ist Ihr Stuhlgang [Ihre Därme] regelmäßig?

Senkrecht:

1 (Aus Arzt-Patient-Gespräch:) Wie lange haben Sie schon diesen Ausfluss aus Ihrer Scheide? (how long have you had this …)
2 Geschwürig, z. B. … inflammation (geschwürige Entzündung)
3 Lärm, Aufheben (much … about nothing, Shakespeare)
4 Zauber, Liebreiz, z. B. … away (wegzaubern)
5 Syphilis (Abkürzung)
6 Einpflanzung, Einnistung (der Blastozyste)
7 (Aus Arzt-Patient-Gespräch:) Haben Sie Blut in Ihrem Harn bemerkt? (have you ...)
8 Schlummern, ein Nickerchen machen
9 Natürliche warme Heilquelle
10 Dieses durch Bartonella bacilliformis erregte Fieber ist auf Peru, Ecuador und Kolumbien beschränkt
13 Unze (31,1 g) (Einheitenzeichen)
14 Vor der Geburt (Abkürzung)
16 Elektrisch geladenes Teilchen, das aus einem Atom oder Molekül durch Zufuhr oder Entzug von Elektronen entsteht
18 Frequenz (Abkürzung)
19 (Charakter-)Zug
21 Altersheilkunde
22 Unbedingt, z. B. … responce (unbedingte Reaktion)
23 Antihämophiles Globulin (Abkürzung)
27 Schlimm, schlecht, krank, z. B. to be taken … (krank werden)
28 Fehlen der Granulozyten
33 Zugrunde liegend, z. B. … disease (Grundkrankheit)
35 Schrittmacher (Abkürzung)
36 Seltsam, überzählig, z. B. … number (ungerade Zahl),
40 Stützzelle in Hodenkanälchen (Eponym)
41 Unvollständig, z. B. … fistula (Blindgang)
42 Gefäßwirksam
45 Inkubationszeit (Abkürzung)
48 Orotsäure (Abkürzung)
49 Metakarpal (Abkürzung)
53 Einheitenzeichen für die abgeleitete gesetzliche SI-Einheit der Frequenz
55 Scharfer Löffel
56 Gewebe
60 Monozygot (Abkürzung)
65 Code der Alphaaminosäure Tyrosin
66 Gesundheitserhaltungsorganisation (Abkürzung)

5

6

Waagerecht:

1 (Aus Arzt-Patient-Gespräch:) Hatten Sie je Asthma?
9 Myeloblastenleukämie (Abkürzung)
10 Anti-T-Lymphozyten-Globulin (Abkürzung)
11 Wechselseitig, z. B. ... aid (gegenseitige Hilfe)
12 Sinusknoten (Abkürzung)
13 Kieferorthopädie
14 Tun, machen, z. B. what can I ... for you? (was kann ich für Sie tun), to ... one's best (sich alle Mühe geben)
15 Sand, z. B. ... bath (Sandbad), ... flea (Sandfloh)
17 Aufwachraum (Abkürzung)
18 Zahnfleisch
19 Zentralbehörde für das Arzneimittelwesen der USA (Abkürzung)
20 Rechter Unterlappen (Abkürzung)
21 Zurückbehalten, z. B. ...ed placenta (nicht innerhalb von 30 Minuten nach Geburt des Kindes ausgestoßene Plazenta)
23 Schulden, schuldig sein, z. B. to this circumstance she ...s her life (diesem Umstand verdankt sie ihr Leben)
24 Schwere kombinierte Immundefektkrankheit (Abkürzung)
26 Luft
27 Humanes Leukozytenantigen (Abkürzung)
28 Hammer (Gehörknöchelchen)
29 Diphosphat (Abkürzung)
30 Ich, Selbst (lat.), z. B. ...centric (übertrieben selbstbezogen), ...ism (Selbstsucht)
31 Lupus erythematodes (Abkürzung)
32 Aus zwei Alkoholmolekülen unter Wasseraustritt entstehende Verbindung
33 Blutungszeit (Abkürzung)
35 Eins, ein, z. B. ... man in ten (jeder Zehnte)
36 Über, z. B. to worry ... something (sich wegen einer Sache Sorgen machen)
37 Ring, läuten, z. B. to have the ... of truth (wahr klingen)
39 Röntgenaufnahme des Bauchraums (Abkürzung)
40 Beobachtung
43 Ehrfurcht, Scheu
44 Cyanidgruppe (chemische Formel)
45 Streng, hart, z. B. ... necessity (bittere Notwendigkeit)
49 Stab, Personal, Belegschaft, z. B. medical ... (ärztliches Personal [eines Krankenhauses])
51 Ohrenlaufen
52 Atrioventrikulär (Abkürzung)
53 Magnetresonanz (Abkürzung)
55 Auf den neuesten Stand bringen
56 Frostschaden, Erfrierung
57 Liquor cerebrospinalis (Abkürzung)
58 Lauge, ... poisoning (Laugenverätzung)
59 Kugelbakterien
60 Wissenschaft, die biologische Regelkreise auf die Elektronik überträgt
61 Zwölfte Rippe
63 (Aus Arzt-Patient-Gespräch:) Wie viele Tage bluten [verlieren] Sie (bei der Monatsblutung)?

Senkrecht:

1 (Aus Arzt-Patient-Gespräch:) Wie lange haben Sie (schon) einen Husten?
2 Gelbfieber
3 Jemand, der sich mit pflanzlichen Nahrungsmitteln (evtl. plus Eier und Milchprodukte) ernährt
4 Entzündung von Nervenwurzeln, Rückenmarkhäuten und Rückenmark
5 Höchster Punkt
6 Durch Willkürbewegungen ausgelöstes Zittern
7 Übermittlung (Nervenimpuls), Übertragung, Ansteckung (Krankheit)
8 (Aus Arzt-Patient-Gespräch:) Es ist nicht hundertprozentig verlässlich (It's not ...)
9 Gestaltwandel
10 Platzangst
12 Signal-Rausch-Verhältnis (Abkürzung)
16 Wahrheitsgemäß, aufrichtig, z. B. I am ... sorry (es tut mir aufrichtig leid)
22 Kern (Abkürzung)
25 Untätig, faul, eitel, z. B. ... attempt (vergeblicher Versuch)
34 Zu zahlreich zum Zählen (Abkürzung)
38 Zahnfleischentzündung
39 -273,16° C
41 (Gutartige) Geschwulst der quergestreiften Muskulatur
42 Thyrotropin-Releasinghormon (Abkürzung)
46 Zittern (Abkürzung)
47 Wegfressen, erodieren
48 Die am häufigsten vorkommende Art von Granulozyten (Kurzbezeichnung)
50 Fruchtbarkeit
54 Fort, weg, z. B. ... duty (nicht im Dienst, dienstfrei)
60 Neigen, sich verneigen, z. B. ... one's head
62 Fieber unbekannter Ursache (Abkürzung)

6

7

Waagerecht:

1 (Aus Arzt-Patient-Gespräch:) Wie viel wiegen Sie jetzt?
8 Herzklappenfehler
14 Lumbalpunktion (Abkürzung)
15 T_3 ausgeschrieben
17 Ende, z. B. to fight to the bitter …
18 Diagnose (Abkürzung)
19 Becherzelle
22 Hämoglobin C (Abkürzung)
23 Cadmium (Elementsymbol)
24 Ahorn, z. B. … syrup urine disease (Ahornsirupkrankheit)
25 Gerbsäure
27 Schafhaut (innere Eihaut)
30 Radioaktive Iodaufnahme (Abkürzung)
31 Packungsbeilage
32 Geschehen, sich ereignen, what has …ed? (was ist passiert)
34 Mittag
35 Rühren, sich bewegen, z. B. … up (wachrütteln), she is not …ring yet (sie ist noch nicht aufgestanden)
36 Ribosomale Ribonucleinsäure (Abkürzung)
38 Besitzen, eigen, z. B. name your … day (setzen Sie den Tag selbst fest)
39 Sinusknotensyndrom (Abkürzung)
40 Offen, z. B. … pneumothorax
42 Ich (mittlere Schicht des Psychischen bei Sigmund Freud)
43 Herzversagen (Abkürzung)
44 Kurzes Ausatmungsgeräusch, Schnaufer, z. B. …ed (außer Atem)
45 lb ausgeschrieben (453,59 g)
46 Prothrombinratio (Abkürzung)
47 In Verbindung bringen, z. B. …d by blood (blutsverwandt)
50 Hautfinnenausschlag
51 Säule, z. B. vertebral … (Wirbelsäule)
52 Elektrokochleographie (Abkürzung)
53 (Aus Arzt-Patient-Gespräch:) Diese Pillen sind gegen Schmerzen

Senkrecht:

1 (Aus Arzt-Patient-Gespräch:) Müssen sie nachts aufstehen? (do you ...)
2 Mittleres Erythrozytenvolumen (Abkürzung)
3 Chronische myeloische Leukämie (Abkürzung)
4 Erster Hauptast des Nervus trigeminus
5 Geistige Fähigkeiten, z. B. to be at one's …'s end (mit seiner Weisheit am Ende sein)
6 Ferse
7 (Aus Arzt-Patient-Gespräch:) Wann begannen Ihre Schmerzen?
9 Harn- und Geschlechtsorgane betreffend, z. B. … system
10 Vor (nachgestellt), z. B. two month …
11 (Zahn-, Nerven-, Nasen-, Zungen- usw.)Wurzel, z. B. motor … (motorische Wurzel)
12 Unschädlich
13 Spitze, Gipfel
16 Intraventrikulärer Block (Abkürzung)
18 Schlafstörungen
20 Belegte Zunge
21 R. interventricularis anterior der A. coronaria sinistra (Abkürzung)
22 Krankenversicherung
26 Krankhafte Furcht vor Leichen
28 Natrium (Elementsymbol)
29 Wadenbeinhals
33 Keine Wirkung (Abkürzung)
37 Spannung, Ungewissheit, z. B. to keep in … (im Ungewissen lassen)
39 Überich (Über-Ich, in Psychoanalyse)
41 Plantarflexion (Abkürzung)
48 Nebennierenrinde (Abkürzung)
49 Zu, nach, z. B. to go … bed (zu Bett gehen), … the left (nach links)
51 Chronische lymphatische Leukämie (Abkürzung)

7

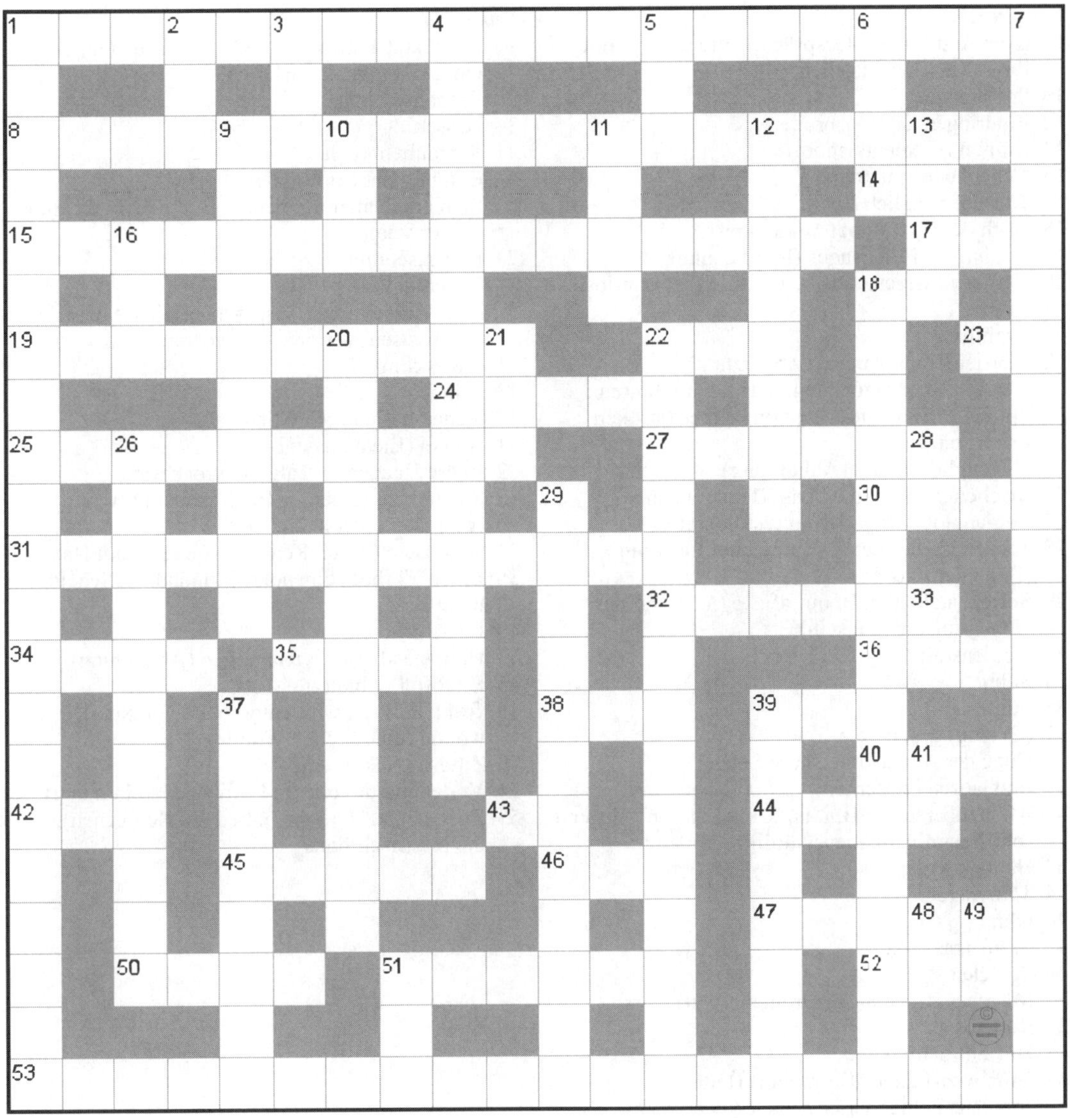
1
2
3
4
5
6
7
8
9
10
11
12
13
14
15
16
17
18
19
20
21
22
23
24
25
26
27
28
29
30
31
32
33
34
35
36
37
38
39
40
41
42
43
44
45
46
47
48
49
50
51
52
53

8

Waagerecht:

1 (Aus Arzt-Patient-Gespräch:) Wie steht es mit Ihrem Geschlechtsleben?
10 Schlankheit
12 Eindringen, sich ausbreiten
14 Iridium (Elementsymbol)
15 Nebenhodenentzündung
16 Tagsüber, täglich
18 Nach der Operation (Abkürzung)
19 Ihr, ihre, z. B. … shoes (ihre Schuhe)
20 Vernachlässigen, z. B. …ed child (verwahrlostes Kind)
21 Syphilis
22 Reverse Transcriptase (Abkürzung)
23 Nervöse Muskelzuckung, z. B. … douloureux
24 Spitze, z. B. on the …s of one's toes (auf den Zehenspitzen)
25 Nierenplasmafluss (Abkürzung)
26 Machen, z. B. … the beds (Betten machen)
27 Immunglobulin in Serum und Sekreten
28 Tausendfaches der SI-Einheit der Leistung (Einheitenzeichen)
29 Sorte, Qualität, z. B. out of …s (nicht auf der Höhe sein, unwohl sein)
30 Kohlenstoff
33 Sohn
35 Fünf
37 (Geistig) gesund
38 Code der Alphaaminosäure Leucin
39 Im Ganzen (entfernen)
41 Allzu, überaus, z. B. it is … kind of you (Sie sind sehr freundlich/liebenswürdig)
42 Hautausschlag
44 Tätowieren
46 Ohr
47 Tränengas
49 Schielen
51 Mädchen, Cocain (im Drogenjargon)
52 Ruhelos aktiv
53 Hülsenfrucht
56 (Aus Arzt-Patient-Gespräch:) Hatten Sie spontane Fehlgeburten? (have you had any …)

Senkrecht:

1 (Aus Arzt-Patient-Gespräch:) Wir benötigen einige Röntgenaufnahmen
2 Enthaltsamkeit
3 Besserung
4 Schraubenbruch
5 Öffnung der Stirnhöhle
6 Sich erheben, ansteigen, z. B. the fever …s (das Fieber steigt)
7 Dammschnitt
8 Leberegel
9 (Aus Arzt-Patient-Gespräch:) Haben Sie je das Bewusstsein verloren? (have you …)
11 Tagesklinik
13 Windel
17 Venen der unteren Gliedmaße
31 Nickel (Elementsymbol)
32 Piläre Hautzyste, Talgretentionszyste
33 Spalten, zerreißen, z. B. … personality (gespaltene Persönlichkeit)
34 Wundsein (durch Reibung von Haut auf Haut)
36 Einen Vorhof (Innenohr, Mundhöhle, Scheide) betreffend
40 Linsentrübung
43 Humanes Leukozytenantigen (Abkürzung)
45 Esslöffel (Abkürzung)
48 Grün, z. B. … with envy (blass vor Neid), a … wound (eine frische Wunde)
50 Zittern (Abkürzung)
54 Verlegung der oberen Luftwege (Abkürzung)
55 Zu, nach, z. B. to go … bed (zu Bett gehen), … the left (nach links)

8

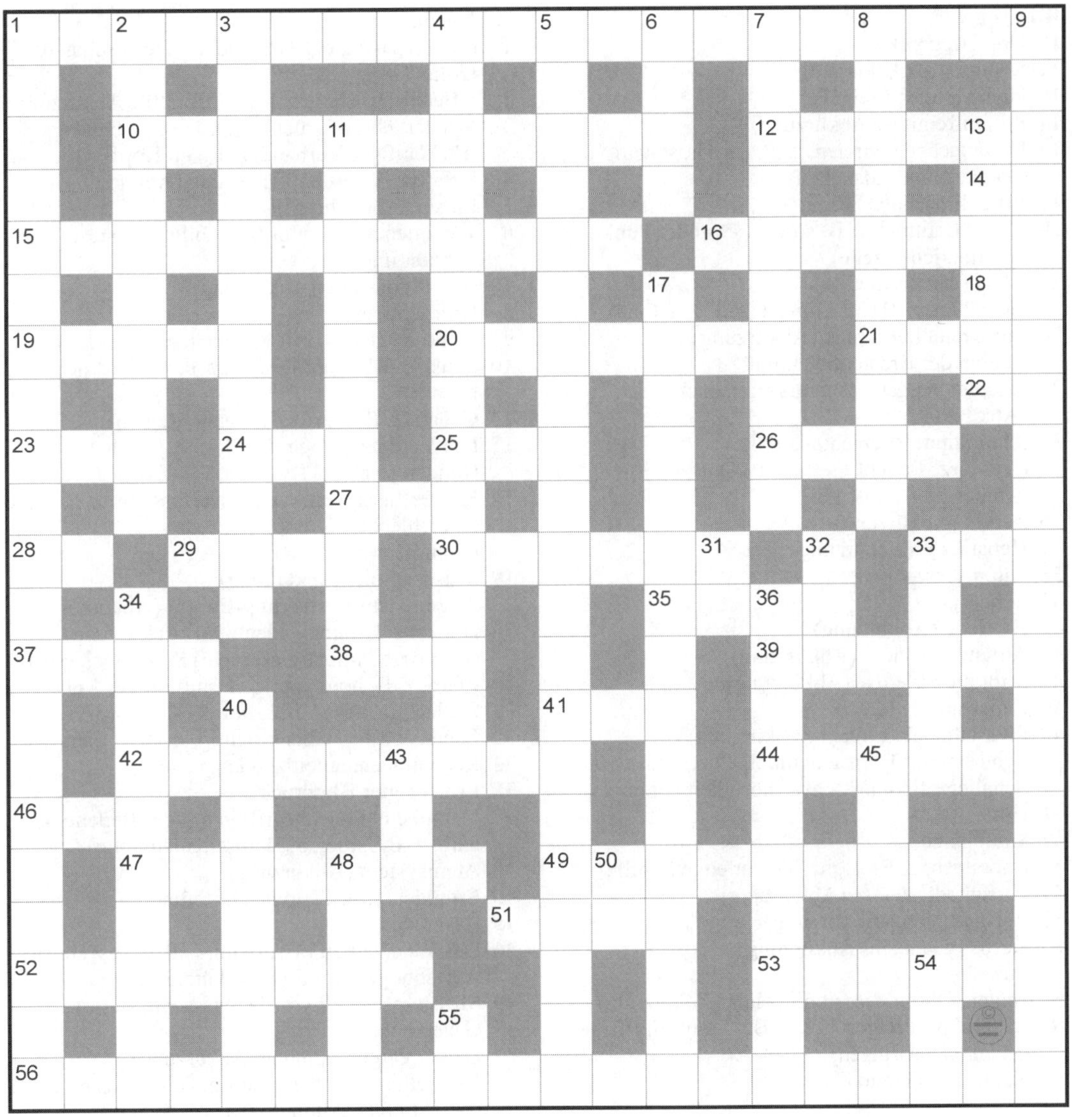

9

Waagerecht:

1 Übererregbarkeit
11 Sialinsäure (Abkürzung)
12 Unerwartetes Ereignis
14 Stimmfremitus (Abkürzung)
16 Hineingehen, betreten, z. B. … a hospital (ein Krankenhaus aufsuchen)
17 Erbe, Erbschaft, Erbgut
20 Fleck, Hautmal, z. B. sore … (wunder Punkt, empfindliche Stelle)
21 HNO (Abkürzung)
22 Gemäßigt, z. B. …. climate (mildes Klima)
24 Intrakranieller Druck (Abkürzung)
25 Beginn der Brustentwicklung
29 Hauptgallengang (Ductus choledochus) (Abkürzung)
30 Aluminium (Elementsymbol)
34 (Aus Arzt-Patient-Gespräch:) Darf ich Ihren Arm nehmen?
36 Zervix (Abkürzung)
37 Hepatitis E (Abkürzung)
38 Fäulnisbewohner
41 Zehen
42 Zweieiig (Abkürzung)
43 Aufenthaltsdauer (Abkürzung)
44 Multiple Sklerose (Abkürzung)
46 Bauchspeicheldrüse
48 Internationale Einheit (Abkürzung)
50 Syndrom mit Drehschwindel, Ohrensausen und Schallempfindungsschwerhörigkeit (Eponym)
51 Hüfte
52 Staublunge
55 Nadelloch, z. B. … pupil (sehr enge Pupille)
57 Phosphodiesterase (Abkürzung)
58 Rechtes Auge (Abkürzung)
60 Desoxyguanosin (Abkürzung)
61 Pilze
63 Augen, Ohren, Nasen und Hals (Abkürzung)
65 Bauernhof, Pflegestätte, z. B. … out (in Pflege geben, unterbringen)
67 Natürliche Geburt

Senkrecht:

1 (Aus Arzt-Patient-Gespräch:) Wie geschah der Unfall?
2 Offener Ductus arteriosus (Botalli) (Abkürzung)
3 Wiederkehrend, rückläufig, z. B. … bandage (rückläufiger Verband, z. B. am Kopf)
4 Relative Herzschalldämpfung (Abkürzung)
5 Inosin (Abkürzung)
6 Treponema-pallidum-Immobilisationstest (Abkürzung)
7 Arachidonsäure (Abkürzung)
8 Unfruchtbar
9 Auf die Muskelkraft gerichtet, z. B. … agent
10 (Aus Arzt-Patient-Gespräch:) Ihr Blutdruck ist hoch
13 Genau, z. B. … rules (strenge Regeln)
15 Die Verdauung betreffend, z. B. … ulcer (Magengeschwür)
18 Körperflüssigkeit, Gemütsverfassung, z. B. out of … (schlechter Laune), aqueous … (Kammerwasser)
19 Kaiserschnitt (Abkürzung)
23 Angiotensin-Converting-Enzym (Abkürzung)
26 Humanes Leukozytenantigen (Abkürzung)
27 (Aus Arzt-Patient-Gespräch:) Sonst noch etwas?
28 Pferd, z. B. hold your ...s! (nur mit der Ruhe)
31 Schlaff, locker, Abführmittel (Kurzform)
32 Lebenskräftig, lebenswichtig, z. B. … capacity
33 Regenbogenhautentzündung
35 Erniedrigter Blutdruck
37 Vorsilbe bei Fachbegriffen mit der Bedeutung halb, z. B. ...plegia (Halbseitenlähmung)
39 Atemsystem (Abkürzung)
40 Ermüdet, z. B. … to death (todmüde)
45 Bestandteil
46 Das Wochenbett betreffend, z. B. … psychosis
47 Aortenbogensyndrom (Abkürzung)
49 Masse, z. B. … hysteria (Massenhysterie)
53 Gesetzlich
54 Liquor cerebrospinalis (Abkürzung)
56 Vorstellung, Begriff, Idee, z. B. she has no … of (sie hat keine Ahnung von)
59 Endoskopische retrograde Cholangiographie (Abkürzung)
62 Kernspinresonanz (Abkürzung)
64 Geschwulst (Abkürzung)
65 Fettsäure (Abkürzung)
66 Maligne Hyperthermie (Abkürzung)

9

10

Waagerecht:

1 (Aus Arzt-Patient-Gespräch:) Bitte atmen Sie tief ein!
11 Höchster Punkt
12 Wieder beleben, reanimieren
13 Basenabweichung (Abkürzung)
14 Rückenmarknerv
16 Weg, fort
17 Der Bewegung dienend, motorisch, z. B. … aphasia
18 Entfernung von Eileiter und Eierstock (Abkürzung)
19 lassen, z. B. … me help you (lassen sie mich Ihnen helfen)
20 Sein, seine, z. B. this book is … (dieses Buch gehört ihm)
21 Radioaktive Iodaufnahme (Abkürzung)
22 Immunglobulin auf Mastzellen und Basophilen
23 Besitzen, eigen, z. B. name your … day (setzen Sie den Tag selbst fest)
24 Cerium (Elementsymbol)
25 Ich, Selbst (lat.), z. B. …centric (übertrieben selbstbezogen), …ism (Selbstsucht)
26 Spitze, z. B. on the …s of one's toes (auf den Zehenspitzen)
27 Kettenglied, Verbindungsstück, verbinden, z. B. …ed genes (verbundene Gene)
28 Linkes Auge (Abkürzung)
29 Nasopharynx (Abkürzung)
30 Klatschen, klopfen, z. B. … someone on the shoulder
31 Aufstoßen, rülpsen
32 Rasieren, z. B. … blade (Rasierklinge), safety … (Rasierapparat)
36 Neugeborenenhepatitis (Abkürzung)
37 Hohes Fieber
39 Auge
40 Immunglobulin in Serum und Sekreten
43 Mit siedendem Wasser hergestellter Aufguss aus getrockneten Pflanzenteilen
44 Dicloxacillin (Abkürzung)
46 Frau, die noch nie schwanger war
48 (Finger-, Zehen-)Nagel
49 Komplizierter (offener) Knochenbruch
53 Linksseitiger Leistenbruch (Abkürzung)
54 Harnwegsinfektion (Abkürzung)
55 Gesundheitsrisiko
57 Frostig, kalt, ohne emotionale Anteilnahme, nicht zum Orgasmus fähig
58 Verkalkung
62 Differenzialblutbild (Abkürzung)
65 Ausweitung, pathologische Verbreiterung
66 Elektrisch geladenes Teilchen, das aus einem Atom oder Molekül durch Zufuhr oder Entzug von Elektronen entsteht
67 Bekanntheitstäuschung (neue Situation wird als bekannt erlebt)
69 Nisse, Läuseei
71 (Aus Arzt-Patient-Gespräch:) Bitte legen Sie sich auf den Bauch [auf Ihr Bäuchlein]!

Senkrecht:

1 (Aus Arzt-Patient-Gespräch:) Bitte legen Sie sich auf den Tisch, mit dem Gesicht nach oben!
2 Auszehrung, extreme Abmagerung
3 Den Sympathikus betreffend, z. B. … ganglion
4 Gesamtkörperwasser (Abkürzung)
5 Kniegegend
6 AMI ausgeschrieben
7 Unfähigkeit, die Entleerung von Harnblase und/oder Mastdarm zu kontrollieren
8 Buttermilch
9 Außerhalb des Schädels
10 (Aus Arzt-Patient-Gespräch:) Hatten Sie je eine Kopfverletzung?
13 Grundlegend, z. B. … life support (kardiopulmonale Wiederbelebung)
15 Oberstes Stockwerk des Rachens
28 Lang, z. B. ... ciliary nerves
33 Die Eingeweide betreffend, z. B. … engorgement (Blutanschoppung der Eingeweide)
34 Venen des Herzens
35 Eiter (Leukozyten) im Harn
38 Entzündung einer Nervenwurzel
41 Jetzige Erkrankung (Abkürzung)
42 (Atem-)Minutenvulumen (Abkürzung)
45 (Blut-)Gerinnsel
47 Intravenöses Urogramm (Abkürzung)
50 Mischen, z. B. …ed infection (Mischinfektion)
51 Anfall, Ausbruch, z. B. … of coughing (Hustenanfall), … of .laughter (Lachkrampf)
52 Coenzym A (Abkürzung)
56 Akuter Herzinfarkt (Abkürzung)
59 Mineralschlamm für örtliche Peloidtherapie
60 Angeborenes Zystennierenleiden (Abkürzung)
61 Kiefergelenk (Abkürzung)
62 Daten
63 Fein, zierlich, schön, z. B. … weather (schönes Wetter)
64 Fehlen, mangeln, z. B. my eyesight …s (meine Sehkraft lässt nach)
68 Hals, Nasen und Ohren (Abkürzung)
70 Trikuspidalinsuffizienz (Abkürzung)

10

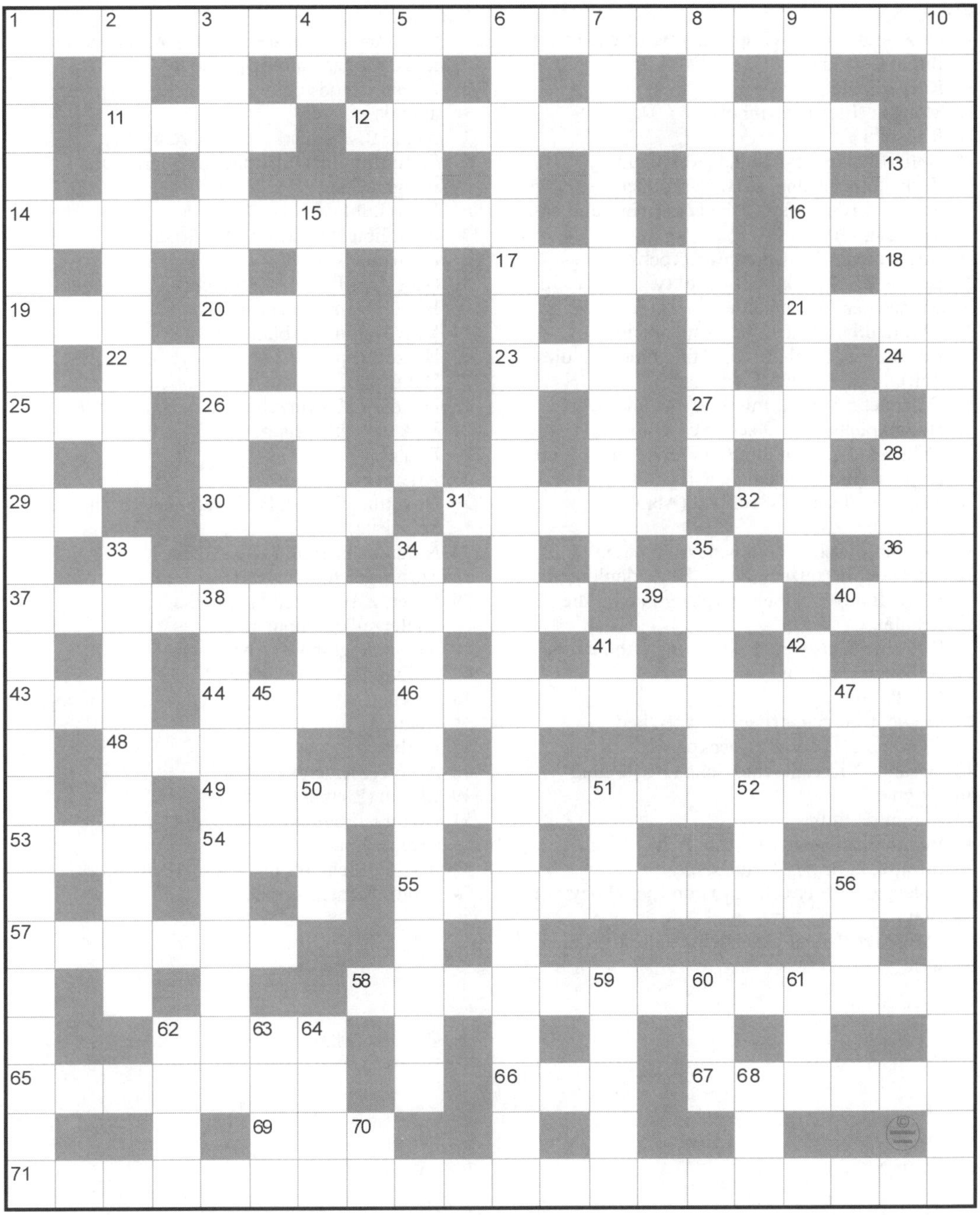
1 2 3 4 5 6 7 8 9 10
11 12
13
14 15 16
17 18
19 20 21
22 23 24
25 26 27
28
29 30 31 32
33 34 35 36
37 38 39 40
41 42
43 44 45 46 47
48
49 50 51 52
53 54
55 56
57
58 59 60 61
62 63 64
65 66 67 68
69 70
71

11

Waagerecht:

1 (Aus Arzt-Patient-Gespräch:) Wie steht es mit Ihrem Gewicht?
10 Körperhöhle
12 Mangan (Elementsymbol)
14 Rollstuhl
16 Guter Ernährungszustand (Abkürzung)
17 Zerfall, Zersetzung, z. B. ... product
19 Sagen, z. B. people ... she is ill (man sagt, dass sie krank sei)
20 Angeborenes Fehlen eines Körperteils
21 Boden, Stockwerk, z. B. ... of tympanic cavity (Boden der Paukenhöhle)
22 Obturatoriuszeichen (bei Appendicitis)
23 Bei, an, bis, durch, z. B. ... that time (um diese Zeit), ... and ... (nach und nach)
24 Gefäßnetz, z. B. ... mirabile (Wundernetz)
25 Bluterkrankheit (britische Schreibweise)
26 Gehen, z. B. ... on foot (zu Fuß gehen), ... on crutches (mit Krücken gehen)
28 Magen und Darm betreffend (Abkürzung)
30 Esel
31 Enddiastolisches Volumen (Abkürzung)
32 Nervöse Muskelzuckung, z. B. ... douloureux
33 Ihr, z. B. give ... the cup (geben Sie ihr die Schale)
36 Keine nennenswerte Erkrankung (Abkürzung)
37 Anbeten, verehren
38 Brustkorb
41 Decke, Überzug, bedecken, z. B. bed ... (Bettbezug), ... glass (Deckglas)
42 Gesamte Nierendurchblutung (Abkürzung)
46 Essen
47 Stimmfremitus
48 Bogen (mathematisch, technisch)
50 Infrarot, z. B. ... thermography
52 Töten, z. B. ...er cell (Typ von Lymphozyten)
54 Bett
55 (Aus Arzt-Patient-Gespräch:) Tut es da unten weh?

Senkrecht:

1 (Aus Arzt-Patient-Gespräch:) Wann war Ihre letzte Monatsblutung [Periode]?
2 Angstzustände
3 ambulant
4 Alt, z. B. six years ... (6 Jahre alt)
5 Stimmfremitus (alternativer Begriff zu 47 waagerecht)
6 Überlaufblase
7 Austreibungsfraktion (Abkürzung)
8 Frauenheilkunde
9 (Aus Arzt-Patient-Gespräch:) Ich werde Ihren Blutdruck messen (I'll ...)
11 Vulvovaginal (Abkürzung)
13 Hinzufügen
15 Herzklappe
18 Um die Zahnwurzelspitze, z. B. ... abscess
21 Fraktur (Abkürzung)
23 Beutel
27 Afterheber(muskel)
29 Unvermeidlich, z. B. ... fate (unentrinnbares Schicksal)
34 Notaufnahmeraum (Abkürzung)
35 Zurückgelehnt, liegend
39 Hafer, z. B. ... cell carcinoma (Haferzellkarzinom)
40 Xeroradiographie (Abkürzung)
43 Blutvolumen (Abkürzung)
44 Essen, Kost, Nahrungsmittel, z. B. ... allergy, ... chain
45 Korb
48 Argon (Elementsymbol)
49 Chrom (Elementsymbol)
51 Honorar, Vergütung, z. B. doctor's ... (Arztrechnung)
53 Insulinpflichtiger Diabetes (Abkürzung)
54 Brom (Elementsymbol)

11

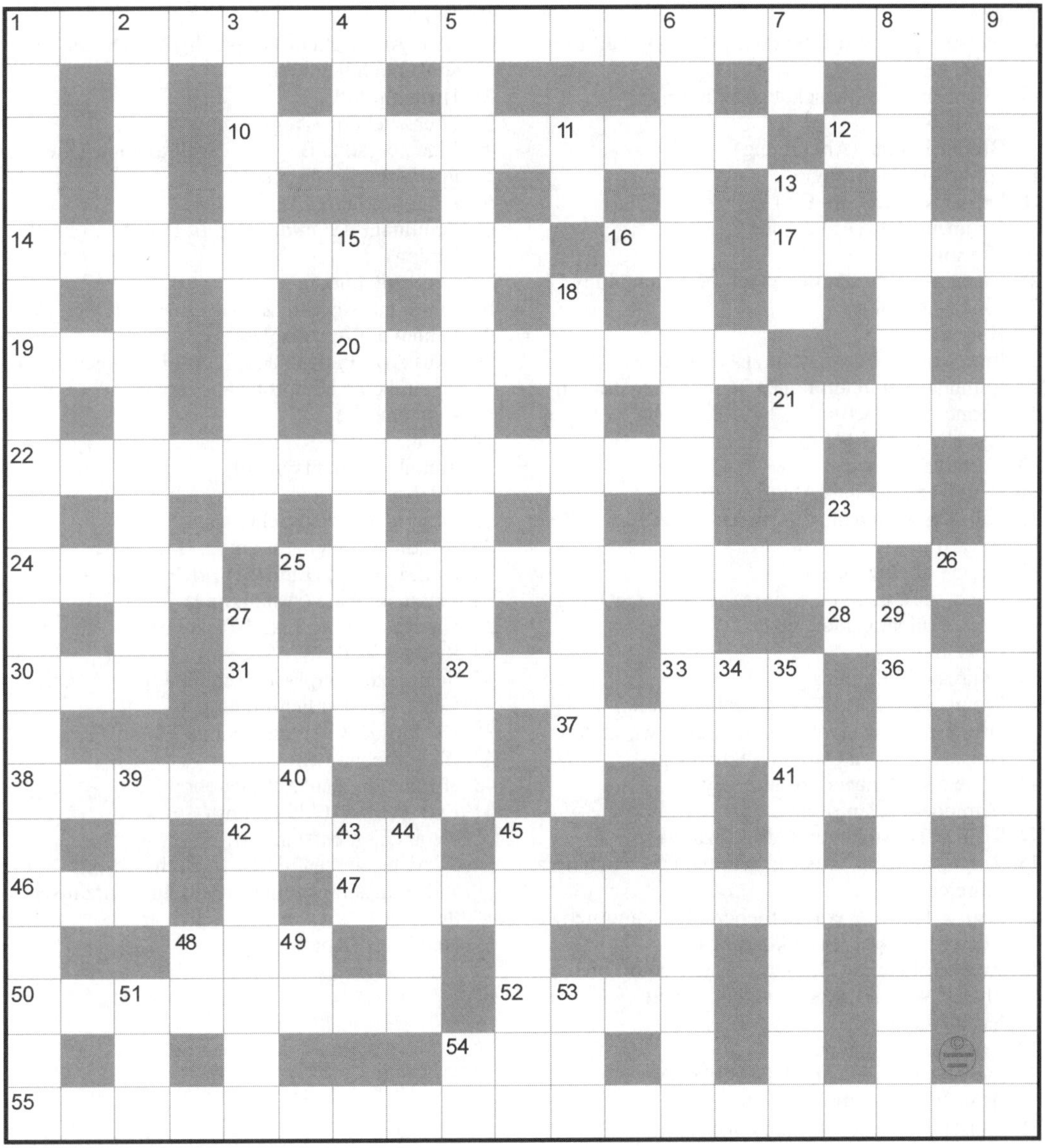
1 2 3 4 5 6 7 8 9
10 11 12
13
14 15 16 17
18
19 20
21
22
23
24 25 26
27 28 29
30 31 32 33 34 35 36
37
38 39 40 41
42 43 44 45
46 47
48 49
50 51 52 53
54
55

12

Waagerecht:

1 (Aus Arzt-Patient-Gespräch:) Wann hat all dies begonnen?
11 Adenosinmonophosphat (Abkürzung)
12 Zahnseide
13 Bluthochdruck (Abkürzung)
15 (Haut-)Abschürfung
18 Fehlen von CO_2 im Blut
19 Gaumenspalte (Abkürzung)
20 Vorhof
21 Chirurgisch geschaffene Hohlorganmündung
23 Eine Nucleinbase
24 Hörgerät
25 Intravenöses Pyelogramm (Abkürzung)
27 Immunglobulin mit hoher Serumkonzentration
28 Tonne, z. B. metric … (1000 kg), long … (1016 kg), short … (907 kg)
30 Ehrfurcht, Scheu
31 Herzvergrößerung (Abkürzung)
32 Fall, Sturz, Herbst, z. B. to have a bad … (schwer stürzen)
35 Aorta (Abkürzung)
36 Noch, z. B. there is … time (noch ist Zeit), not just … (nicht gerade jetzt)
38 Fußsohle
39 Indirekte Zellteilung
40 Wenn, falls, z. B. … so (gegebenenfalls), … I only had known (wenn ich es nur gewusst hätte)
41 Hals, Nasen und Ohren (Abkürzung)
43 Code der Alphaaminosäure Glycin (Aminoessigsäure)
44 Rechter Brustbeinrand (Abkürzung)
45 Rufen, schreien, z. B. … with pain (vor Schmerz schreien)
46 Heu, z. B. … fever (Heufieber, Heuschnupfen)
47 Acetylsalicylsäure (Abkürzung)
48 Außen, hinaus, z. B. to be … on account of illness (wegen Erkrankung der Arbeit fernbleiben)
49 Krankheitsverhalten
50 Die Niere betreffend, z. B. … fascia
53 (Blut-)Gerinnselbildung
55 Tausendstel Liter (Einheitenzeichen)
56 Stimme, z. B. … frequency (Sprechfrequenz)
58 (Aus Arzt-Patient-Gespräch:) Leiden Sie unter Blähungen [Winden]?

Senkrecht:

1 (Aus Arzt-Patient-Gespräch:) Was haben Sie sonst noch bemerkt?
2 Hustenmittel
3 Grenzziehung, Abgrenzung
4 Machte, tat, z. B. you … well to come (Sie taten gut daran zu kommen)
5 Längs verlaufend
6 Schulung, Ausbildung, z. B. out of … (aus der Übung)
7 Leberentzündung
8 Langsam wirkend, z. B. … insulin (Depotinsulin)
9 Fehlen am Arbeitsplatz
10 (Aus Arzt-Patient-Gespräch:) Hat Ihnen schon jemand eine Blutprobe abgenommen? (did someone …)
14 Hüfte
16 Tantal (Elementsymbol)
17 Oder, z. B. … else (andernfalls)
22 (Kontrazeptives) Scheidengel
26 Um die Mandeln herum, z. B. … abscess
29 Unze (31,1 g) (Einheitenzeichen)
32 Foramen ovale (Abkürzung)
33 Untere Gliedmaße (Abkürzung)
34 Rechter Vorhof
35 Schmerzen, unpässlich sein (What …s you?)
37 Lehre von den Fehlbildungen
38 Gerade, z. B. … legs (gerade Beine)
42 (Sich) behaupten
43 Hirnwindungen, z. B. cerebral …
51 Extrazellulär (Abkürzung)
52 Neon (Elementsymbol)
54 Sein, ihr, dessen, deren, z. B. the hospital and … staff (das Krankenhaus und sein medizinisches Personal)
57 Heufieber (Abkürzung)

12

1
2
3
4
5
6
7
8
9
10
11
12
13
14
15
16
17
18
19
20
21
22
23
24
25
26
27
28
29
30
31
32
33
34
35
36
37
38
39
40
41
42
43
44
45
46
47
48
49
50
51
52
53
54
55
56
57
58

13

Waagerecht:

1 (Aus Arzt-Patient-Gespräch:) Welche Farbe hat das Erbrochene?
11 Ausrottung, vollständige Entfernung
13 Wagen, Auto, z. B. ... sickness
14 Wiederholt schlagen, z. B. ...ed woman syndrome
15 Fremdkörper
18 (Spazier-)Stock
19 Wanze, Abhörvorrichtung
20 Vor (nachgestellt), z. B. two month ...
22 Greifzirkel, Schublehre
23 Linker Oberlappen (Abkürzung)
24 Ständige unangemessene Wiederholung, z. B. von Bewegungen
26 Sack, z. B. lacrimal ... (Tränensack)
27 Hörverlust (Abkürzung)
28 Zugang
30 Augen, Ohren, Nasen und Hals (Abkürzung)
32 Ei
33 Steif, starr, rein, z. B. ... naked (splitternackt)
35 Immunglobulin auf Mastzellen und Basophilen
39 Eiweißausscheidung im Harn
40 Respiratorischer Quotient (Abkürzung)
41 Atemwegwiderstand (Abkürzung)
42 Unspezifische Urethritis (Abkürzung)
43 Lauge, z. B. ... poisoning (Laugenverätzung)
44 Gering, schwach, z. B. ... fever (leichtes Fieber)
45 Inkubationszeit (Abkürzung)
46 Rechte obere Extremität (Abkürzung)
48 Lärm, Aufheben (much ... about nothing, Shakespeare)
49 Pulsfrequenz (Abkürzung)
50 Bauchmuskeln
51 Exsudative Enteropathie (Abkürzung)
52 Roh, ungekocht, unbearbeitet, z. B. ... data (noch nicht ausgewertete Daten)
54 Intensivstation (Abkürzung)
55 Abhängig
56 (Arzneien) zubereiten und abgeben
61 Zwischenlappen (der Hypophyse, Abkürzung)
62 Das innere (unbewusste) Bild einer Person der sozialen Umwelt (besonders der Eltern) im Sinne von C. G. Jung
64 Schließen, beenden, z. B. ...d system
66 (Aus Arzt-Patient-Gespräch:) Leiden Sie an Sodbrennen? (do you ...)

Senkrecht:

1 (Aus Arzt-Patient-Gespräch:) Wann endeten Ihre Perioden?
2 Nachbetreuung (nach Klinikaufenthalt)
3 Krebserregender Stoff
4 Lernen, z. B. ...ed helplessness (erlernte Hilflosigkeit)
5 Besichtigung der Nasenhöhle
6 Sohn
7 Gemeinsames erweitertes Endstück von Hauptgallengang und Bauchspeichelgang
8 Wirbeltier
9 Übergroße Zunge, z. B. beim Down-Syndrom
10 (Aus Arzt-Patient-Gespräch:) Dies wird von selbst in Ordnung kommen
12 Seite (eines Buches), z. B. a glorious ... in medical history (ein Ruhmesblatt in der Medizingeschichte)
16 Elektroatriogramm (Abkürzung)
17 Eigelb, Dotter
21 Ermüdungsbruch
25 Dünnschichtelektrophorese (Abkürzung)
28 Anonyme Alkoholiker (Abkürzung)
29 Creatinkinase (Abkürzung)
31 Brustwarze
34 Schwelle, z. B. ... dose (Schwellendosis), ... stimulus (Schwellenreiz)
36 Rollenerwartungen
37 Im Körperinnern entstehend, aus innerer Ursache, z. B. ... depression
38 Kieferorthopäde
41 Beiseite
47 Harnstoff
48 Ein Protozoon ohne feste Gestalt (britische Schreibweise)
53 Zustopfen, polstern, z. B. Verband
57 In-vitro-Fertilization (Abkürzung)
58 Lungengefäßwiderstand (Abkürzung)
59 Kernspinresonanz (Abkürzung)
60 Frühdiastolisches Geräusch (Abkürzung)
61 Eis, z. B. ... pack (Eispackung)
63 Methylenblau (Abkürzung)
65 Oder, z. B. ... else (andernfalls)

13

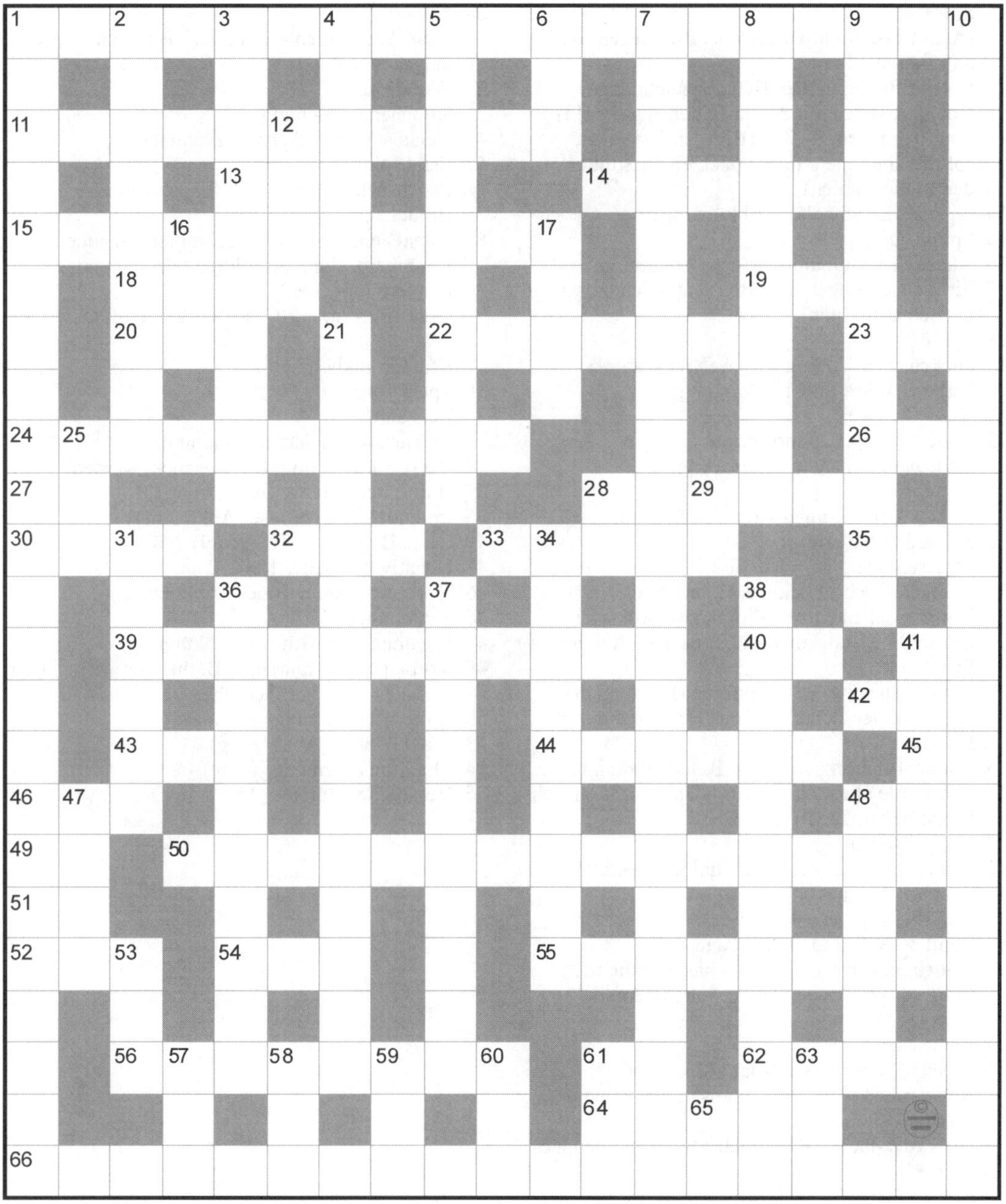

14

Waagerecht:

1 (Aus Arzt-Patient-Gespräch:) Bitte legen Sie sich auf die Liege!
10 Rotes Blutkörperchen (Kurzbezeichnung)
11 Holen, z. B. to ... a doctor (einen Arzt holen)
13 Laufen, rennen, fließen (Blut), z. B. to ... a splinter into one's finger (sich einen Splitter in den Finger stoßen)
14 Japan-B-Enzephalitis (Abkürzung)
15 Spinnengift
16 Akute Nierentubulusnekrose (Abkürzung)
17 Sitzen, sich setzen, z. B. to ... up (sich aufsetzen, im Bett aufrichten)
18 Biene
19 Nicken, z. B. ...ding spasm (Nickkrampf)
20 Hintere Achsellinie (Abkürzung)
21 Nisse, Läuseei
22 Code der Alphaaminosäure Asparagin
23 Code der Alphaaminosäure Arginin
24 Atmung
25 Akuter Verwirrungszustand (Abkürzung)
26 Sehfeld (Abkürzung)
27 Mageneingang
28 Lorbeer, Bucht, Lücke, z. B. lacrimal ...
29 His-Bündel-Elektrokardiogramm (Abkürzung)
32 Chronische Lungenwegsobstruktion (Abkürzung)
33 Schulter
34 Mit der Hand, z. B. ... rotation (Drehung des Fetus vor der Geburt mit den Händen durch die Bauchwand)
35 Kanne, Büchse, können, z. B. I shall do all I ... (ich werde alles tun, was in meinen Kräften steht)
36 Rippenfellentzündung
39 Doppeltsehen
41 Sicher, z. B. ... period (die unfruchtbaren Tage)
43 Spanne (9 inches)
44 Vererbungsgesetze (Eponym)
46 Rand, z. B. full to the ... (randvoll)
48 Üblich, gewöhnlich, z. B. it has become the ... thing with us (es ist bei uns gang und gäbe geworden)
49 Lichtscheu
51 Wiskott-Aldrich-Syndrom (Abkürzung)
52 Ruhe, ruhen, z. B. to ... one's voice (seine Stimme schonen)
56 (Aus Arzt-Patient-Gespräch:) Sie haben leichtes Fieber

Senkrecht:

1 (Aus Arzt-Patient-Gespräch:) Bitte atmen Sie langsam aus!
2 Wundrose
3 Knochenerweichung
4 Versagen der linken Herzkammer
5 Essstörungen
6 Bruchsack
7 Bindehaut
8 Verstehen, z. B. to ... each other (einander verstehen), she ...s children (sie kann mit Kindern umgehen)
9 (Aus Arzt-Patient-Gespräch:) Wie oft lassen Sie Wasser?
12 Bluterkrankheit
30 Speiseröhre
31 Eckzahn
32 Chirurgische Klemme/Klammer
34 Verrückt, z. B. to go ... (verrückt werden)
37 Harnuntersuchung (Abkürzung)
38 Immunelektrophorese (Abkürzung)
40 Öl, z. B. olive ... (Olivenöl)
42 Negativ geladenes Ion
45 Vorhof-Kammer-Block (Abkürzung)
46 Schleimbeutel
47 Rheumatoide Arthritis (Abkürzung)
49 Vorbeigehen, -fahren, z. B. the pain will ... (der Schmerz wird vorübergehen)
50 Halb, z. B. ... an hour, ...dead
53 Ethylalcohol (Abkürzung)
54 Thallium (Elementsymbol)
55 Verstärkte Atmung (Abkürzung)

14

1 2 3 4 5 6 7 8 9 10 11 12 13 14 15 16 17 18 19 20 21 22 23 24 25 26 27 28 29 30 31 32 33 34 35 36 37 38 39 40 41 42 43 44 45 46 47 48 49 50 51 52 53 54 55 56

15

Waagerecht:

1 (Aus Arzt-Patient-Gespräch:) Bitte öffnen Sie den Mund!
10 Lage am falschen Ort
12 Eis, z. B. … pack (Eispackung)
13 Hämatokrit (Abkürzung)
15 Lebensfähig, z. B. … infant (ab 24 Woche, mindestens 500 g)
16 Zusammenwirkend, z. B. … muscles
17 Strahl, z. B. x-… (Röntgenstrahl)
18 Ausweiten (des Durchmessers eines Hohlraums)
19 Tennisellbogen
20 Lahm, hinkend, z. B. … of a leg
22 Haarbalg
23 Floh
24 Untersuchung in Narkose (Abkürzung)
25 (Atem-)Minutenvulumen (Abkürzung)
27 Oberes Ende, höchster Punkt, Gipfel, , z. B. from … to toe (von Kopf bis Fuß)
29 Schlamm, z. B. … bath (Schlammbad)
30 Lähmung, z. B. Bell's … (Fazialislähmung)
32 Kammerblock (Abkürzung)
33 Falsch, z. B. ... diverticulum, … rib
34 Colitis ulcerosa (Abkürzung)
35 Eisen, eisern, z. B. an … constitution (eiserne Gesundheit)
36 Magnetresonanzdarstellung (Abkürzung)
37 Retikuläres Wachsystem (Abkürzung)
39 Spiel, spielen, z. B. … therapy (Spieltherapie)
41 Untätigkeit, Trägheit, z. B. uterine … (Wehenschwäche)
42 Gleichgewicht, Gelassenheit, z. B. to be …d (im Gleichgewicht sein)
43 Gebrauchen, benutzen, z. B. ready for … (gebrauchsfertig), of no … (unbrauchbar)
44 Bauchfellhöhle
46 Kleinzehe
48 Transdermale Arzneianwendung (Abkürzung)
49 Fuß (Längenmaß = 30,48 cm) (Einheitenzeichen)
50 Aus zwei Alkoholmolekülen unter Wasseraustritt entstehende Verbindung
52 Teelöffel, z. B. …ful (teelöffelvoll)
54 Reinigen, säubern, (Darm) entleeren, abführen
55 Bekleiden, (Wunden) verbinden
56 Irgendein, z. B. is there … hope? (ist hier noch irgendeine Hoffnung)
57 Acetylcholin (Abkürzung)
60 (Aus Arzt-Patient-Gespräch:) Leiden Sie an Kopfschmerzen? (do you ...)

Senkrecht:

1 (Aus Arzt-Patient-Gespräch:) Bitte ziehen Sie sich aus!
2 Oberflächlicher Dammraum
3 Antibabypille (Abkürzung)
4 Erregbarkeit, Reizbarkeit
5 Gelbfieber (Abkürzung)
6 Nabelvene
7 Häutchen, Membran, z. B. tympanic … (Trommelfell)
8 Oberlid
9 (Aus Arzt-Patient-Gespräch:) Hatten sie Schmerzen in den Augen?
11 Zinn
14 Leberversagen
20 Linker Rippenbogen (Abkürzung)
21 Mittelohr (Abkürzung)
22 Halbwertzeit
26 Nabelbruch
28 Bleibende Zähne
31 Narbe, Schramme
36 Markscheide
38 Schlag, Schlaganfall, z. B. … of fate (Schicksalsschlag)
39 Nach der Operation (Abkürzung)
40 So, ebenso, wie, z. B. just … good (ebenso gut)
42 Krankhaft gesteigerter Durst
45 Gurt, Band, Heftpflaster aufkleben
47 Besitzen, eigen, z. B. name your … day (setzen Sie den Tag selbst fest)
51 Thyroglobulin (Abkürzung)
53 Verstärkte Atmung (Abkürzung)
57 Vorhofflimmern (Abkürzung)
58 Herzfrequenz (Abkürzung)
59 Krypton (Elementsymbol)

15

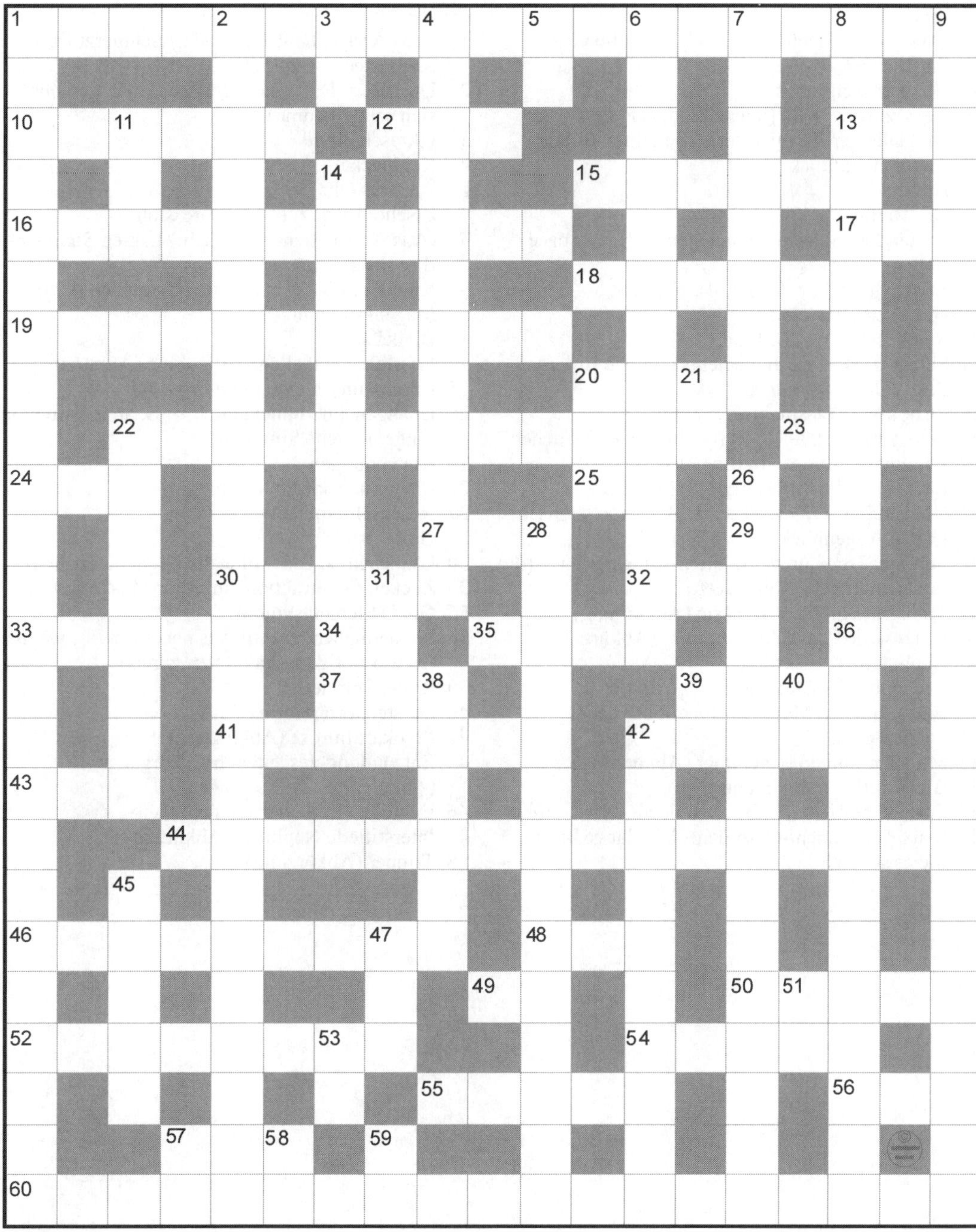
1 2 3 4 5 6 7 8 9
10 11 12 13
14 15
16 17
18
19
20 21
22 23
24 25 26
27 28 29
30 31 32
33 34 35 36
37 38 39 40
41 42
43
44
45
46 47 48
49 50 51
52 53 54
55 56
57 58 59
60

16

Waagerecht:

1 (Aus Arzt-Patient-Gespräch:) Schwellen Ihre Füße je an?
8 UV ausgeschrieben
10 Heiß, z. B. … bath (heißes Bad, Bad mit allmählichem Temperaturanstieg über 40 °C)
11 Augeninnendruck
14 Hüfte
16 Dreiwertig
17 Hinter dem Schambein gelegen, z. B. … space
18 Bett
19 Sorte, Qualität, z. B. out of …s (nicht auf der Höhe sein, unwohl sein)
22 Reich, schwer, z. B. food
24 Selten, z. B. ... earth elements (seltene Erden)
25 Zinn (Elementsymbol)
26 Pfropfreis, Transplantat
27 Fein, zart, z. B. a … girl (ein hübsches Mädchen)
29 Immunglobulin A (Abkürzung)
30 Linsenmal, linsenförmiger Pigmentfleck
31 Niemand, in keiner Weise, z. B. … too soon (im letzten Augenblick)
32 Summe, Ergebnis, z. B. the … of experience (die Gesamtheit der Erfahrungen)
33 Transiente globale Amnesie (Abkürzung)
34 Unter voller Gewichtsbelastung (Abkürzung)
35 Auch, ferner, außerdem
37 Urogenital (Abkürzung)
38 Blässe um den Mund, z. B. bei Scharlach
41 Sehnervpapille
42 Monoaminooxidasehemmer (Abkürzung)
44 Bizepsreflex (Abkürzung)
45 Frieren, gefrieren, z. B. … to death (erfrieren)
49 (Aus Arzt-Patient-Gespräch:) Wie lange haben Sie es schon?

Senkrecht:

1 (Aus Arzt-Patient-Gespräch:) Schmerzt es, wenn Sie husten?
2 Du, Sie, z. B. … soon get used (man gewöhnt sich schnell daran)
3 Ultraschallbild
4 Kehldeckel
5 Äußeres Ohr
6 Erschöpfung, z. B. … depression
7 (Aus Arzt-Patient-Gespräch:) Lassen Sie mich Ihre Brust abhören!
9 Kleiner, z. B. … curvature of stomach (kleine Magenkrümmung)
12 Bindehaut
13 Empfohlene tägliche Aufnahme (Abkürzung)
15 Erkrankung, Leiden hervorrufend
20 Unangenehm, unbehaglich, z. B. an … situation (ungemütliche Situation)
21 Kiemenbogen
23 Einatmungskraft (Abkürzung)
27 Nasenschleimhaut
28 Gesichtsfeld
30 Läppchen, z. B. … of testis (Hodenläppchen)
33 Zucken (Kontraktion einzelner Muskelfasern)
35 Gold (Elementsymbol)
36 So, dermaßen, z. B. it was necessary, … we did it (es war nötig, deshalb taten wir es)
39 Rolle, Spirale
40 Gerstenkorn (Hordeolum)
42 Myokardfibrose (Abkürzung)
43 Entzündung des äußeren Gehörgangs (Abkürzung)
46 Deziliter (Einheitenzeichen)
47 Interstitielle Nephritis (Abkürzung)
48 Tripper (Abkürzung)

16

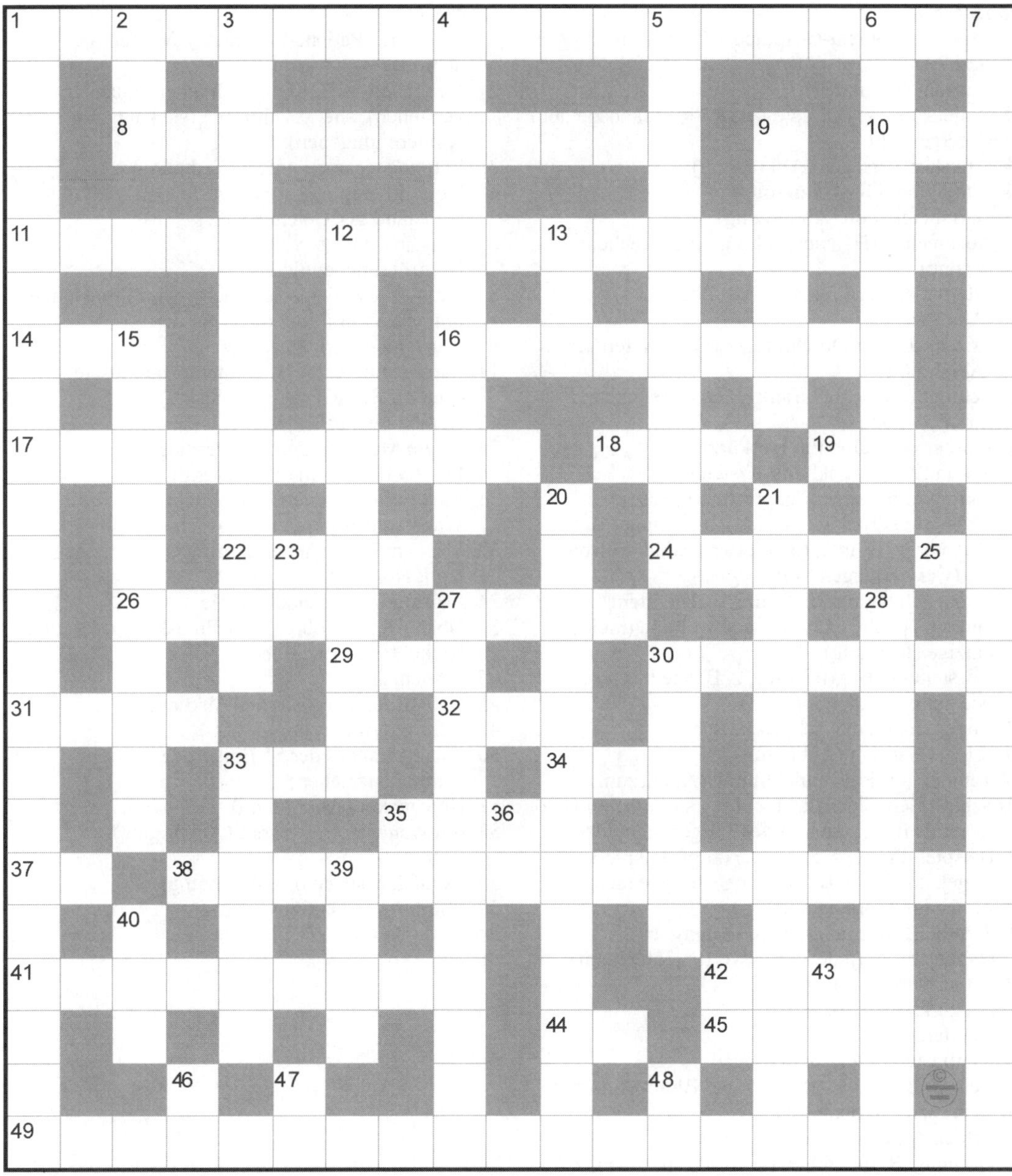

17

Waagerecht:

1 (Aus Arzt-Patient-Gespräch:) Tränen Ihre Augen stark?
9 Natriumcarbonat
10 Widerstand, z. B. … vessels (Widerstandsgefäße)
13 Untergewicht
14 Linksherzversagen (Abkürzung)
15 Hämoglobin S (Abkürzung)
16 Darmbeinkamm (Abkürzung)
17 Ausbrechen (Hautausschlag), durchbrechen (Zähne)
18 Internationaler Freiname (bei Pharmaka) (Abkürzung)
19 Erster schräger Durchmesser (Fechterstellung) (Abkürzung)
20 Schlimm, schlecht, krank, z. B. to be taken … (krank werden)
21 Immunserumglobulin (Abkürzung)
22 Sekundärer (Krankheits-)Gewinn
23 Akronym für einen Enzym-Immunassay
25 (Fach-)Ausdrücke, (Vertrags-)Bedingungen, Honorar, z. B. in ... (in Worten), what are your ...? (was verlangen Sie)
27 Einzig, allein, nur, z. B. the … daughter (die einzige Tochter), my one and … hope (meine einzige Hoffnung)
28 Vorstellung, Begriff, Idee, z. B. she has no … of (sie hat keine Ahnung von)
29 Bogen (mathematisch, technisch)
30 Kaposi-Sarkom (Abkürzung)
35 Temperatur, Puls und Atmung (Abkürzung)
36 Schnitt, schneiden, z. B. cold …s (Aufschnitt), to … one's finger (sich in den Finger schneiden)
38 Beispiel, Probe, z. B. for … (zum Beispiel)
39 Zügel, zügeln, z. B. to ... one's tongue (seine Zunge im Zaum halten)
41 Sämtlich, ganz, alles, z. B. to deny … responsibility (jede Verantwortung ablehnen)
42 Knöchelchen, z. B. auditory ... (Gehörknöchelchen)
44 Verzieren
46 Kontrasteinlauf (Abkürzung)
47 Reis, z. B. … diet (Reisdiät bei Bluthochdruck)
49 Nervenzusammenbruch
52 Fehlen der Kraft, Muskelschwäche
55 Ordnung, Reihenfolge, befehlen, anordnen, z. B. in alphabetical …
56 Brüllen, z. B. to … with pain (vor Schmerz brüllen)
57 Vasoaktives intestinales Polypeptid (Abkürzung)
60 (Aus Arzt-Patient-Gespräch:) Ich möchte, dass Sie Ihre Brust röntgen lassen (I'd like you to ...)

Senkrecht:

1 (Aus Arzt-Patient-Gespräch:) Werden Sie atemlos?
2 Verstehen, z. B. to … each other (einander verstehen), she …s children (sie kann mit Kindern umgehen)
3 Echinococcus granulosus (Abkürzung)
4 Notfalltherapie
5 Vollständiger Gelenkersatz
6 Ringfinger
7 Harnröhrenentzündung
8 (Aus Arzt-Patient-Gespräch:) Sind Ihre Hände immer kalt und rot? (are your ...)
9 Natriumchlorid, Kochsalz
11 Innere, innerer, z. B. ... intercostal muscle (innerer Zwischenrippenmuskel)
12 Herzbeutelentzündung
24 Letzte Menstruation (Abkürzung)
26 Enterochromaffin (Abkürzung)
31 Eine Folge von vermehrter Sekretion von Wachstumshormon im Erwachsenenalter
32 Mit dem Trinkwasser übertragen, z. B. Typhus
33 Null, Nullpunkt
34 Eröffnung der Schädelhöhle
37 Oberer Speiseröhrenschließmuskel (Abkürzung)
40 Nickel (Elementsymbol)
43 Streich, Hieb
45 Dehydroepiandrosteron (Abkürzung)
48 Infrarot (Abkürzung)
50 Tausendfaches der SI-Einheit der Energie (Einheitenzeichen)
51 Holzzucker (Abkürzung)
53 Intravenöses Urogramm (Abkürzung)
54 Luft
58 Berufskörperschaft (Abkürzung)
59 Stimmresonanz (Abkürzung)

17

18

Waagerecht:

1 (Aus Arzt-Patient-Gespräch:) Ist Ihr Harn in Ordnung?
9 Binden, schnüren, to … a vessel (ein Gefäß unterbinden)
11 (Geschlechts-)Verkehr
13 Innerhalb der Wand eines Organs
14 Lymphknoten (Abkürzung)
15 Barmherzigkeit, Gnade, z. B. … killing (Euthanasie)
16 Aortographie (Abkürzung)
17 Tabak
18 Gesamte Lungenkapazität (Abkürzung)
19 Jucken
22 Ultraschall
23 Regenbogenhaut
25 Atemgrenzwert (Abkürzung)
26 Fetales Alkoholsyndrom (Abkürzung)
27 Mütze, Kappe, Haube
29 Wählen, z. B. …ive surgery (Wahleingriff)
30 Ich, Selbst (lat.), z. B. …centric (übertrieben selbstbezogen), …ism (Selbstsucht)
33 Nierenarterie
35 Verdienen, z. B. to ... praise (Lob ernten)
37 Standardabweichung (Abkürzung)
38 Tiefe Bewusstlosigkeit
40 Wesentlich, lebensnotwendig, z. B. … amino acid
42 Normaler Sinusrhythmus (Abkürzung im Ekg-Befund)
43 Konzentrationsangabe in millionstel Teilen (Abkürzung)
44 Unterbewusstsein
47 Glomeruläre Filtrationsrate (Abkürzung)
48 Infrarotlicht (Abkürzung)
49 Chemotherapeutischer Index (Abkürzung)
50 Hauptschlagader
51 Asche (auch …es)
52 Multiple Sequenzanalyse (Abkürzung)
53 Nuss, vulgär für Hoden
54 Nasenbein
56 Hals, Nasen und Ohren (Abkürzung)
57 Fremd, ausländisch
59 (Aus Arzt-Patient-Gespräch:) Sie dürfen sich jetzt anziehen!

Senkrecht:

1 (Aus Arzt-Patient-Gespräch:) Ist dies Ihre erste Schwangerschaft?
2 Harnstein
3 Fußwurzelknochen
4 Dach, z. B. … of orbit (Dach der Augenhöhle)
5 Entzündung von Kehlkopf, Luftröhre und Bronchen
6 Sammelbezeichnung für schmerzhafte Zustände des Bewegungsapparats
7 Magengeschwür
8 (Aus Arzt-Patient-Gespräch:) Ich werde jetzt Ihren Blutdruck messen (I am going to …)
10 Dünndarmentzündung
12 Vertrauen, sich verlassen auf, z. B. to put one's … in (jemandem sein Vertrauen schenken)
14 Bewusstseinsebene (Abkürzung)
16 Handlung, Tat, handeln, eine Rolle spielen
20 Zittern (Abkürzung)
21 Diensthabender Chirurg (Abkürzung)
24 Spiel, spielen, z. B. … therapy (Spieltherapie)
28 Nagelfalzentzündung, Umlauf
31 (Körper-)Mittelebene
32 Hyperthyreose mit Exophthalmus (Eponym, im englischsprachigen Bereich nicht Basedow!)
34 In dieser Schlafphase sind die Augen ruhig
36 Nebennierenmark (Abkürzung)
39 Befall (mit Parasiten)
41 Zerreißen, z. B. …d wound (Risswunde)
45 (Regen-, Sonnen-)Schirm, z. B. … filter (Schirmfilter, z. B. in V. cava inferior)
46 Messing, Blechblasinstrument
55 Gynäkologie und Geburtshilfe (Abkürzung)
58 Differenzialdiagnose (Abkürzung)

18

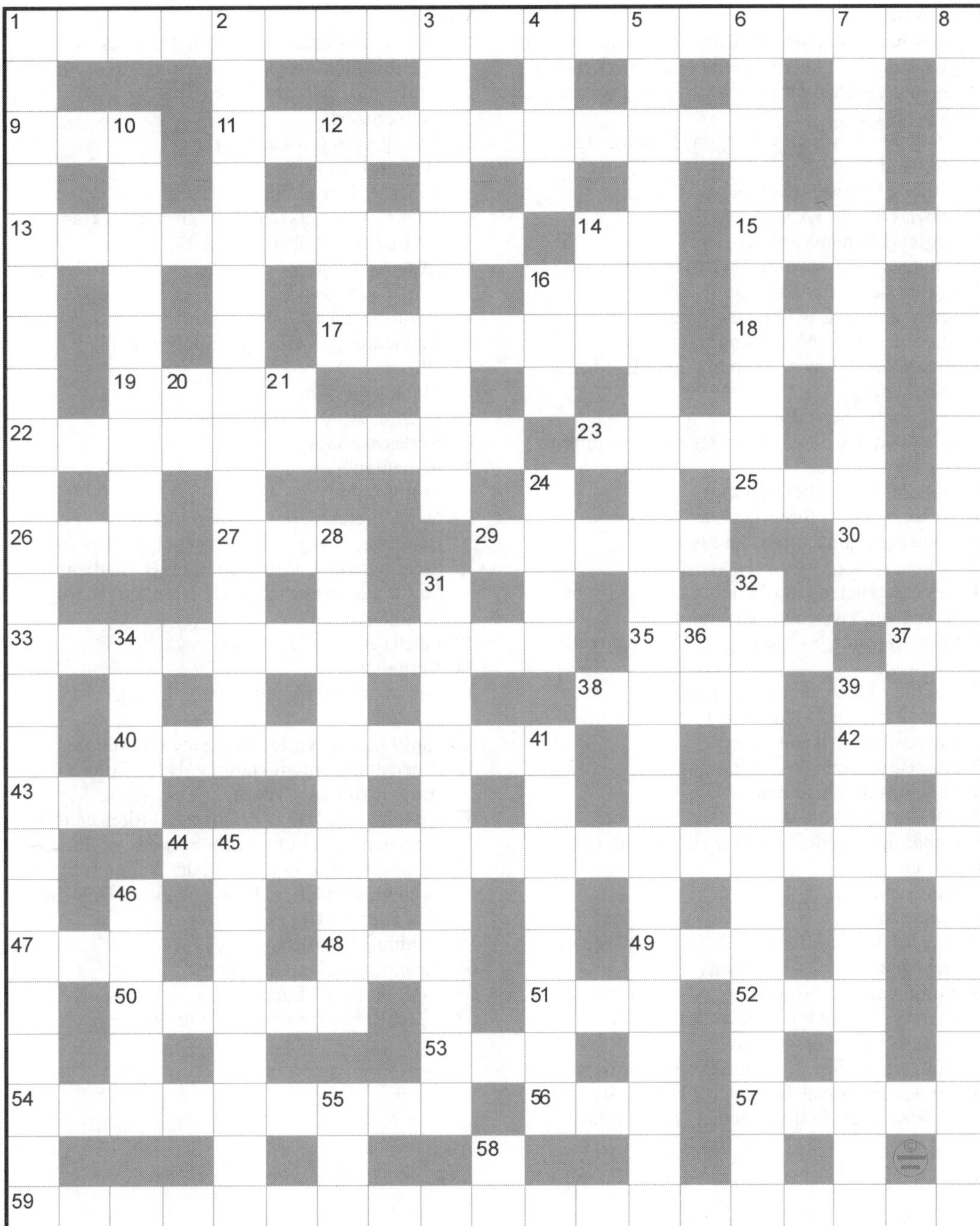
1
2
3
4
5
6
7
8
9
10
11
12
13
14
15
16
17
18
19
20
21
22
23
24
25
26
27
28
29
30
31
32
33
34
35
36
37
38
39
40
41
42
43
44
45
46
47
48
49
50
51
52
53
54
55
56
57
58
59

19

Waagerecht:

1 (Aus Arzt-Patient-Gespräch:) Ich werde Sie jetzt gynäkologisch untersuchen [einen Blick auf Sie unten herum werfen] (now I'm going to have …)
9 Geburtsfehler
11 Karzinoembryonales Antigen (Abkürzung)
13 Sterbend
14 Blutung (britische Schreibweise)
18 Leberzellkrebs (Abkürzung)
19 Argon (Elementsymbol)
20 Baum, z. B. bronchial … (Bronchialbaum)
21 Cholinesterase (Abkürzung)
23 Schwach, matt, in Ohnmacht fallen
24 Streptococcus (Abkürzung)
25 Nicht durch Gonokokken bedingte Urethritis (Abkürzung)
26 Diagramm, Schaubild
28 Erkennen der Form eines Gegenstands durch Betasten
29 Fieber (speziell bei Malaria)
31 Masse, z. B. … hysteria (Massenhysterie)
32 Code der Alphaaminosäure Isoleucin
33 Haken, z. B. …worm (Hakenwurm)
34 Aggregatzustand mit beliebig veränderlichen Abständen zwischen den Molekülen
36 Satz, Garnitur, Sammlung, z. B. … of teeth (Gebiss)
37 Nüchternblutzucker (Abkürzung)
39 Transferfaktor (Abkürzung)
41 Rhesusfaktor (Abkürzung)
42 Nuklearmedizin (Abkürzung)
43 Feuchtes Rasselgeräusch
45 Folsäure (Abkürzung)
46 Gebärmutterseitige Öffnung des Eileiters
50 Gefäß
51 Kurzsichtig
54 Sonnenstich
56 Das Sehen betreffend, z. B. … part of retina (sehender Teil der Netzhaut)
58 Kommen, z. B. who …s first? (wer kommt zuerst), … with (erkranken an), … out (ausbrechen, Ausschlag)
60 Hungern, z. B. … to death (verhungern)
63 (Aus Arzt-Patient-Gespräch:) Haben Sie ein taubes Gefühl in den Händen? (do you have …)

Senkrecht:

1 (Aus Arzt-Patient-Gespräch:) Gibt es irgendwelche Veränderungen in Ihrem Sehvermögen? (are there …)
2 Zellkernzerfall
3 Thyrotropin (Abkürzung)
4 Operationssaal
5 Feuchter Umschlag
6 Thiaminmangelkrankheit („Reisesserkrankheit")
7 Lachgas (Distickstoffoxid, Stickoxydul)
8 (Aus Arzt-Patient-Gespräch:) Was verursacht die Kopfschmerzen?
9 Kontrasteinlauf (Abkürzung)
10 Aufrichtung, Versteifung (Clitoris, Penis)
12 Ohr
15 Metatarsal (Abkürzung)
16 Rechtes Auge (Abkürzung)
17 Reflexhammer
22 Samenleiter
27 Prothrombinzeit (Abkürzung)
29 Nebennierenmark (Abkürzung)
30 Benutzer, z. B. …-friendly (benutzerfreundlich)
35 Stab, Personal, Belegschaft, z. B. medical … (ärztliches Personal [eines Krankenhauses])
38 Strahlenkörper
40 Flach, eben, z. B. … bone
44 Verdauung
47 Subarachnoidalblutung (Abkürzung)
48 Muskel
49 Harn- und Geschlechtsorgane (Abkürzung)
52 Wachstum, Entwicklung, z. B. … failure (Entwicklungsstörung)
53 Deinige(r,s), Ihr, z. B. this is … (dies gehört Ihnen), a friend of … (ein Freund von Ihnen)
55 In dieser Schlafphase sind die Augen ruhig
57 Drehen, wenden, z. B. my head …s (mir dreht sich alles im Kopf)
59 Lithium (Elementsymbol)
60 Strontium (Elementsymbol)
61 Essigsäure (Abkürzung)
62 Geschlechtskrankheit (Abkürzung)

19

20

Waagerecht:

1 (Aus Arzt-Patient-Gespräch:) Bitte beugen Sie ihr Ellbogengelenk!
9 Durchstechen, Einstich, z. B. ... of the pleural cavity (Pleurapunktion)
11 Dorsalflexion (Abkürzung)
13 (Operations-)Tisch, Tabelle, z. B. … of contents (Inhaltsverzeichnis), …spoon (Esslöffel)
14 Zottig-knotige Gelenkinnenhautentzündung (Abkürzung)
15 Fettarme Kost
17 Auf den Vorhof bezogen
19 Große Speicheldrüsen
22 Keuchhusten (Abkürzung)
23 Transplantation von der Leiche
26 Länge, Dauer, z. B. … of stay (Dauer des stationären Aufenthalts)
27 Das Kleinhirn betreffend, z. B. … artery
29 Unter Wasser, z. B. … exercise (Unterwasserübung)
30 Polymerasekettenreaktion (Abkürzung)
32 Unser
33 Sie, weibl. Wesen, z. B. is the child a he or a …? (ist das Kind ein Knabe oder ein Mädchen)
34 Aortenbogensyndrom (Abkürzung)
35 Bewegung
37 Linker Unterbauch (Abkürzung)
38 Atemzentrum (Abkürzung)
41 Atemzugvolumen (Abkürzung)
42 Untere Hohlvene
43 Hepatitis A (Abkürzung)
44 Ausführen, verrichten, z. B. …ance test (Leistungsprüfung)
45 Totale abdominale Hysterektomie (Abkürzung)
46 Wagen, Auto, z. B. … sickness
47 Entwicklung der Eizelle
49 Weitsichtigkeit (Abkürzung)
50 Biene
51 Gipsverband
53 (Aus Arzt-Patient-Gespräch:) Benützen Sie einen Rollstuhl?

Senkrecht:

1 (Aus Arzt-Patient-Gespräch:) Hatten Sie je Probleme mit der Schilddrüse? (have you ever had …)
2 Sinusknoten
3 Nur, bloß, außer, aber, z. B. there is … one way out (hier gibt es nur einen Ausweg)
4 Nervenfaser
5 Seltsam, überzählig, z. B. … number (ungerade Zahl),
6 Rechte Herzkammer (Abkürzung)
7 Feuchtes Rasselgeräusch
8 (Aus Arzt-Patient-Gespräch:) Wann war Ihr letzter(Gebärmutter-)Abstrich?
9 Psychiatrischer Sozialarbeiter (Abkürzung)
10 Hals, Nasen und Ohren (Abkürzung)
12 Fettschicht
13 Bestrahlung des gesamten lymphatischen Systems (Abkürzung)
16 Digitale Subtraktionsangiographie (Abkürzung)
18 Gangrän, Brand, z. B. dry …, moist …
20 Kieferreflex (Abkürzung)
21 Liter (britische Schreibweise)
24 Arteriovenös
25 Brustfell
28 Scheidenkrampf
30 Negativer dekadischer Logarithmus der Wasserstoffionenkonzentration (Abkürzung)
31 Truncus coeliacus
33 Kugelzelle
34 Wasserscheu
36 Eng, schmal, z. B. …-angle glaucoma (Engwinkelglaukom)
39 Hirnschlag (Abkürzung)
40 Größe, Abmessung, z. B. she takes … 6 in gloves (sie hat Handschuhgröße 6)
44 Schwein
48 Unspezifische Urethritis (Abkürzung)
49 Herpes-simplex-Enzephalitis (Abkürzung)
51 Brustwand (Abkürzung)
52 Arterieller Hochdruck (Abkürzung)

20

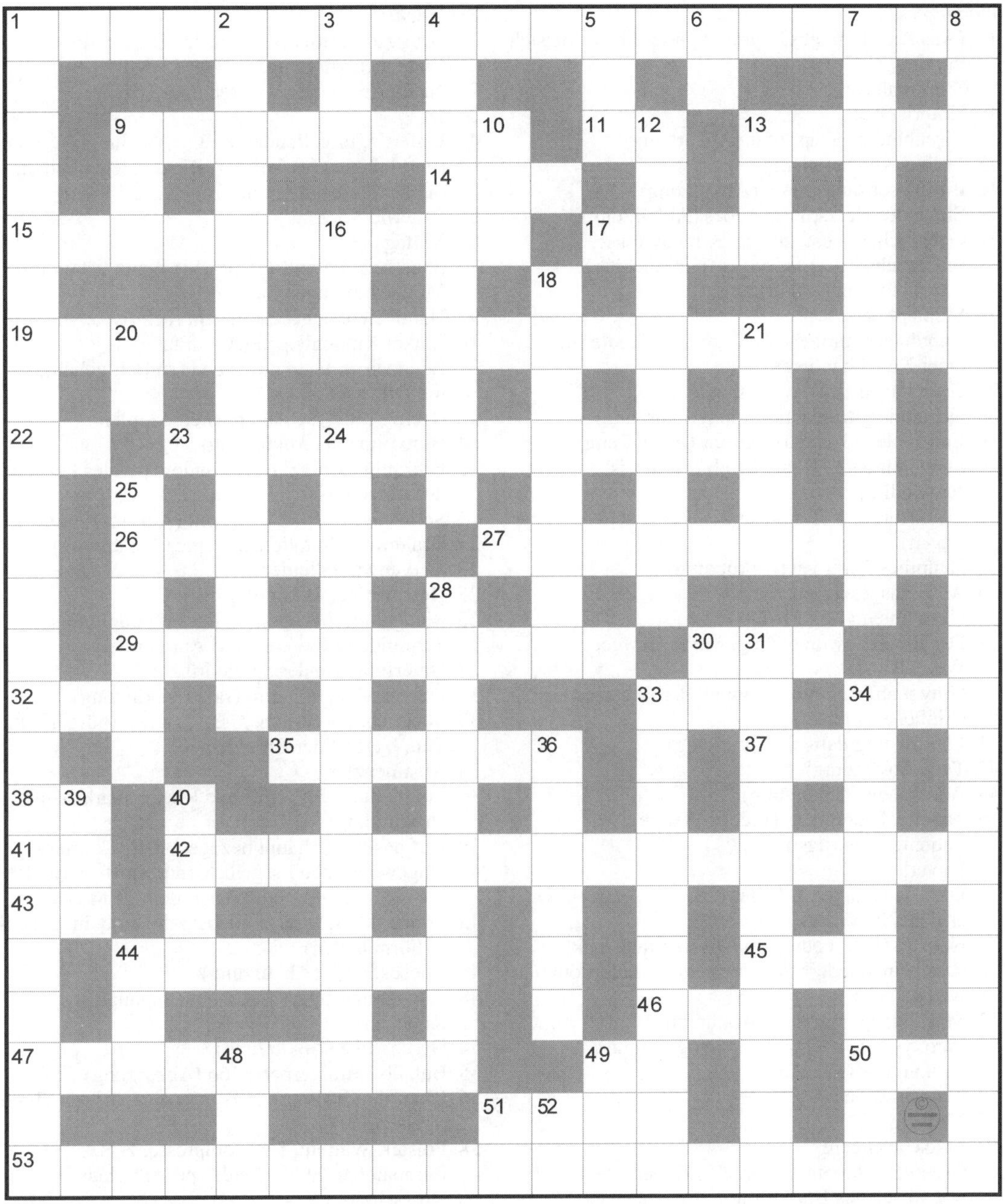

21

Waagerecht:

1 (Aus Arzt-Patient-Gespräch:) Wie fühlen Sie sich jetzt?
8 Stimmmuskel
10 Unterlappen
11 Eisenbindungskapazität (Abkürzung)
13 Gelbes Knochenmark
16 Infiltrationsanästhesie (Abkürzung)
17 Stelle des Herzspitzenstoßes (Abkürzung)
18 Gebrauchen, benutzen, z. B. ready for … (gebrauchsfertig), of no … (unbrauchbar)
19 Neuroblastom (Abkürzung)
20 Stomapflege
23 Handhaben, umgehen mit, to … a needle (mit einer Nadel hantieren)
24 Grundlagen, z. B. … of medicine
26 Nebennierenrindenhormon (Abkürzung)
28 Empfohlene Nährstoffzufuhr (Abkürzung)
29 Schwimmen, z. B. my head …s (mir ist schwindlig)
30 Last, Bürde, z. B. to bear a … (eine schwere Last tragen)
32 Hauptbeschwerden (Abkürzung)
35 ADH ausgeschrieben
37 Ultraviolett (Abkürzung)
38 Das die Zahnwurzel umgebende Gewebe, Wurzelhaut
40 Gray = abgeleitete SI-Einheit der Energiedosis (Einheitenzeichen)
41 Elektrokoagulation (Abkürzung)
43 Typ (Abkürzung)
44 Äquivalent (Abkürzung)
45 Tabelle, Diagramm, (Fieber-)Kurve, Patientenakte (ugs.)
47 Unverletzt
49 Dass, jene, jener, z. B. let it go at … (lassen wir es dabei bewenden)
51 Nein, z. B. … code (Hinweis in Krankenakte, dass kein Wiederbelebungsversuch unternommen werden soll)
52 Mitralklappenprolaps (Abkürzung)
53 Paroxysmale nächtliche Hämoglobinurie (Abkürzung)
54 Lendenvenen
57 Neunzig
58 Erstschwangere
61 (Aus Arzt-Patient-Gespräch:) Haben Sie irgendwelches Blut in Ihrem Erbrochenen bemerkt? (have you noticed ...)

Senkrecht:

1 (Aus Arzt-Patient-Gespräch:) Hatten Sie je eine Lungenentzündung?
2 Neunerregel (bei Verbrennungen)
3 Ja
4 Unfertig, unvollendet, z. B. … business (unerledigte Geschäfte, z. B. Angelegenheiten, die der sterbende Patient noch regeln will)
5 Unterlid
6 Mittag
7 (Aus Arzt-Patient-Gespräch:) Wann haben Ihre Monatsblutungen begonnen?
9 Handgelenknaher Speichenbruch (Eponym)
10 Linker Rippenbogen (Abkürzung)
11 Zu, nach, z. B. to go … bed (zu Bett gehen), … the left (nach links)
12 (Herz-, Puls-)Schlag, pochen, klopfen
14 Blutvolumen (Abkürzung)
15 Eiförmig, oval, z. B. ... window (ovales Fenster des Innenohrs)
17 Schwung, Elan, z. B. … pill (Aufputschmittel)
21 Orale Rehydratationstherapie (Abkürzung)
22 Nervenwurzelleiden
25 Hepatitis C (Abkürzung)
26 Mangelnde Aktivität, in der Immunologie verminderte Reaktion auf Antigene
27 Unterfunktion der Schilddrüse
31 Oberer Magen-Darm-Trakt (Abkürzung)
33 Staatlich, bürgerlich, z. B. … death (bürgerlicher Tod, Verlust der Ehrenrechte)
34 Abstinenzler
36 Entzündung der Hirn- und Rückenmarkshäute (Abkürzung)
39 Auf das Hinterhaupt bezogen, z. B. … artery
42 Ungewöhnliche Essgelüste (auf Stoffe gerichtet, die nicht zu den Nahrungsmitteln gehören)
43 Tönen, klingen, z. B. to keep the body in … (sich in Form halten)
46 Rhesusfaktor (Abkürzung)
48 Schwammartig, z. B. … bone (spongiöser Knochen)
50 Geschwulst (Abkürzung)
55 Butanolextrahierbares Iod (Abkürzung)
56 Über, durch (Weg), z. B. ... esophagus (durch die Speiseröhre)
58 Polster, Wattetupfer, Kompresse, z. B. infrapatellar fat … (Fettkörper unterhalb der Kniescheibe)
59 Mögen, können, dürfen, z. B. … I ask you (darf ich Sie fragen)
60 Glutaminsäure (Abkürzung)

21

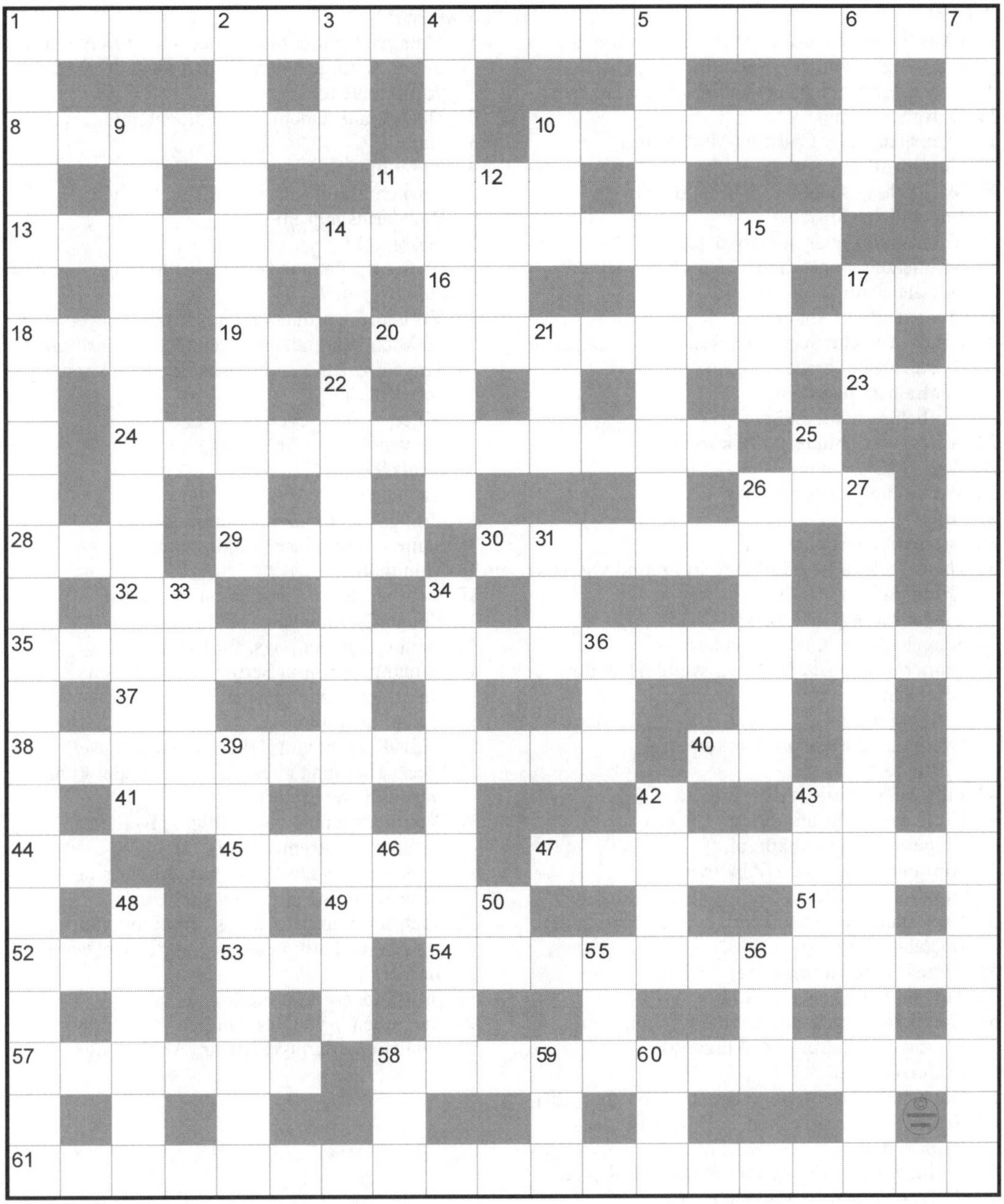
1
2
3
4
5
6
7
8
9
10
11
12
13
14
15
16
17
18
19
20
21
22
23
24
25
26
27
28
29
30
31
32
33
34
35
36
37
38
39
40
41
42
43
44
45
46
47
48
49
50
51
52
53
54
55
56
57
58
59
60
61

22

Waagerecht:

1 (Aus Arzt-Patient-Gespräch:) Haben Sie nervös mit Dingen hantiert [waren Sie zappelig]?
9 Lebenskräftig, lebenswichtig, z. B. … capacity
11 Darmbeinkamm
12 Diensthabender Chirurg (Abkürzung)
13 Geschwollen
15 Wirklich, tatsächlich, z. B. … intention (eigentliche Absicht)
16 Transaktionsanalyse (Abkürzung)
17 Schmerzen, unpässlich sein (What …s you?)
18 Mit gleichem (Luft-)Druck
19 Hypoxanthin (Abkürzung)
20 Grau (britische Schreibweise), z. B. … matter = … substance (graue Substanz im Zentralnervensystem)
22 Seitlich rechts (Abkürzung)
23 Alltagsverrichtungen (Abkürzung)
24 Aorta (Abkürzung)
25 Versteifung eines Gelenks
29 Auge
30 Urogenital (Abkürzung)
31 Unser, z. B. a friend of … (ein Freund von uns)
32 Grind, Schorf
33 Lippenseitig (bei Zähnen, Abkürzung)
34 Wagen, Auto, z. B. … sickness
37 Immer, ständig, z. B. As … yours (stets Ihr, Briefschluss)
39 Faul, müde, z. B. … colon (träger Dickdarm)
40 Nierentubulusacidose (Abkürzung)
41 Vertiefte Atmung
43 Fuß (lat. Genitiv), z.B. Tinea ...
45 Code der Alphaaminosäure Lysin
47 Magen – Darm (Abkürzung)
48 Xeromammographie (Abkürzung)
49 Infektion der oberen Atemwege (Abkürzung)
50 Unbeständig, schwankend, z. B. … angina (instabile Angina)
51 Atemsystem (Abkürzung)
53 Test für beruflichen Erfolg
56 Handlung, Tat, handeln, eine Rolle spielen
58 Pfortaderhochdruck (Abkürzung)
59 (Zahn-)Fäulnis
61 Betäuben, verblüffen, z. B. ...ned (wie betäubt)
63 Teich, Schwimmbecken, z. B. … of blood (Blutlache)
65 Wahr, z. B. … ribs („wahre" Rippen, Rippen 1-7), … conjugate (Conjugata vera)
66 Gruft, blind endigender Gang, z.B. anal ...
67 Opiumalkaloid
69 (Aus Arzt-Patient-Gespräch:) Haben Sie Überempfindlichkeiten/Allergien?

Senkrecht:

1 (Aus Arzt-Patient-Gespräch:) Ich fürchte, dass dieser Zahn gezogen werden muss (I'm afraid you'll have to …)
2 Dottergang (Ductus omphaloentericus)
3 Harn
4 Nasenbluten
5 Nackenfaszie
6 Reizdarmsyndrom
7 Gasbrand
8 (Aus Arzt-Patient-Gespräch:) Sie sagen, dass sie atemlos sind?
10 Vorläufig, vorübergehend, z. B. … pacemaker (zeitlich begrenzt anzuwendender Schrittmacher)
14 Tragen, z. B. … a disease (eine Krankheit verbreiten)
21 Adler, z. B. ...-eyed (scharfsichtig)
26 Nervensystem (Abkürzung)
27 Kehlkopfentzündung
28 Immunserum (Abkürzung)
34 Großer Staphylokokkenabszess
35 Saure Phosphatase (Abkürzung)
36 Mundhöhle
38 Sichtbar, z. B. … radiation = … light
39 Untere Gliedmaße (Abkürzung)
42 Pumpe, pumpen, ugs. für Herz
44 Immunglobulin in Serum und Sekreten
46 Unter dem Kinn gelegen
52 Narbe, Schramme
54 Klassifizieren von Zellen, Geweben usw.
55 Fleck, Hautmal, z. B. sore … (wunder Punkt, empfindliche Stelle)
57 Wahrheitsgemäß, aufrichtig, z. B. I am … sorry (es tut mir aufrichtig leid)
60 Innerhalb des Deckgewebes (Abkürzung)
61 Absetzgeschwindigkeit (Abkürzung)
62 Nach oben, aufwärts, z. B. from my youth … (von Jugend an), what are you … to? (was haben Sie vor)
64 Orotsäure (Abkürzung)
66 Karzinoembryonales Antigen (Abkürzung)
68 Zwölffingerdarmgeschwür (Abkürzung)

22

23

Waagerecht:

1 (Aus Arzt-Patient-Gespräch:) Wie oft bekommen sie es?
10 Büschel, z. B. … of hair (Haarbüschel)
12 Gruppe humanpathogener Picornaviren (Akronym, in dem das O für engl. orphan = Waise steht, weil sie „verwaist“, d. h. lange Zeit keiner Familie zuzuordnen waren)
13 Diabetes insipidus (Abkürzung)
14 Blutkörperchensenkungsgeschwindigkeit (Abkürzung)
15 Geburtshilfe
16 Ungesund, z. B. of … mind (geistesgestört, unzurechnungsfähig)
17 Glutaminsäure (Abkürzung)
18 Künstlich
20 Salzsäure (Abkürzung = chemische Formel)
21 Geburtenkontrolle (Abkürzung)
22 Oberhalb
23 Das Ohr schädigend (Nebenwirkung eines Arzneimittels)
24 Formaldehyd (Abkürzung)
25 Ekzem (Abkürzung)
26 Zustand, z. B. ... of health (Gesundheitszustand), … of the art (Stand der Technik)
27 Aufhören, z. B. … to work (die Arbeit einstellen)
29 Irren, z. B. to … is human
32 Neodym (Elementsymbol)
34 Silber (Elementsymbol)
35 Mundrachenraum (mittleres Stockwerk des Rachens)
37 Unze (28,349 g)
40 Bence-Jones-Protein (Abkürzung)
41 Unser
42 Gummi, (ugs.) Kondom
43 Hirnorganisches Psychosyndrom (Abkürzung)
44 Code der Alphaaminosäure Arginin
45 Auge
46 Turm, z. B. … head/skull (Turmschädel)
47 Vorhof
48 Von der UICC (International Union Against Cancer) festgelegtes Einteilungssystem der Tumorstadien
49 Liter (britische Schreibweise)
50 Über, z. B. to worry … something (sich wegen einer Sache Sorgen machen)
52 Aufnahme von radioaktivem Iod (Abkürzung)
54 Rechte obere Extremität (Abkürzung)
55 Kleine Gelenkfläche
56 Teilremission (Abkürzung)
57 Atemnotsyndrom (Abkürzung)
58 Sinn, Gefühl, Empfindung, Verstand, z. B. common … (gesunder Menschenverstand)
59 Nach der Geburt (Abkürzung)
60 Isopropylalkohol (Abkürzung)
61 Hauptbeschwerden (Abkürzung)
62 Rhinitis vasomotorica (Abkürzung)
63 Stark vergrößerter entzündeter Lymphknoten
65 (Aus Arzt-Patient-Gespräch:) Fühlen Sie sich reizbar?

Senkrecht:

1 (Aus Arzt-Patient-Gespräch:) Wie lange waren Sie verheiratet?
2 Maligne Nierengeschwulst (Nephroblastom) im Kindesalter (Eponym)
3 Trichterbrust
4 Äußerer Zwischenrippenmuskel
5 Stuhlentleerung
6 Ytterbium (Elementsymbol)
7 Unbewusst, z. B. collective … (kollektives Unbewusstes)
8 Liebeswahn
9 (Aus Arzt-Patient-Gespräch:) Wie lange haben Sie schon diesen Ausfluss aus Ihrer Nase? (how long have you had …)
11 Toxisches Schocksyndrom (Abkürzung)
19 Gefroren, z. B. … food (Tiefkühlkost)
24 Knochenbruch (Abkürzung)
28 Adenosindiphosphat (Abkürzung)
30 Paartherapie
31 Eingewachsener Zehennagel
33 Lendenwirbel
36 Gleichnamig, z. B. … hemianopia (Ausfall der beiden rechten oder beiden linken Netzhauthälften)
38 Scharlach
39 Hörorgan (Eponym)
51 Rechter Vorhof (Abkürzung)
53 Intermittierende Überdruckbeatmung (Abkürzung)
64 Außerhalb der Gebärmutter (Abkürzung)

23

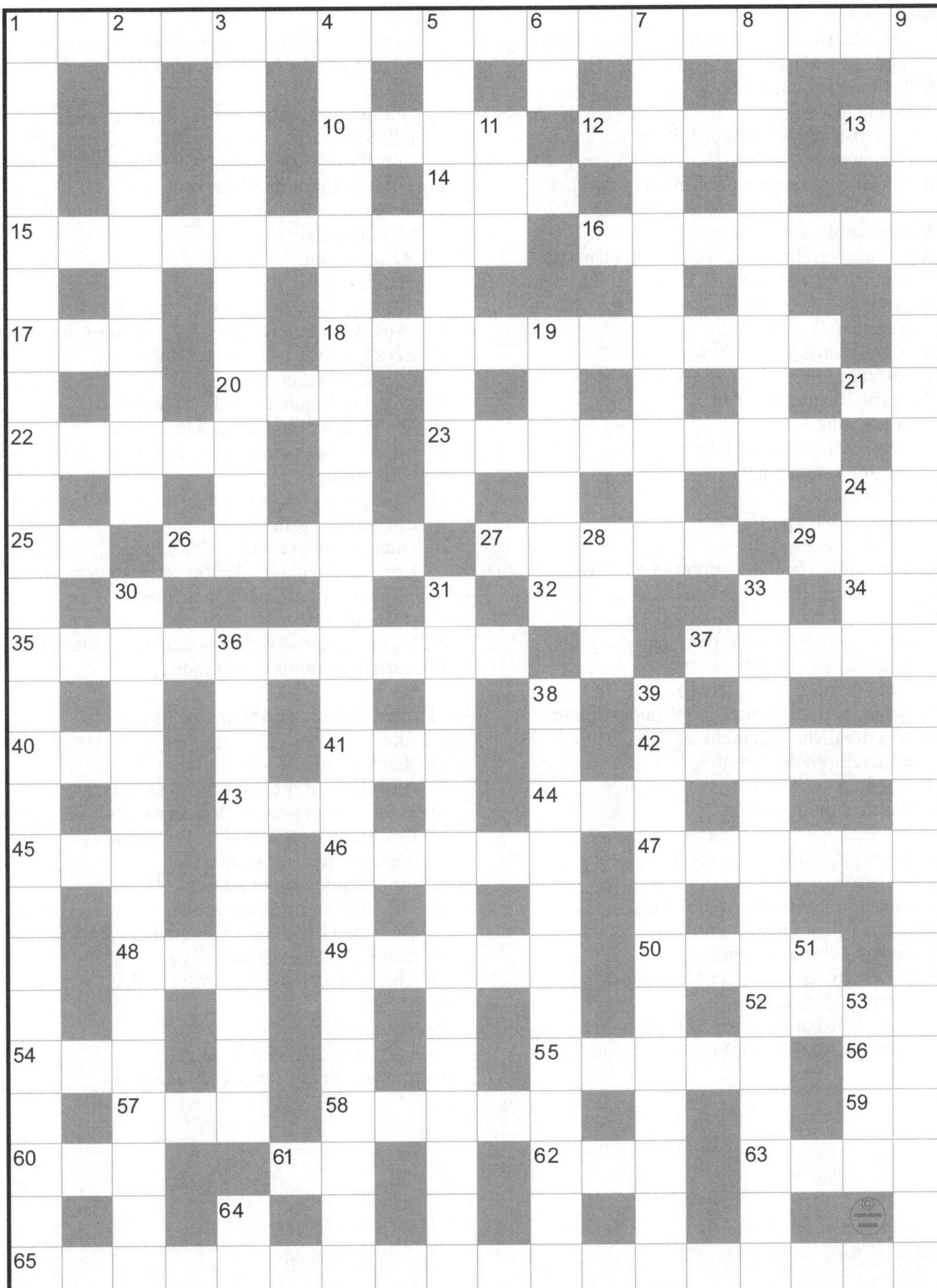
1
2
3
4
5
6
7
8
9
10
11
12
13
14
15
16
17
18
19
20
21
22
23
24
25
26
27
28
29
30
31
32
33
34
35
36
37
38
39
40
41
42
43
44
45
46
47
48
49
50
51
52
53
54
55
56
57
58
59
60
61
62
63
64
65

24

Waagerecht:

1 (Aus Arzt-Patient-Gespräch:) Fühlen Sie sich niedergeschlagen?
10 Tellur (Elementsymbol)
11 In, an, bei, zu, auf, z. B. … work (bei der Arbeit), … a distance (in einiger Entfernung), not … all (keineswegs), … her death (bei ihrem Tod)
12 Augenbeschwerden aufgrund von rascher Ermüdbarkeit der Augenmuskeln
15 Herzversagen (Abkürzung)
16 Datum, Verabredung, Verabredungspartner
17 Krankheit (aus dem Französischen übernommen)
18 Erholung, Entspannung, z. B. …al therapy (Entspannungsbehandlung)
20 Mitralinsuffizienz (Abkürzung)
22 Ausgang, z. B. … block (Austrittsblock)
23 Normalsichtigkeit (Abkürzung)
24 Trunksucht
25 Dezibel (Einheitenzeichen)
27 Eierstockentzündung
30 Hinterhaupt
31 Harn (Abkürzung)
32 Splitterbruch
36 Von, z. B. a friend … mine (ein Freund von mir), it is true … every case (das trifft in jedem Fall zu)
37 Häufigkeit der Harnentleerung (meist die gesteigerte gemeint)
38 Streptokinase (Abkürzung)
39 Baum, z. B. bronchial … (Bronchialbaum)
40 volkstümlich, allgemein, z. B. a … error (ein weit verbreiteter Irrtum)
43 Xylulose (Abkürzung)
46 Wahrnehmungsdefekt
51 Innerhalb der Gebärmutter (Abkürzung)
52 Tonne, z. B. metric … (1000 kg), long … (1016 kg), short … (907 kg)
53 Ganzkörperwasser (Abkürzung)
54 Dreiköpfiger Oberarmmuskel
57 Tantal (Elementsymbol)
58 Innerhalb des Gelenks (Abkürzung)
59 Stechender Schmerz
61 (Aus Arzt-Patient-Gespräch:) Haben Sie ein taubes Gefühl in den Füßen? (do you have …)

Senkrecht:

1 (Aus Arzt-Patient-Gespräch:) Haben Sie je Durchfall oder Verstopfung? (do you ever have …)
2 Harnleiteröffnung (in der Harnblase)
3 Ich, Selbst (lat.), z. B. …centric (übertrieben selbstbezogen), …ism (Selbstsucht)
4 Tot bei Ankunft (Abkürzung)
5 Perkutane transluminale koronare Angioplastie (Abkürzung)
6 Reflexbogen
7 Sattelgelenk
8 Bleiben, z. B. to … in (zu Hause bleiben)
9 (Aus Arzt-Patient-Gespräch:) Stört es Sie nachts?
13 Zecke, z. B. …-borne rickettsiosis (Zeckenbissfieber)
14 Proteingebundenes Iod (Abkürzung)
19 Die Hoden betreffend, z. B. … artery
20 Mitte (in Wortzusammensetzungen), z. B. …line (Mittellinie)
21 Irgendein, z. B. is there … hope? (ist hier noch irgendeine Hoffnung)
26 Diensthabender Arzt (Abkürzung)
28 Körperflüssigkeit, Gemütsverfassung, z. B. out of … (schlechter Laune), aqueous … (Kammerwasser)
29 Immunglobulin auf Mastzellen und Basophilen
30 Lidschlussreflex (Abkürzung)
33 Formel
34 Intensivstation (Abkürzung)
35 Elle
39 Bandwurm
41 Auslass, z. B. pelvic … (Beckenausgang)
42 Relative biologische Wirksamkeit (Abkürzung)
44 Ernst, schwerwiegend, z. B. … illness (gefährliche Erkrankung)
45 Einfachster Kohlenwasserstoff
47 Zurückkehren, zurückgeben, z. B. to … to one's old habits (in alte Gewohnheiten zurückfallen)
48 Lust, Geschlechtstrieb
49 Kurzbezeichnung für harte Hirnhaut
50 Münze
55 Schmerz
56 Kapillardruck (Abkürzung)
60 Scheitel-Steiß-Länge (Abkürzung)

24

1
2
3
4
5
6
7
8
9
10
11
12
13
14
15
16
17
18
19
20
21
22
23
24
25
26
27
28
29
30
31
32
33
34
35
36
37
38
39
40
41
42
43
44
45
46
47
48
49
50
51
52
53
54
55
56
57
58
59
60
61

25

Waagerecht:

1 (Aus Arzt-Patient-Gespräch:) Wie oft erbrechen Sie?
10 Renin-Angiotensin-Aldosteron-System (Abkürzung)
11 Erschöpfung, Entkräftung, z. B. heat … (Hitzschlag)
13 Schälen, abschilfern (Haut)
14 Ich (mittlere Schicht des Psychischen bei Sigmund Freud)
15 Nasotracheal (Abkürzung)
16 Künstliche Befruchtung mit Partnersperma (Abkürzung)
17 Innenohr
20 Alaun
21 Osteomyelosklerose (Abkürzung)
22 Öl, z. B. olive … (Olivenöl)
23 Sonne; z. B. …downing (Verwirrungszustand ält. Menschen in den dunkleren Abendstunden)
24 Auskleidung der Hirnkammern und des Zentralkanals des Rückenmarks
26 Plattenepithelkarzinom (Abkürzung)
27 Zyanotischer Lungenemphysematiker (Abkürzung)
28 Ohrenarzt
29 Rückgängig machen, z. B. … one's waistcoat (die Weste aufknöpfen)
30 Sein, ihr, dessen, deren, z. B. the hospital and … staff (das Krankenhaus und sein medizinisches Personal)
31 Warzenhof
33 Heiß, z. B. … bath (heißes Bad, Bad mit allmählichem Temperaturanstieg über 40 °C)
35 Fettsäure (Abkürzung)
36 Normales Sehvermögen
39 Ermüdet, z. B. … to death (todmüde)
41 Teuer, lieb, z. B. ... Sir (Anrede in Briefen)
43 Peptisches Geschwür (Abkürzung)
44 Angst
46 Ehrfurcht, Scheu
47 Zeichen, z. B. no ... of life (kein Lebenszeichen)
48 Geschwulstkrankheit (Abkürzung)
49 Schwangerschaft außerhalb der Gebärmutter (Abkürzung)
50 Kniescheibenbruch
52 Operationssaal (Abkürzung)
53 Einen (Organ-)Lappen betreffend, z. B. … pneumonia
55 Angst, Schrecken, z. B. ... nocturnus
56 Dieses Syndrom (Akronym) droht nach Entfernung der Milz, vor allem im Kindesalter
57 Aluminium (Elementsymbol)
58 Tun, machen, z. B. what can I … for you? (was kann ich für Sie tun), to … one's best (sich alle Mühe geben)
59 Fragen
60 Darmverschluss (Abkürzung)
61 Äußerer Gehörgang (Abkürzung)
62 Geschlechtskrankheit (Abkürzung)
63 (Aus Arzt-Patient-Gespräch:) Haben Sie Kopfschmerzen?

Senkrecht:

1 (Aus Arzt-Patient-Gespräch:) Haben Sie irgendwelches Blut bemerkt?
2 Stirnbein
3 Geschmack, Geschmacksinn
4 Essen
5 Normaler Sinusrhythmus (übliche Abkürzung in Ekg-Befund)
6 Hafer, z. B. … cell carcinoma (Haferzellkarzinom)
7 Ellennerv
8 In den USA nicht offiziell zugelassenes Arzneimittel
9 (Aus Arzt-Patient-Gespräch:) Erzählen Sie mir von Ihren Monatsblutungen!
11 Giftig
12 Entgegen ärztlichem Rat
18 Die Atmung betreffend, z. B. … system
19 Die Aufrichtung, Versteifung betreffend, z. B. … tissue (Schwellgewebe)
25 Minimale Funktionsstörung des Gehirns (Abkürzung)
32 Stange, Stab, Riegel
33 Hatte, gehabt, z. B. she … her arm broken (sie brach sich den Arm)
34 Um die Geburt, z. B. … period (von der 28. Schwangerschaftswoche bis 4 Wochen nach der Geburt)
35 Verbandkasten
37 Ausbessern, flicken, genesen, z. B. to be …ing (auf dem Weg der Besserung)
38 Maximum (Abkürzung)
40 Auf Leistung gerichtet
42 Durchbohren, durchlöchern, durchbrechen (Geschwür)
45 Selbstuntersuchung des Hodens (Abkürzung)
49 Zerfressend, Geschwür bildend, z. B. … gastritis
51 Geschwulst des Fettgewebes
54 Säugling
58 Unregelmäßige Herzarbeit (Abkürzung)
61 Außerhalb der Gebärmutter (Abkürzung)

25

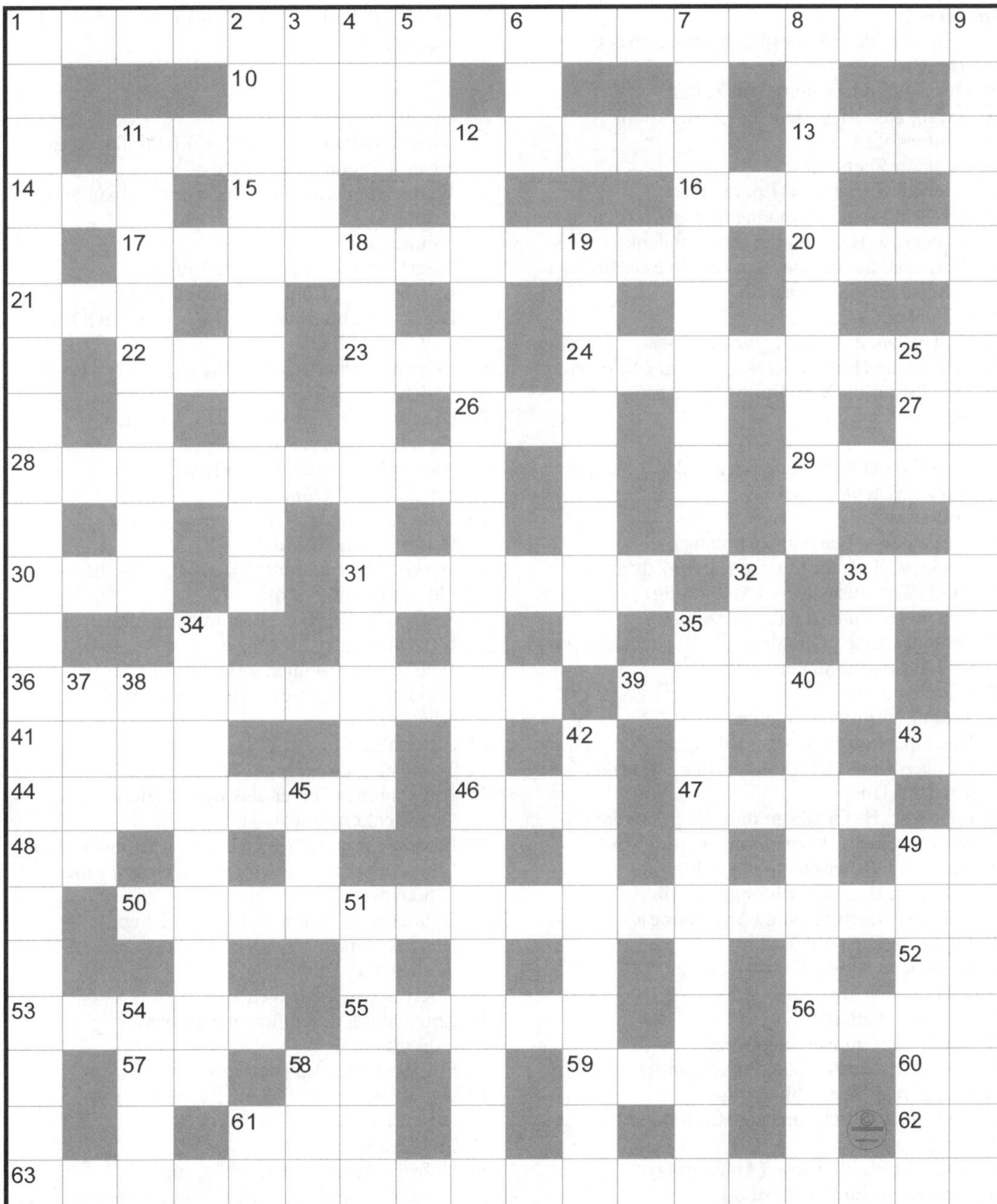
1 2 3 4 5 6 7 8 9
10
11 12 13
14 15 16
17 18 19 20
21
22 23 24 25
26 27
28 29
30 31 32 33
34 35
36 37 38 39 40
41 42 43
44 45 46 47
48 49
50 51
52
53 54 55 56
57 58 59 60
61 62
63

26

Waagerecht:

1 (Aus Arzt-Patient-Gespräch:) Müssen Sie erbrechen?
10 Messung und Zählung von Zellen
11 Anfall, angreifen, befallen, z. B. bilious … (Gallenkolik)
14 Dumpfer Schmerz
15 Arteriitis temporalis (Eponym)
19 Auf Schultergelenkpfanne und Oberarmkopf bezogen, z. B. ... joint (Schultergelenk)
20 Wer, z. B. the patient … arrived yesterday (der Patient, der gestern ankam)
21 Nebenhoden
23 Sich selbst, z. B. by … (von selbst)
25 Erworbenes Immundefektsyndrom (Abkürzung)
26 Signal-Rausch-Verhältnis (Abkürzung)
27 Schluchzen
29 Bad
32 Vorsilbe bei Fachbegriffen mit der Bedeutung wieder, erneut, zurück
33 Enthirnung
35 Verdauungsorgane (Abkürzung)
36 Nackt, z. B. in the ... (in nacktem Zustand)
37 Akute Tubulusnekrose (Abkürzung)
38 Evoziertes Potenzial (Abkürzung)
39 Schlag, schlagen, Schlager, z. B. she's badly … (es hat sie schlimm erwischt)
40 Kugelbakterien
41 Tetanusantitoxin (Abkürzung)
42 Das innere (unbewusste) Bild einer Person der sozialen Umwelt (besonders der Eltern) im Sinne von C. G. Jung
43 Läuten, z. B. for whom the bell …s (wem die Stunde schlägt [Roman von Hemingway])
45 Respiratorischer Quotient (Abkürzung)
46 Falsch, z. B. ... diverticulum, … rib
47 Tracheobronchialbaum (Abkürzung)
49 Laparoskopie (Abkürzung)
50 Natürliche Killerzellens (Abkürzung)
51 Vier
53 Ableiten, herleiten
54 Stützzellen im Nervengewebe
55 Hämolytische Anämie (Abkürzung)
56 Milchbrustgang (Abkürzung)
57 Gehirn und Rückenmark betreffend (Abkürzung)
58 Gang
59 Fetale Erythroblastose (Abkürzung)
61 Thyroglobulin (Abkürzung)
62 Test für Vergleich beobachteter und erwarteter Daten (χ^2)
64 Alter
65 Gewohnt, z. B. she is … to working late (sie ist gewohnt, lange zu arbeiten)
66 Rechtes Auge (Abkürzung)
68 (Aus Arzt-Patient-Gespräch:) Fühlten Sie sich wackelig?

Senkrecht:

1 (Aus Arzt-Patient-Gespräch:) Ist Ihnen sonst etwas aufgefallen? (is there ...)
2 Wahrscheinlicher Geburtstermin (Abkürzung)
3 Orthopädie
4 Zahnfleisch
5 Faserknorpel der Schambeinfuge
6 Lebenslustig, fröhlich, (Slang: schwul)
7 Diese Dicarbonsäure hat die Formel HOOC-COOH
8 Erlangen, erhalten, z. B. the custom …s (es ist üblich)
9 (Aus Arzt-Patient-Gespräch:) Nehmen Sie täglich zwei dieser Pillen!
12 Akuter Verwirrungszustand (Abkürzung)
13 Cholin (Abkürzung)
16 Fetzen, Lumpen, z. B. a …ged wound (ausgefranste Wunde)
17 Geschichte, Erzählung, Bericht, z. B. the same old ... (das alte Lied)
18 Sogar, eben, z. B. … features (regelmäßige Gesichtszüge)
20 Weh, Leid, Kummer, z. B. tale of … (Leidensgeschichte), …ful (jammervoll, erbärmlich)
22 Bestrahlung
24 Testlösung (Abkürzung)
25 Angeborenes Fehlen des Unterkiefers
28 Geburtenkontrolle
29 Luxationsfraktur des Os metacarpi [metacarpale] I mit Aussprengung eines dreieckigen Fragments (Eponym)
30 Handel, z. B. …mark (Warenzeichen, Handelsname)
31 Rechtshändigkeit
34 Übertragbar, ansteckend
44 Entzündung des äußeren Gehörgangs (Abkürzung)
48 Flüssiger Teil des Blutes
49 Hypertrophie der linken Herzkammer (Abkürzung)
51 Stuhl, Kot
52 Unbedingter Reflex (Abkürzung)
59 Finden, entdecken, z. B. to make someone … his tongue (jemanden zum Reden bringen)
60 Geschwulst (Abkürzung)
61 Baum, z. B. bronchial … (Bronchialbaum)
63 Akutes Lungenversagen (Abkürzung)
67 Burkitt-Lymphosarkom (Abkürzung)

26

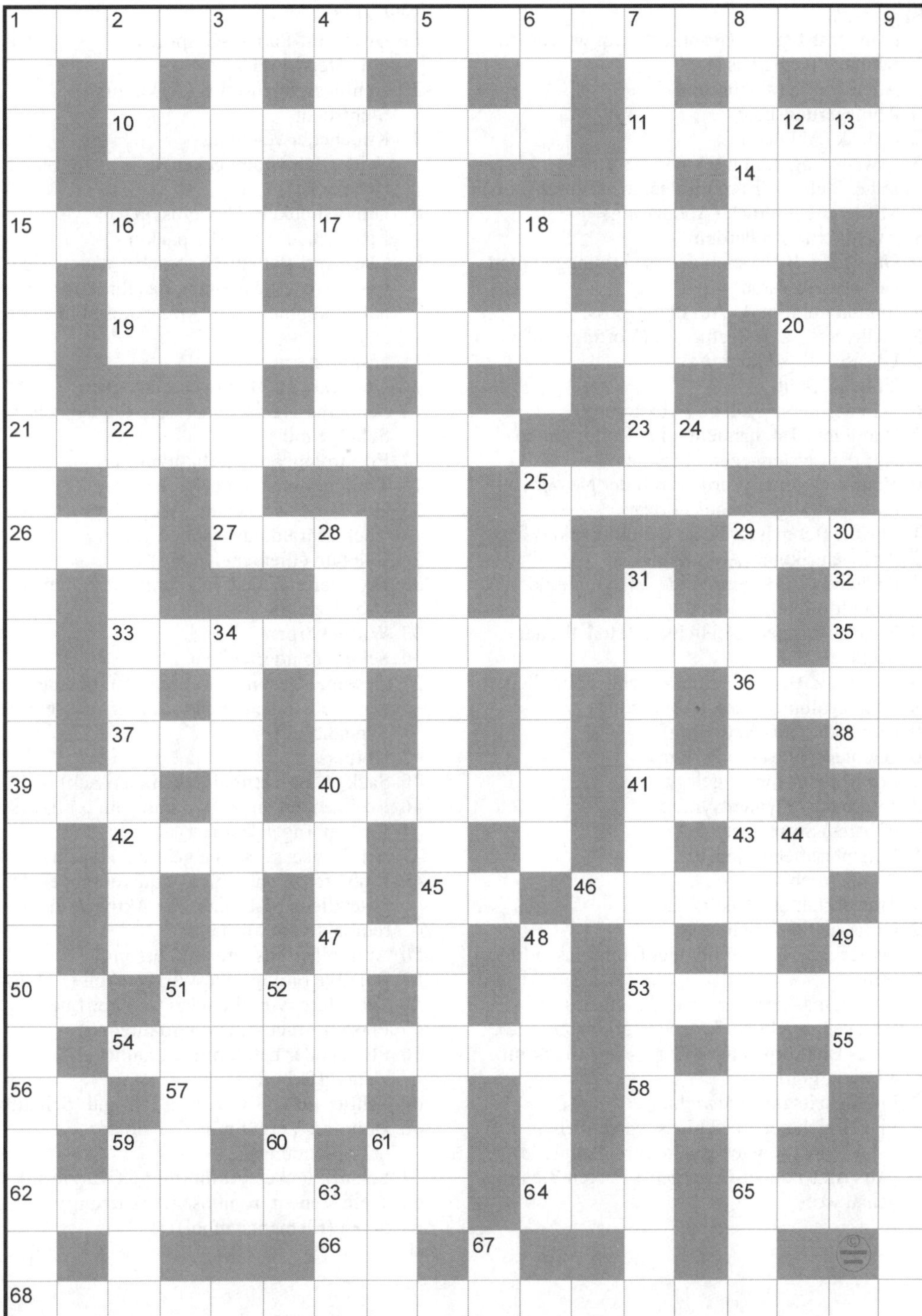

1
2
3
4
5
6
7
8
9
10
11
12
13
14
15
16
17
18
19
20
21
22
23
24
25
26
27
28
29
30
31
32
33
34
35
36
37
38
39
40
41
42
43
44
45
46
47
48
49
50
51
52
53
54
55
56
57
58
59
60
61
62
63
64
65
66
67
68

27

Waagerecht:

1 (Aus Arzt-Patient-Gespräch:) Um welche Art Schmerz handelt es sich?
9 Adenotomie (Abkürzung)
10 Abmagerungskost
12 Gelenk (Abkürzung)
13 Erweiterung des Durchmessers eines Hohlraums
15 Lage, Stelle, z. B. ... of bleeding (Blutungsort)
18 Mittlerer Blutdruck (Abkürzung)
19 Auch, ferner, außerdem
20 Du, Sie, z. B. … soon get used (man gewöhnt sich schnell daran)
21 Immunglobulin A (Abkürzung)
22 Halle, Saal, z. B. lecture … (Vortragssaal)
23 Ultraschall (Abkürzung)
24 Unheilbarkeit
26 Scheitel-Fersen-Länge (Abkürzung)
27 Handlung, Tat, handeln, eine Rolle spielen
29 Auf die Leistengegend bezogen
30 Vom Zellkörper (Perikaryon) der Nervenzelle (Neuron) wegleitender Fortsatz
31 Fläche, Bereich (z. B. an Großhirnrinde)
32 Atrioventrikulär (Abkürzung)
34 Knötchen, z. B. lymphoid … (Lymphknötchen, Lymphfollikel)
35 Baden, waschen, befeuchten, (Heil-)Bäder nehmen
36 Schnee, z. B. … blindness (Schneeblindheit)
38 Schlagvolumenindex (Abkürzung)
39 Refraktärzeit (Abkürzung)
40 Gaumenspalte (Abkürzung)
41 Zur Mittelebene zu gelegen
43 Ytterbium (Elementsymbol)
44 (Oberes) Sprunggelenk
45 Rattenbissfieber (jap.)
48 Stimmbruch
51 Transferfaktor (Abkürzung)
52 Ultraschallaufzeichnung
57 Dreieck, z. B. … of bladder (Harnblasendreieck)
58 Luft
59 Maske, maskieren, z. B. …like facies (Maskengesicht bei Morbus Parkinson)
61 Rotes Blutkörperchen (Kurzbezeichnung im Klinikjargon)
62 Flüssigkeitsgleichgewicht
65 Siegel, sicherer Verschluss, verschließen, z. B. …ed source (eingekapselte Strahlenquelle)
66 (Aus Arzt-Patient-Gespräch:) Zeigen Sie mir genau wo!

Senkrecht:

1 (Aus Arzt-Patient-Gespräch:) Was meinen Sie mit „Herzklopfen“?
2 Achillessehnenreflex (Abkürzung)
3 Stehlsucht
4 Knochenerweichung
5 Teich, Schwimmbecken, z. B. … of blood (Blutlache)
6 Unpässlichkeit, Unwohlsein
7 Eis, z. B. … pack (Eispackung)
8 (Aus Arzt-Patient-Gespräch:) Waren Sie irgendetwas ausgesetzt, das Ihr Auge verletzt haben könnte? (were you exposed to anything …)
11 Krummdarm
14 Dreieckbein (Handwurzelknochen)
16 Schneller Herzschlag (Herzfrequenz über 100 Schläge/min)
17 Erythroleukämie (Abkürzung)
18 Trommelfellschnitt (Parazentese)
25 Holzbock (Zeckenart, Hauptüberträger des Rocky Mountains spotted fever)
28 Calcium (Elementsymbol)
32 Erweiterte Wiederbelebungsmaßnahmen (Abkürzung)
33 Wirbelkörper
36 Schulterblattgräte
37 Gewebe, Gespinst, mit Schwimmhäuten versehen, z. B. …bed toes (verwachsene Zehen, Syndaktylie)
42 Körper
45 Sack, z. B. lacrimal … (Tränensack)
46 Besitzen, eigen, z. B. name your … day (setzen Sie den Tag selbst fest)
47 Art, Weise, z. B. in a gentle … (sacht)
49 Einheitenzeichen für Becquerel (abgeleitete gesetzliche SI-Einheit der Aktivität einer radioaktiven Substanz)
50 Aminolävulinsäure (Abkürzung)
53 Relative biologische Wirksamkeit (Abkürzung)
54 Granulom, vor allem bei tertiärer Lues
55 Phosphofructokinase (Abkürzung)
56 Fleck- oder netzförmige bläuliche Hautverfärbung
60 Schlitz, schlitzen, z. B. … wound (Schnittwunde)
62 Honorar, Vergütung, z. B. doctor's … (Arztrechnung)
63 Schlaff, locker, Abführmittel (Kurzform)
64 Tiefe Venenthrombose (Abkürzung)
65 Selen (Elementsymbol)

27

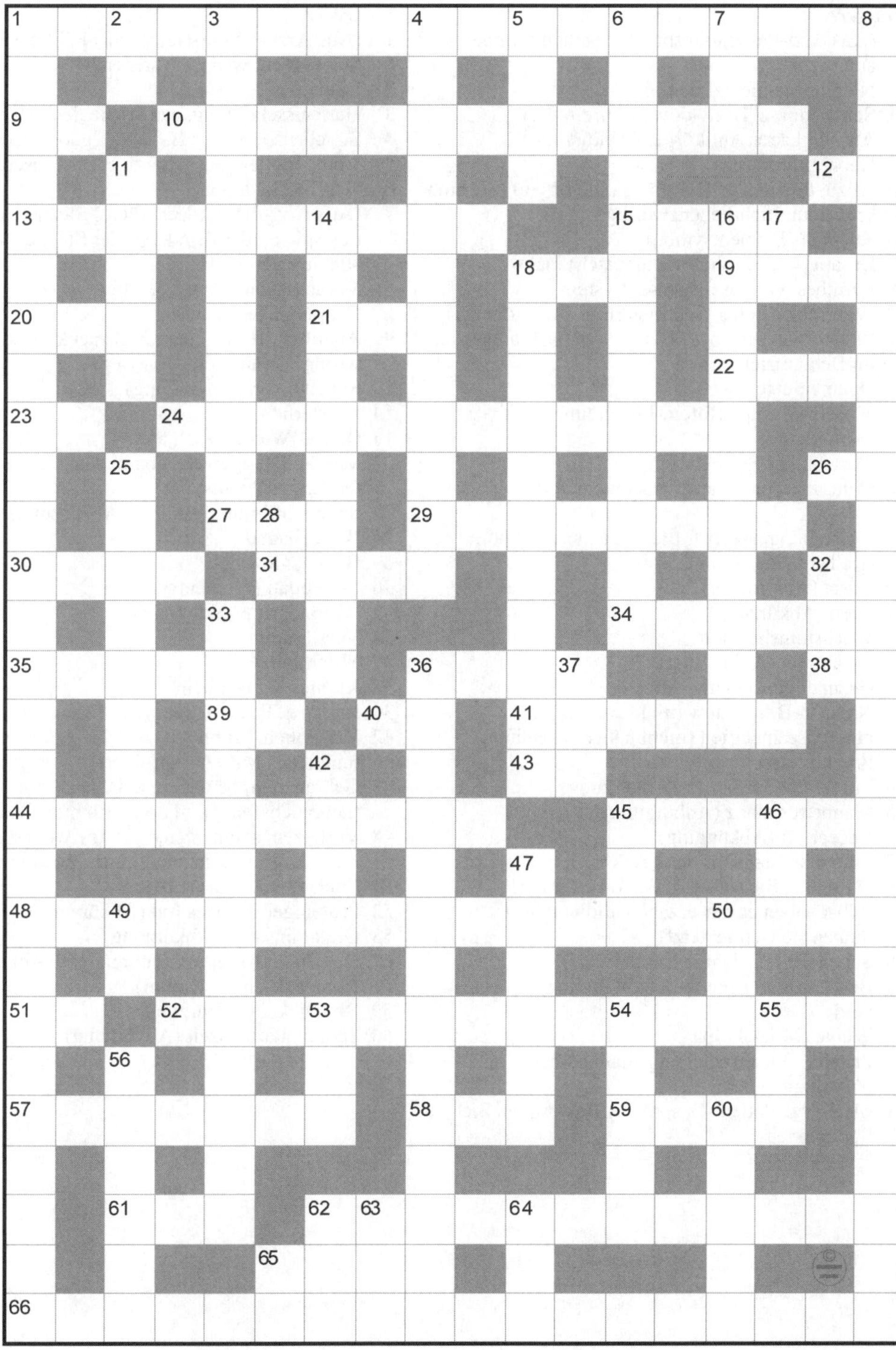
1 2 3 4 5 6 7 8
9 10
11 12
13 14 15 16 17
18 19
20 21
22
23 24
25 26
27 28 29
30 31 32
33 34
35 36 37 38
39 40 41
42 43
44 45 46
47
48 49 50
51 52 53 54 55
56
57 58 59 60
61 62 63 64
65
66

28

Waagerecht:

1 (Aus Arzt-Patient-Gespräch:) Stehen sie nachts auf?
8 Nierenbeckenentzündung
11 Schwamm, z. B. ...-down (Abreibung)
12 Antinukleärer Antikörper (Abkürzung)
13 Gebärmutterkrebs
15 Allzu, überaus, z. B. it is ... kind of you (Sie sind sehr freundlich/liebenswürdig)
16 Krypton (Elementsymbol)
17 Untätig, träge, (pharmakologisch) inaktiv
19 Formbeständiges disperses System
20 Wahrscheinlicher Geburtstermin (Abkürzung)
21 Sitzen, sich setzen, z. B. to ... up (sich aufsetzen, im Bett aufrichten)
22 Daumenlutschen
23 Masern-Mumps-Röteln-Lebendimpfstoff (Abkürzung)
24 Aortenklappe (Abkürzung)
26 Naht, z. B. palatine ... (Gaumennaht)
27 Schrei
28 Vorstellung, Begriff, Idee, z. B. she has no ... of (sie hat keine Ahnung von)
29 Aorta (Abkürzung)
31 Kern (Abkürzung)
32 Wachstumshormon
36 Calcitonin (Abkürzung)
37 Gesundheitszeugnis, Attest
40 Nicht, z. B. ... a few (nicht wenige), ... otherwise specified (nicht näher bezeichnet)
41 Fruchtwasser
44 Intrakranieller Druck (Abkürzung)
45 Magnetresonanz (Abkürzung)
46 Rezeptfrei (Abkürzung)
47 Luteinisierungshormon (Abkürzung)
49 Du selbst, Sie selbst, z. B. you ... told me (Sie selbst haben es mir erzählt), did you hurt ...? (haben sie sich verletzt)
50 Scheitel-Steiß-Länge (beim Fetus)
54 Beschäftigungstherapie (Abkürzung)
55 Und
56 Weiße (Milz-)Pulpa
59 Primäre Wiederbelebungsmaßnahmen (Abkürzung)
61 (Aus Arzt-Patient-Gespräch:) Bekommen Sie Sodbrennen?

Senkrecht:

1 (Aus Arzt-Patient-Gespräch:) Fühlen sie Schmerzen, wenn Sie stehen?
2 Eileiter
3 Harnausscheidung, ausgeschiedene Harnmenge
4 So, ebenso, wie, z. B. just ... good (ebenso gut)
5 Von der Niere ausgehend, z. B. ... ascites
6 Geschlechtsorgane
7 (Aus Arzt-Patient-Gespräch:) Steche ich Sie mit der Spitze oder dem Kopf der Stecknadel? (am I sticking you with ...)
8 Voraussagend, z. B. ... validity (Voraussagesicherheit)
9 Anheften, festmachen, Zickzackkurs, z. B. on the wrong ... (auf dem Holzweg)
10 Sinusknoten (Abkürzung)
14 Knistern
18 (Bade-)Wanne, z. B. to have a ... (baden)
23 Von Schleimgewebe abgeleitete Geschwulst, Gallertgeschwulst
25 Sauerstoffbindungskurve (Abkürzung)
26 Wurzelkanal
29 Bogen, Gewölbe
30 Molybdän (Elementsymbol)
33 Hämatokrit (Abkürzung)
34 Verstärkung
35 Milchsäure
38 Kleines Vieleckbein
39 Raum, z. B. ... temperature (Raumtemperatur)
42 Versuchen, probieren, z. B. to ... a new remedy (ein neues Mittel ausprobieren)
43 Gebrauchen, benutzen, z. B. ready for ... (gebrauchsfertig), of no ... (unbrauchbar)
48 Verletzen, schmerzen, z. B. the wound still ...s me (die Wunde schmerzt mich noch immer)
51 Edel, z. B. ... gas (Edelgas)
52 Proteingebundenes Iod (Abkürzung)
53 Glutaminsäure (Abkürzung)
57 His-Bündel-Elektrokardiogramm (Abkürzung)
58 Kobalt (Elementsymbol)
59 Blutzucker (Abkürzung)
60 Sedimentationszeit (Abkürzung)

28

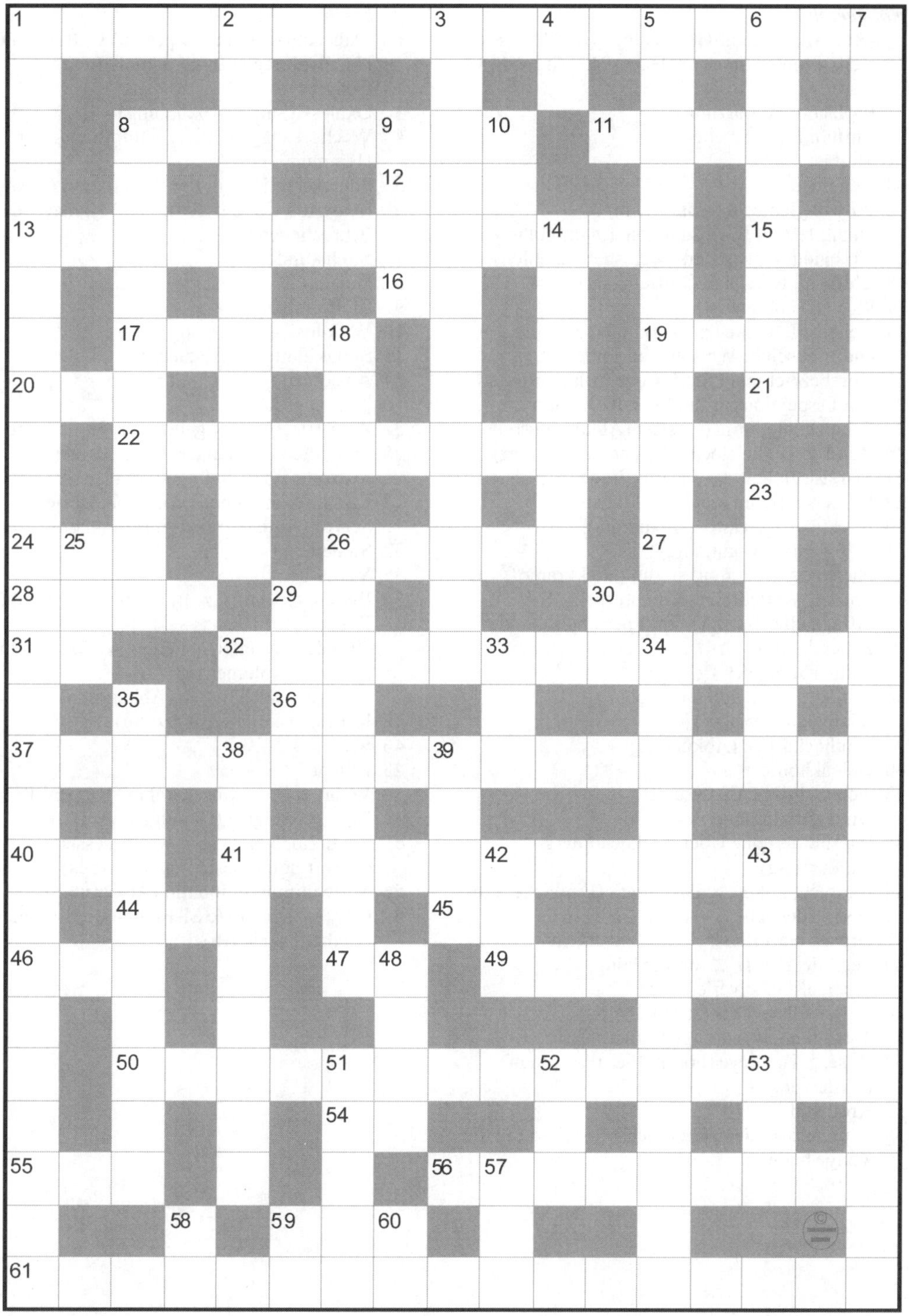

29

Waagerecht:

1 (Aus Arzt-Patient-Gespräch:) Wie fühlen Sie sich, wenn es Ihnen schlecht geht? (how do you ...)
7 Prolactin (Abkürzung)
8 Entfernung der Leber
12 Sterben
13 Behindert
15 Polyvinylchlorid (Abkürzung)
17 Dicht, fest, z. B. ... junction (undurchlässige Verbindung zwischen zwei Nachbarzellen)
18 Löffel, z. B. ... nail (Löffelnagel)
19 98.6° F (Fahrenheit)
20 Geistige Fähigkeiten, z. B. to be at one's ...'s end (mit seiner Weisheit am Ende sein)
21 Kurzbezeichnung für Atrioventrikularknoten
23 Ein Dispersionszustand von Kolloiden
24 Schafzellagglutinationstest (Abkürzung)
26 Rund, z. B. the clock ... (rund um die Uhr)
28 SI-Basiseinheit der Masse (Einheitenzeichen)
29 Im Leben (beim lebenden Menschen)
30 Infektiöse Hepatitis (Abkürzung)
31 Fehlgeburt (Abkürzung)
33 Nicken, z. B. ...ding spasm (Nickkrampf)
34 Polster, Wattetupfer, Kompresse, z. B. infrapatellar fat ... (Fettkörper unterhalb der Kniescheibe)
35 (Blut-)Gerinnsel
36 Hafer, z. B. ... cell carcinoma (Haferzellkarzinom)
37 Bluthochdruck (Abkürzung)
40 Gelenkhöhle
43 Geburtshilfe (Abkürzung)
44 Kind (Abkürzung)
45 Intermittierende Überdruckbeatmung (Abkürzung)
46 Betttuch, Laken, z. B. ... bath (Einwickeln in nasse Tücher)
47 Drüsen betreffend, z. B. ... epithelium
49 See, Meer, z. B. ... urchin sting (Seeigelstachelverletzung)
50 Intraokulärer Druck (Abkürzung)
51 Tarsaltunnelsyndrom (Abkürzung)
54 Böse, z. B. ...eye (böser Blick), ... tongue (Lästerzunge)
55 Kreißsaal
58 (Aus Arzt-Patient-Gespräch:) Strecken Sie die Zunge heraus!

Senkrecht:

1 (Aus Arzt-Patient-Gespräch:) Unterbrechen die Hitzewallungen Ihren Schlaf? (do the ...)
2 Gehgips
3 Oxalessigsäure (Abkürzung)
4 Wechselseitig, z. B. ... inhibition (reziproke Hemmung)
5 Säuresekretion vor der Stimulation (Abkürzung)
6 (Aus Arzt-Patient-Gespräch:) Haben Sie Blut im Erbrochenen?
7 Stichwunde
8 Herzanfall
9 Pfefferminze
10 Wirkdosis (Abkürzung)
11 Spitzklumpfuß (Abkürzung)
14 Absteigend, z. B. ... aorta
16 Zuckung, Krampf
22 Zum 10. Hirnnerv gehörig, z. B. ... trunc
25 Frau, die zwei Kinder (in getrennten Schwangerschaften) geboren hat
27 Durch toxinbildende Korynebakterien hervorgerufene Infektionskrankheit
32 Siedepunkt
35 Vernarben
37 Bogen, Gewölbe, z. B. aortic ... (Aortenbogen)
38 Waise
39 Von den Gezeiten abhängig, z. B. ... volume (Atemzugvolumen)
41 Von vorn nach hinten (Abkürzung)
42 Kardiovaskulär (Abkürzung)
46 Seekrank
48 Pflicht
52 Wahr, z. B. ... ribs („wahre" Rippen, Rippen 1-7), ... conjugate (Conjugata vera)
53 So, dermaßen, z. B. it was necessary, ... we did it (es war nötig, deshalb taten wir es)
56 Tollwutimmunglobulin (Abkürzung)
57 Gray = abgeleitete SI-Einheit der Energiedosis (Einheitenzeichen)

29

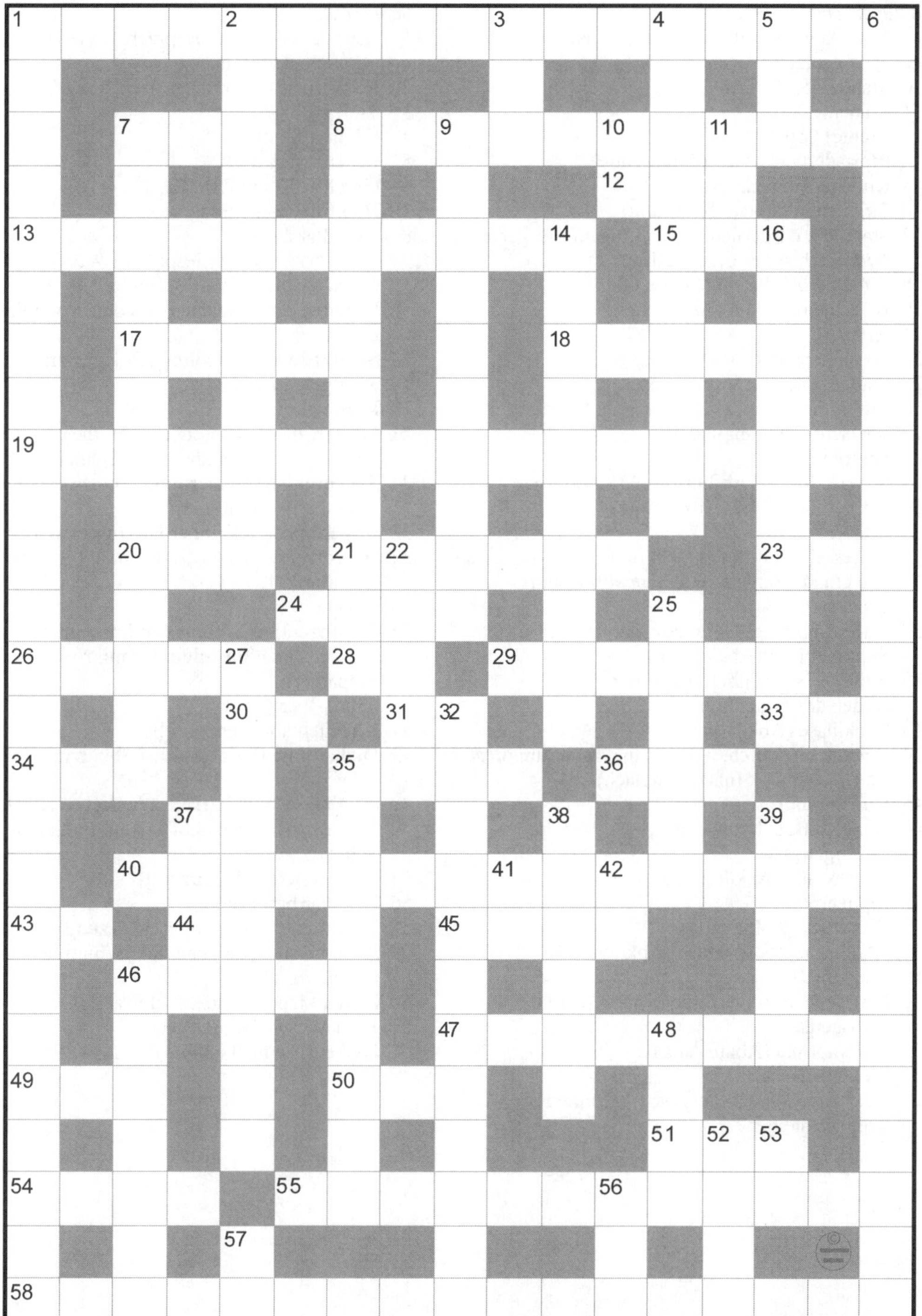

30

Waagerecht:

1 (Aus Arzt-Patient-Gespräch:) Es ist schwer, das ganz genau zu sagen
10 Standardfehler (Abkürzung)
11 Frauen
13 (Echte) Grippe
14 Pfortaderhochdruck (Abkürzung)
15 Knochenentwicklung
16 Strahlentherapie (Abkürzung)
17 Staatlich, bürgerlich, z. B. … death (bürgerlicher Tod, Verlust der Ehrenrechte)
18 Code der Alphaaminosäure Glutamin
20 Allgemeinzustand (Abkürzung)
21 Affe
22 Serumhepatitis (Abkürzung)
25 Faulen, Fäulnis, Verwesung
26 Zusammenziehung, Verkürzung, Schrumpfung
27 Speiseröhrenkrampfadern
28 Fassthorax
29 Schlaff, locker, Abführmittel (Kurzform)
30 Körperoberfläche (Abkürzung)
31 Eiter
32 Jahreszeit, gewöhnen, abhärten, z. B. to be …ed to a climate (an ein Klima gewöhnt sein)
35 Trocken
37 Außerhalb eines Gefäßes (Abkürzung)
38 Suprapubisch (Abkürzung)
39 Ende, z. B. to fight to the bitter …
40 Boden der Augenhöhle
43 Urokinase (Abkürzung)
44 Bei, an, bis, durch, z. B. … that time (um diese Zeit), … and … (nach und nach)
45 Dunkelraum
46 Gang, z. B. external acoustic … (äußerer Gehörgang)
47 Geschwulst (Abkürzung)
48 Lippenrot
51 Blutdruck (Abkürzung)
52 Alkalische Phosphatase (Abkürzung)
53 Lungenfell
56 Spur, eine Spur verfolgen, Aufzeichnung eines Messgeräts
57 Unternormal (Abkürzung)
59 (Wasch-)Becken
63 (Aus Arzt-Patient-Gespräch:) Können Sie Treppen steigen?

Senkrecht:

1 (Aus Arzt-Patient-Gespräch:) Wie lange sind Sie schon zuckerkrank?
2 RS-Virus (Abkürzung)
3 Tiefer
4 (Volks-)Stamm
5 Lebenserwartung
6 Geschwulst am Zahnfleisch
7 Hautfinnenausschlag
8 Querdickdarm
9 (Aus Arzt-Patient-Gespräch:) Würde es Ihnen etwas ausmachen, alle Kleider ausgenommen Unterhose auszuziehen? (Would you mind taking off all ...)
12 Schrotflintenbehandlung, Polypragmasie
17 Knorpelentzündung
19 Harnblasenhals
23 Fortschritt, fortschreiten, z. B. the disease made rapid … (die Krankheit griff schnell um sich)
24 Synchronisierte intermittierende maschinelle Beatmung (Abkürzung)
32 Ungerinnbarer Teil der Blutflüssigkeit
33 Hervorrufen, z. B. …d potential (evoziertes Potential)
34 Unser
36 37-prozentige Lösung von Formaldehyd in Wasser, Fixationsmittel für mikroskopische Präparate
38 (Bluts-)verwandt
41 Knochen abbauende Zelle
42 Diabetische Retinopathie (Abkürzung)
47 Tränen
49 (Soziale) Rolle, z. B. … conflict (Rollenkonflikt)
50 Unser, z. B. a friend of … (ein Freund von uns)
53 Schmerz
54 Harnkatheter (Abkürzung)
55 Das Ohr betreffend
58 Künstliche Besamung (Abkürzung)
59 Zyanotischer Lungenemphysematiker (Abkürzung)
60 Aortenklappenenge (Abkürzung)
61 Intraarteriell (Abkürzung)
62 Nickel (Elementsymbol)

30

1 2 3 4 5 6 7 8 9
10
11 12 13
14
15
16 17
18 19 20 21 22
23 24 25
26
27
28 29
30 31 32 33 34
35 36 37 38
39 40 41
42 43 44
45 46
47
48 49 50
51 52
53 54 55
56 57
58 59 60 61 62
63

31

Waagerecht:

1 (Aus Arzt-Patient-Gespräch:) Haben Sie es selbst bemerkt? (had you been ...)
8 Brom (Elementsymbol)
9 Herstellung, Erfindung, Konfabulation
11 Wachstumshormon-Inhibitinghormon = Somatostatin (Abkürzung)
12 Orientbeule, Hautleishmaniase
15 Allzu, überaus, z. B. it is … kind of you (Sie sind sehr freundlich/liebenswürdig)
16 Selbstuntersuchung der Brust (Abkürzung)
17 Blutspender
18 Beil, (fig.) rücksichtlose Sparmaßnahme
20 Examinierte Krankenschwester (Abkürzung)
21 Kleinwuchs
22 Myokardinfarkt (Abkürzung)
23 Lidschlussreflex (Abkürzung)
24 (Aus Arzt-Patient-Gespräch:) Wann tritt es (die Beschwerden) auf?
29 Triethylenmelamin (Abkürzung)
31 Noradrenalin (Abkürzung)
32 Extrazellulärraum (Abkürzung)
33 Millionenfaches der SI-Einheit der Energie (bzw. Wärmemenge) (Einheitenzeichen)
34 Staphylokokkenbedingtes Syndrom der verbrühten Haut (Abkürzung)
36 Dezibel (Einheitenzeichen)
38 Sämtlich, ganz, alles, z. B. to deny … responsibility (jede Verantwortung ablehnen)
39 Unfähig, z. B. … to work (arbeitsunfähig)
40 Die Schläfen oder die Zeit betreffend, z. B. … arteritis (Entzündung der Schläfenschlagader)
41 Schrägbruch
43 Linker Unterlappen (Abkürzung)
44 Umschriebener Gewebeuntergang aufgrund einer Durchblutungsstörung
45 Apfel
46 Hämoglobin C (Abkürzung)
47 Auge
48 Kraft, Vitalität, Energie
49 Juckend
52 Ausführungsgang der Unterkieferspeicheldrüse

Senkrecht:

1 (Aus Arzt-Patient-Gespräch:) Sind Sie besorgt wegen Ihrer Krankheit (are you …)
2 Rechter Oberarm (Abkürzung)
3 Eisenbindungskapazität (Abkürzung)
4 Ausschwitzung
5 Ring, läuten, z. B. to have the … of truth (wahr klingen)
6 Achtzehn
7 (Aus Arzt-Patient-Gespräch:) Sie müssen eine Diät einhalten, um Gewicht zu verlieren (you must …)
9 Fehlen, mangeln, z. B. my eyesight …s (meine Sehkraft lässt nach)
10 Fasciculus atrioventricularis (Eponym)
13 Zu Fuß, z. B. to set … (in Gang setzen)
14 Laufen, rennen, fließen (Blut), z. B. to … a splinter into one's finger (sich einen Splitter in den Finger stoßen)
16 Strontium (Elementsymbol)
19 Dem deutschen BKS oder BSR entsprechend
20 Erbfaktor
25 Starr, taub, betäubt, z. B. …ness (Empfindungslosigkeit, Taubheitsgefühl)
26 Ja
27 Magenkrebs
28 Versuch, Probe, z. B. … and error (Versuch und Irrtum, empirische Methode)
30 Verstoffwechseln
35 Oberflächlich, z. B. … spreading melanoma (oberflächlich spreitendes Melanom)
36 Enthaarung
37 Siebente Rippe
42 Uridindiphosphat (Abkürzung)
50 Intensivstation (Abkürzung)
51 Flavinmononucleotid (Abkürzung)

31

32

Waagerecht:

1 (Aus Arzt-Patient-Gespräch:) Husten Sie Blut aus?
6 Hahn, Absperrhahn, (vulgär) Penis
7 Dreizehn
10 Kein Stuhlgang, verstopft, obstipiert (Abkürzung)
11 Immunantwort
14 Makrophagen-Hemmfaktor (Abkürzung)
15 Schmetterling, z. B. … rash
16 Lipoproteine niedriger Dichte (Abkürzung)
17 Chronische myeloische Leukämie (Abkürzung)
18 Magenschlauch
20 Wer, z. B. the patient … arrived yesterday (der Patient, der gestern ankam)
21 Zweite Meinung (Konsultierung eines weiteren Arztes)
24 Einheitenzeichen für Grain (englisches Apothekenmaß, entspricht 4,79891 mg)
25 Auf, an, z. B. the scar … the leg (die Narbe am Bein), to live … air (von der Luft leben)
26 Tuberkulose (Abkürzung)
27 Lehre von den Geschlechtskrankheiten
29 Fibronectin (Abkürzung)
31 Adenosindiphosphat (Abkürzung)
33 Hirnorganisches Psychosyndrom (Abkürzung)
34 Code der Alphaaminosäure Cystein
36 Bogen (mathematisch, technisch)
37 Ornithin (Abkürzung)
38 Diaminoxidase (Abkürzung)
39 Hirnschlag (Abkürzung)
40 Vitaminverlust (bei Lagerung und Zubereitung von Nahrungsmitteln)
42 Atmosphäre (Abkürzung)
43 Beginn, Ausbruch (einer Krankheit), z. B. … of action (Wirkungseintritt)
44 Basalzellkarzinom (Abkürzung)
45 Heben, z. B. to … one's eyes (aufblicken)
46 Helfen, Hilfe, Helfer
48 Rezeptfrei (Abkürzung)
49 Akronym für einen Enzym-Immunassay
50 Mögen, können, dürfen, z. B. … I ask you (darf ich Sie fragen)
51 Ohr
52 Tonne, z. B. metric … (1000 kg), long … (1016 kg), short … (907 kg)
53 Frauenheilkunde, Frauenarzt (Abkürzung)
54 Elektrisch geladenes Teilchen, das aus einem Atom oder Molekül durch Zufuhr oder Entzug von Elektronen entsteht
55 Tonischer Labyrinthreflex (Abkürzung)
57 Öl, z. B. olive … (Olivenöl)
58 Eisbeutel
59 Monoaminooxidasehemmer (Abkürzung)
60 Roh, ungekocht, unbearbeitet, z. B. … data (noch nicht ausgewertete Daten)
62 Warzenhofdrüse (Eponym)

Senkrecht:

1 (Aus Arzt-Patient-Gespräch:) Hatten Sie irgendwelche Schwierigkeiten mit dem Atmen? (have you had any …)
2 Bewusstlosigkeit
3 Von, z. B. a friend … mine (ein Freund von mir), it is true … every case (das trifft in jedem Fall zu)
4 Stillen
5 (Aus Arzt-Patient-Gespräch:) Fallen Sie auf eine bestimmte Weise?
6 Zwang
8 (Aus Arzt-Patient-Gespräch:) Hat es sich seit einem Jahr verändert?
9 Neuroblastom (Abkürzung)
12 Reiben, abreiben, einreiben (Salbe), z. B. friction … (Reibegeräusch [der entzündeten Pleura])
13 Schulden, schuldig sein, z. B. to this circumstance she …s her life (diesem Umstand verdankt sie ihr Leben)
14 Durch Pilze verursacht, z. B. … aneurysm
19 Nebennierenrindenkarzinom (Abkürzung)
22 Tropfen
23 Arm, bedürftig, z. B. a … life (ein kümmerliches Leben)
28 Strahl, z. B. x-… (Röntgenstrahl)
30 Wärmeleitung in Gasen und Flüssigkeiten durch Teilchenbewegung
32 Elfter Hirnnerv
34 Übereinkunft, Einweisung (z. B. in psychiatrische Anstalt)
35 Schultergelenk
36 Auch, ferner, außerdem
38 Daten
41 Lidplattendrüse (Meibom-Drüse)
47 Weißfleckenkrankheit
56 Rechtsmedizin (Abkürzung)
61 Myokardfibrose (Abkürzung)

32

1 2 3 4 5
6 7 8 9
10
11 12 13
14
15
16 17
18 19
20 21 22 23
24 25
26 27 28 29
30 31 32
33 34 35 36
37 38 39
40 41
42 43
44 45
46 47 48
49 50
51
52 53 54
55 56 57
58 59 60
61
62

33

Waagerecht:

1 (Aus Arzt-Patient-Gespräch:) Fühlen Sie sich ruhelos?
8 Geschwindigkeit, im Drogenjargon: Weckamine
10 Aus Speisen entstehender Mageninhalt
11 Schlummern, ein Nickerchen machen
12 Keilresektion
13 Bolivianisches hämorrhagisches Fieber (Lassa-Fieber, Abkürzung)
15 Intraokulärer Druck (Abkürzung)
16 Zwerg
17 Lentigo-maligna-Melanom (Abkürzung)
18 Katze, z. B. to live like … and dog
19 Mondbein
21 Molybdän (Elementsymbol)
22 Zäpfchen, z. B. … of palate (Gaumenzäpfchen)
23 Zwischenzellflüssigkeit (Abkürzung)
25 Ziel, Absicht
26 Stricken, verbinden, z. B. to ... one's brow (die Stirn runzeln)
29 Die Sonne betreffend, durch Sonnenstrahlen hervorgerufen, z. B. … keratosis
30 Beruf, Stand, z. B. the medical … (die Ärzteschaft)
32 Operative Verbindung von Magen und Darm (Abkürzung)
33 Hepatitis A (Abkürzung)
34 Asche (auch …es)
36 Vor (nachgestellt), z. B. two month …
38 Sonntag
40 Sich schnell drehen, wirbeln, z. B. my head ...s (mir schwindelt)
41 Mark, z. B. Zahnmark
42 Entzündung des äußeren Gehörgangs (Abkürzung)
43 Beil, (fig.) rücksichtlose Sparmaßnahme
46 Missempfindungen an Händen und Füßen
48 Immunkomplex (Abkürzung)
49 Selbstgefälliger, geltungsbedürftiger Mensch
50 Einbeinig
52 Nicht durch Gonokokken bedingte Urethritis (Abkürzung)
53 Harnwegsinfektion (Abkürzung)
54 Intravenöse Cholangiographie (Abkürzung)
55 Xylulose (Abkürzung)
56 Gallenblase (Abkürzung)
57 Wenn, falls, z. B. … so (gegebenenfalls), … I only had known (wenn ich es nur gewusst hätte)
58 Bewusstseinsebene (Abkürzung)
60 Geschwürige Dickdarmentzündung

Senkrecht:

1 (Aus Arzt-Patient-Gespräch:) Beeinträchtigt Sie warmes Wetter?
2 Harnleiterschleimhaut
3 Kleines Becken
4 Erregung
5 Schilddrüsenentzündung
6 Sogar, eben, z. B. … features (regelmäßige Gesichtszüge)
7 (Aus Arzt-Patient-Gespräch:) Ziehen Sie Ihre Schuhe und Socken aus!
8 Natriumpumpe
9 (Aus Arzt-Patient-Gespräch:) Weckt es Sie nachts auf?
13 Stange, Stab, Riegel
14 Herzfrequenz (Abkürzung)
20 Elektrokochleographie (Abkürzung)
24 Floh
27 Neurochirurgie (Abkürzung)
28 Titan (Elementsymbol)
31 Knoten, z. B. lymph … (Lymphknoten)
35 Leberschädigend
37 Allgemeinarzt, Hausarzt (Abkürzung)
38 Falsch, unecht, z. B. ... pregnancy (Scheinschwangerschaft)
39 Unspezifisch, z. B. … urethritis
43 Esel
44 Auf ein Gelenk bezogen
45 Hauptzelle (z. B. der Magenschleimhaut oder der Nebenschilddrüse)
47 Elektrokardiographie (Abkürzung)
51 Speiseröhre (ugs.)
59 V. jugularis interna (Abkürzung)

33

1 2 3 4 5 6 7
8 9 10
11
12
13 14
15 16
17 18
19 20 21
22 23 24
25 26 27 28 29
30 31 32
33 34
35 36 37 38 39
40 41 42 43
44 45
46 47
48
49 50 51
52
53 54
55 56 57 58
59
60

34

Waagerecht:

1 (Aus Arzt-Patient-Gespräch:) Hatten Sie je Gelbsucht? (have you ...)
11 Erythroleukämie (Abkürzung)
12 Molybdän (Elementsymbol)
13 Nochmals tun
14 Adrenalin
15 Immunelektrophorese (Abkürzung)
16 Funktionelle Residualkapazität (Abkürzung)
17 Heilanzeige
20 Schwingen, z. B. to … one's legs (die Beine baumeln lassen), … phase (Schwungphase [beim Gehen])
21 AIDS-Virus (Abkürzung)
22 Osteomyelosklerose (Abkürzung)
23 Exspiratorisches Reservevolumen (Abkürzung)
24 Schienbeinschaft
25 Gammaglutamyltransferase (Abkürzung)
27 Gerstenkorn (Hordeolum)
28 Heilige(r), z. B. … Vitus dance (Veitstanz, Chorea)
29 Oxalessigsäure (Abkürzung)
30 Glucose-Insulin-Kalium-Lösung (Abkürzung)
31 Ei
32 Rand (eines rundlichen Gebildes, z. B. Geschwür), Brillenfassung
33 Die Zirbeldrüse betreffend
35 Streng, hart, z. B. … necessity (bittere Notwendigkeit)
36 Entrückung (schlafähnlicher Zustand, z. B. in Hypnose)
38 Reagieren, zurückwirken, z. B. to … on each other (sich gegenseitig beeinflussen)
39 Geburtshelfer
43 Felsen, z. B. … fever (Maltafieber, Brucellose)
46 Herzindex (Abkürzung)
47 Jemand, der sich von pflanzlichen Nahrungsmitteln und Milchprodukten ernährt
48 Lymphogranulomatose (Abkürzung)
49 Sprache, z. B. medical … (medizinische Fachsprache)
51 (Haar-)Schuppen
53 Reagiert auf gesprochene Anweisungen (Abkürzung)
54 Von Knochenhaut, Bändern und Sehnen in den Knochen einstrahlende kollagene Faser (Eponym)
57 Gut, z. B. in … health (bei guter Gesundheit)
58 Sehnenscheide
62 Calcium (Elementsymbol)
63 Schienbein-Wadenbein-Gelenk

Senkrecht:

1 (Aus Arzt-Patient-Gespräch:) Es scheint alles in Ordnung zu sein
2 Ein Nierenhormon
3 (Aus Arzt-Patient-Gespräch:) Tritt nach dem Geschlechtsverkehr eine Blutung auf? (do you get any …)
4 Kernspinresonanz (Abkürzung)
5 Gelenke des Fußes
6 Knotenrhythmus (übliche Abkürzung in Ekg-Befund)
7 Taub
8 Infektionskrankheit (Abkürzung)
9 Empfangen, schwanger werden
10 (Aus Arzt-Patient-Gespräch:) Hat er Ihnen etwas dafür verschrieben (gegeben)?
17 Untersuchen, erforschen
18 Präkordialer Faustschlag
19 Langdauernde Verstopfung
20 Frühjahrsmüdigkeit
26 Den Mund (mit einem Keil) offen halten, zum Erbrechen reizen, würgen, z. B. … reflex (Würgereflex)
27 Das Skelett betreffend, z. B. … system
34 Luftröhre
37 Infrarot (Abkürzung)
40 Die Milz betreffend, z. B. … pulp (Milzpulpa)
41 Kampfplatz, Schauplatz, Bühne
42 Nicht, z. B. … a few (nicht wenige), … otherwise specified (nicht näher bezeichnet)
44 (Spiel-, Mitglieds-, Visiten-)Karte
45 Krypton (Elementsymbol)
46 Wade, Kalb
50 Weintraube
51 Farbstoff, färben
52 Radioaktives Iod (Abkürzung)
55 Paroxysmale nächtliche Dyspnoe (Abkürzung)
56 Follitropin (Abkürzung)
58 Tumorangiogenenesefaktor (Abkürzung)
59 Neurozirkulatorische Asthenie (Abkürzung)
60 Spezifische Absorptionsrate (Abkürzung)
61 Akuter Herzinfarkt (Abkürzung)

34

1
2
3
4
5
6
7
8
9
10
11
12
13
14
15
16
17
18
19
20
21
22
23
24
25
26
27
28
29
30
31
32
33
34
35
36
37
38
39
40
41
42
43
44
45
46
47
48
49
50
51
52
53
54
55
56
57
58
59
60
61
62
63

35

Waagerecht:

1 (Aus Arzt-Patient-Gespräch:) Wie ist Ihr Appetit?
9 Wissenschaftlich
11 Ratte, z. B. ...-bite fever (Rattenbisskrankheit)
13 Eins, ein, z. B. ... man in ten (jeder Zehnte)
14 Augenspiegelung
15 Kunst, Fachgebiet, z. B. state of the ... (aktueller Stand der Wissenschaft)
16 Lose, locker, z. B. ... tissue (lockeres Gewebe)
18 Hell, leuchtend, klar, z. B. ... intervall (vorübergehende Aufhellung des Bewusstseins)
19 Seifenlösungseinlauf (Abkürzung)
20 Glatter Muskel, Eingeweidemuskel
21 Ihr, z. B. give ... the cup (geben Sie ihr die Schale)
22 Zwerg
23 Gürtel, z. B. shoulder ... (Schultergürtel)
25 Tiefe Bewusstlosigkeit
26 Sich erheben, ansteigen, z. B. the fever ...s (das Fieber steigt)
28 Osmotischer Druck (Abkürzung)
29 Bevölkerung
32 Sympathikus, sympathisch (Abkürzung)
33 Arterieller Druck (Abkürzung)
34 Herz
35 Durch T-Lymphozyten bedingte Immunität (Abkürzung)
36 Thoraxröntgenaufnahme (Abkürzung)
38 Von hinten nach vorn (Abkürzung)
39 Erythema nodosum (Abkürzung)
40 Ribonucleinsäure (Abkürzung)
41 Leistenkanal
42 Radium (Elementsymbol)
43 (Aus Arzt-Patient-Gespräch:) Lassen Sie uns abwarten und sehen
45 Schritt, z. B. slow-...d (langsam gehend)
46 Blutschande
49 Erster schräger Durchmesser (Fechterstellung) (Abkürzung)
50 Böse, z. B. ...eye (böser Blick), ... tongue (Lästerzunge)
52 Verarmungswahn

Senkrecht:

1 (Aus Arzt-Patient-Gespräch:) Haben sich Ihre Haut oder Haare verändert?
2 Schwerelosigkeit
3 Gleichzeitig
4 Knollennase
5 Pancreozymin (Abkürzung)
6 Ohrenspiegel
7 In hinein, zu, nach, z. B. to translate ... German (ins Deutsche übersetzen)
8 (Aus Arzt-Patient-Gespräch:) Sie können Ihr Kind Ende Juli erwarten (you can ...)
10 Schlimm, schlecht, krank, z. B. to be taken ... (krank werden)
12 Verschließend, z. B. ... dressing (luftdichter Verband)
15 Lärm, Aufheben (much ... about nothing, Shakespeare)
17 Schwangerschaft außerhalb der Gebärmutter
21 Reifen, Ring, z. B. to go through the ...s (Schlimmes durchmachen)
24 Riesenbaby (Abkürzung)
25 Empfängnisverhütungsmittel
27 Durch Viren bedingt, z. B. ... infection
29 Knochenhautentzündung
30 Oxalacetat (Abkürzung)
31 Harntrakt (Abkürzung)
32 Schmieren, Abstrich
34 Hypoxanthin (Abkürzung)
36 Rizinusöl
37 Öffnung, Spalt, Lücke, z. B. oesophageal ... (Speiseröhrenschlitz des Zwerchfells)
38 Malen, (mit Desinfektionsmittel) pinseln, (eine Salbe) auftragen
44 Ethylalkohol (Abkürzung)
47 Gesamte Nierendurchblutung (Abkürzung)
48 Null, Nullpunkt
51 Lymphknoten (Abkürzung)

35

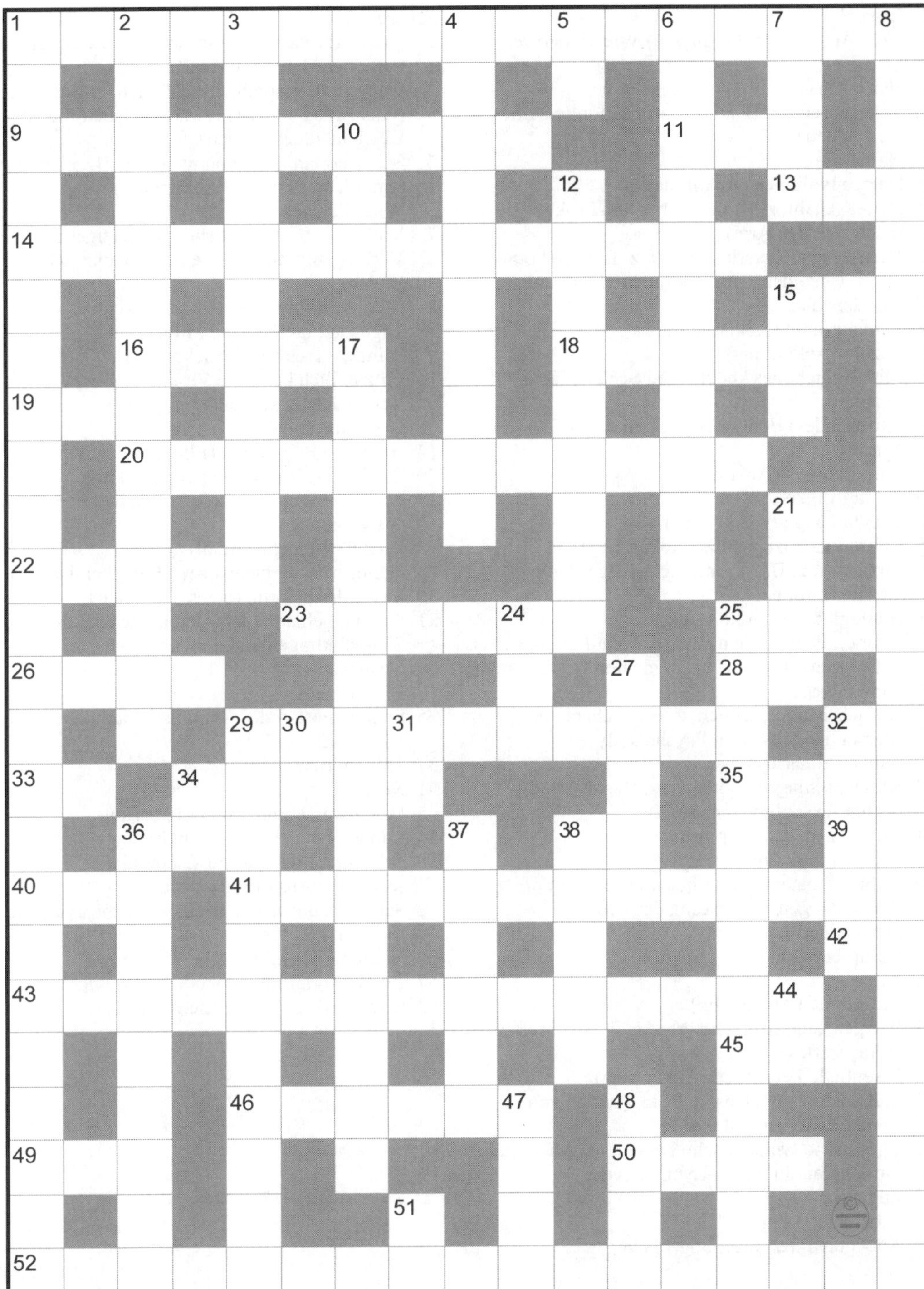

36

Waagerecht:

1 (Aus Arzt-Patient-Gespräch:) Wie viel erbrechen Sie?
9 Verhalten
10 Eisen, eisern, z. B. an … constitution (eiserne Gesundheit)
12 Harnblase
13 Herzzeitvolumen (Abkürzung)
15 Hatte, gehabt, z. B. she … her arm broken (sie brach sich den Arm)
16 Vertrauen, sich verlassen auf, z. B. to put one's … in (jemandem sein Vertrauen schenken)
17 Ohrläppchen
18 Somatotropin (Abkürzung)
19 Ekzem (Abkürzung)
21 Mittelschicht des knöchernen Schädeldachs
22 Tropfen
24 (Dringendes) Bedürfnis, z. B. in case of … (im Notfall)
26 Thrombinzeit (Abkürzung)
27 Schlaflosigkeit
28 Größte Länge (Abkürzung)
29 California-Enzephalitis (Abkürzung)
32 Einachsig, z. B. … joint (einachsiges Gelenk)
34 Natriumcarbonat
36 Hämoglobin A (Abkürzung)
38 Kanne, Büchse, können, z. B. I shall do all I … (ich werde alles tun, was in meinen Kräften steht)
39 Hinzufügen
40 Auf den Mund bezogen, z. B. … character (Persönlichkeitstyp in Psychoanalyse)
42 Sinus coronarius
43 Schlag, schlagen, Schlager, z. B. she's badly … (es hat sie schlimm erwischt)
44 Ahorn, z. B. … syrup urine disease (Ahornsirupkrankheit)
47 Außen, hinaus, z. B. to be … on account of illness (wegen Erkrankung der Arbeit fernbleiben)
48 Dumpfer Schmerz
49 After
51 Antikörper (Abkürzung)
53 Würgen, zum Erbrechen reizen, z. B. … reflex (Würgereflex)
54 Essentielle Fettsäuren (Abkürzung)
55 Radioaktives Edelgas, z. B. in Quellen von Baden-Baden und Steben
58 Chronische lymphatische Leukämie (Abkürzung)
59 Immunglobulin auf B-Lymphozyten
60 Zugang
61 (Charakter-)Zug
63 Außenrand der Regenbogenhaut

Senkrecht:

1 (Aus Arzt-Patient-Gespräch:) Wie viel haben Sie vor einem Jahr gewogen?
2 Ungesund, gesundheitsschädlich, z. B. … climate
3 (Aus Arzt-Patient-Gespräch:) Haben Sie an Gewicht zugenommen?
4 Schulterblatt (eine von mehreren Bezeichnungen)
5 Ambulanter Patient (Abkürzung)
6 Wirbelkanal
7 Viel, z. B. …-tailed bandage („vielgeschwänzter" Verband mit mehreren einzeln verknoteten Enden)
8 (Aus Arzt-Patient-Gespräch:) Nehmen Sie sechs Tage lang täglich eine Pille!
9 Blinder Fleck (im Gesichtsfeld)
11 Entzündlich bedingte Verklebung oder Verwachsung serosaüberzogener Organabschnitte
14 Honig, z. B. …moon (Flitterwochen)
20 Zollinger-Ellison-Syndrom (Abkürzung)
23 Perkutane transluminale koronare Angioplastie (Abkürzung)
24 Nickel (Elementsymbol)
25 Hund, z. B. … tapeworm (Hundebandwurm)
30 Verschlimmerung (einer Krankheit)
31 Sammelbehältnis für gebrauchte Kanülen, Skalpellklingen und ähnliche „scharfe" Gegenstände
33 Einspritzung
35 Schließmuskel der Ampulla hepatopancreatica (Eponym)
37 Tränendrüse
41 Knie
45 Fruchtwasserpunktion (Abkürzung)
46 Lupus erythematodes (Abkürzung)
50 Erleichterung, Abhilfe, Linderung, z. B. … secretary (Aushilfssekretärin)
52 Schlecht, ungesund, z. B. … for the eyes, she feels very … today
56 Nahrung, Kostform
57 Beschäftigungstherapeut (Abkürzung)
62 Oder, z. B. … else (andernfalls)

36

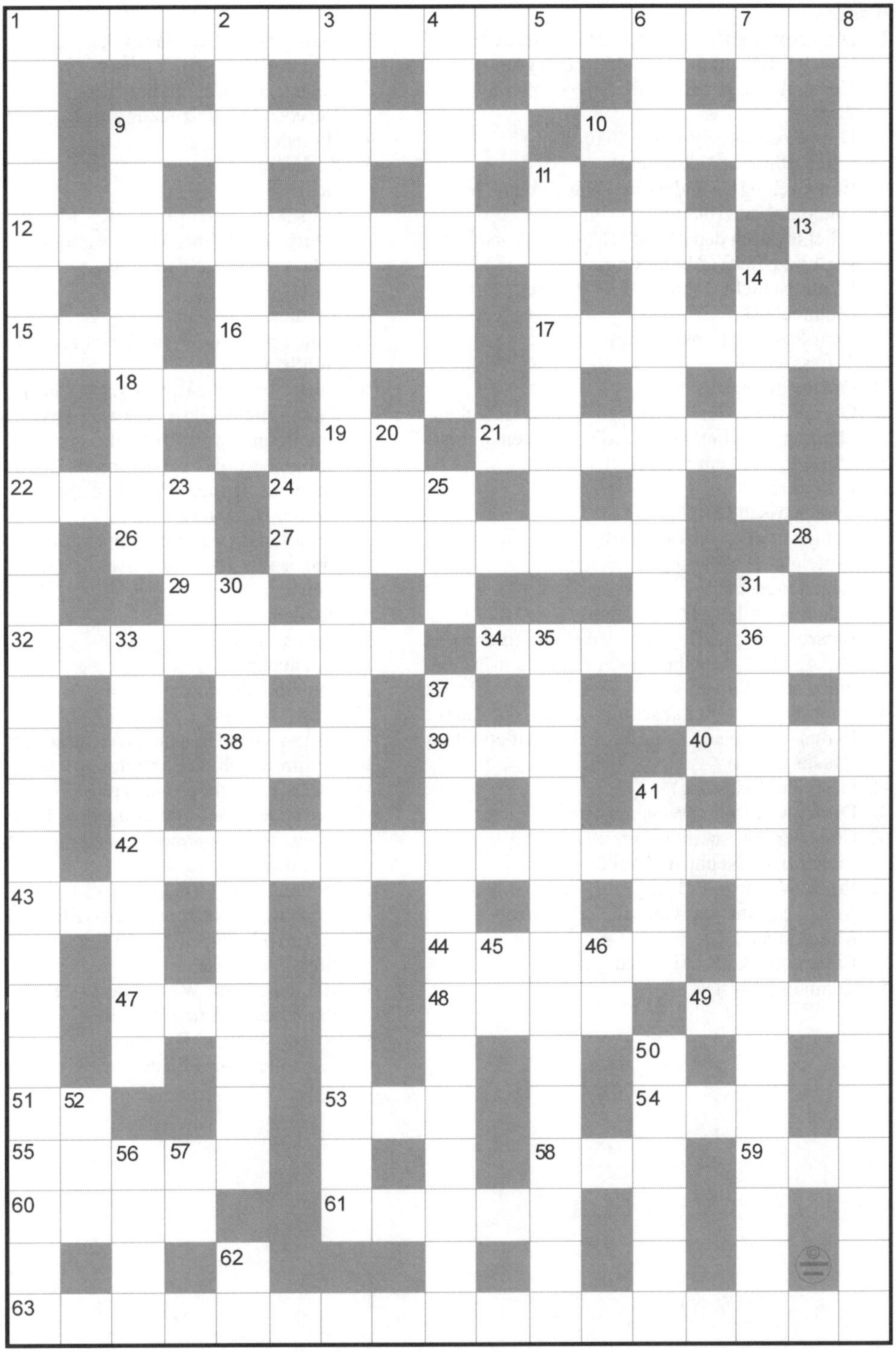
1
2
3
4
5
6
7
8
9
10
11
12
13
14
15
16
17
18
19
20
21
22
23
24
25
26
27
28
29
30
31
32
33
34
35
36
37
38
39
40
41
42
43
44
45
46
47
48
49
50
51
52
53
54
55
56
57
58
59
60
61
62
63

37

Waagerecht:

1 (Aus Arzt-Patient-Gespräch:) Ich werde Ihren Bauch [„Bäuchlein"] abhören (I'm going to ...)
8 Versperrend, verstopfend, z. B. ... airways disease
13 Herz-Kreislauf-System (Abkürzung)
14 Osteoarthritis (Abkürzung)
15 Eingeweide (besonders den Darm) betreffend
19 Hämoglobin (Abkürzung)
20 „Nichts durch den Mund" (Nüchternvorschrift vor Eingriffen) (Abkürzung)
21 Dünne Schicht, Film, z. B. ... on teeth (Zahnbelag)
22 Transketolase (Abkürzung)
23 Todesröcheln
26 Ductus thoracicus
29 Ort in Connecticut, nach dem eine von Zecken übertragene Krankheit (... disease) benannt ist
30 (Aus Arzt-Patient-Gespräch:) Sie sind zuckerkrank
34 Symmetrisch (Abkürzung)
35 Lungeninfarkt (Abkürzung)
36 Mittelohr (Abkürzung)
37 Regenbogenhaut
38 Scheidenspülung (Abkürzung)
40 Linsenförmig, z. B. ... nucleus (Linsenkern)
41 Halbfeste Arzneizubereitung mit hohem Anteil unlöslicher Pulver
43 Buchstabieren, Zeitabschnitt, z. B. ... of illness (Krankheitsdauer), Anfall, z. B. ... of coughing (Hustenanfall)
46 Gelenk (Abkürzung)
47 Dritter Mahlzahn (Weisheitszahn)
50 Code der Alphaaminosäure Serin
51 Interstitielle Nephritis (Abkürzung)
52 Probe, Versuch, Prüfung, z. B. to ... someone's patience (jemandes Geduld auf die Probe stellen)
54 Mittelfinger
56 Einatmungskraft (Abkürzung)
57 Trennungsangst

Senkrecht:

1 (Aus Arzt-Patient-Gespräch:) Sehen Sie in diesen Apparat!
2 Tetanusantitoxin (Abkürzung)
3 Nervöse Muskelzuckung, z. B. ... douloureux
4 Harnstoff
5 Zeckenbiss
6 Gekröse
7 (Aus Arzt-Patient-Gespräch:) Ich hätte gern ein Röntgenbild Ihres Magens (I'd like ...)
9 Satz, Garnitur, Sammlung, z. B. ... of teeth (Gebiss)
10 Restharn
11 Totale parenterale Ernährung (Abkürzung)
12 Hohlhandseitig
16 Austreibungsfraktion (Abkürzung)
17 Dünnschichtelektrophorese (Abkürzung)
18 Einbildungskraft, Vorstellungsvermögen
24 Antigen-Antikörper-Komplex (Abkürzung)
25 Entzündung mehrerer Muskeln
27 Tief, z. B. ... fascia
28 Mannschaft, Arbeitsgruppe, z. B. ... of scientists
29 Linker Brustbeinrand (Abkürzung)
31 Tauchen
32 Belügen, hintergehen
33 Zungenspitze
39 Entzünden
40 Fettähnlicher Stoff
42 Harnvergiftung („Harn im Blut")
43 Systolisches Geräusch (Abkürzung)
44 Erythroleukämie (Abkürzung)
45 Ballaststoffarm (Abkürzung)
46 Verbinden, zusammenfügen, z. B. to ... someone in a walk (sich jemandem zu einem Spaziergang anschließen)
48 Immunserum (Abkürzung)
49 Treiben, getrieben werden, z. B. to ... apart (sich auseinander leben), to let things ... (den Dingen ihren Lauf lassen)
53 Mit siedendem Wasser hergestellter Aufguss aus getrockneten Pflanzenteilen
55 Scherz, Spaß, z. B. to make ... of someone (jemandem zum Besten haben)

37

38

Waagerecht:

1 (Aus Arzt-Patient-Gespräch:) Waren Sie im Krankenhaus?
8 Alkalische Phosphatase (Abkürzung)
9 Es entspricht der Kammersystole im EKG
13 Setzen, stellen, legen, z. B. to ... oneself under someone's care (sich in jemandes Obhut begeben)
15 Pathologe
16 Narbe, Schramme
17 Kopfschmerz
19 Luft
20 Antimon (Elementsymbol)
23 Linksventrikulärer Druck (Abkürzung)
24 Aortenklappe
25 Senkungsgeschwindigkeit (Abkürzung)
26 (Aus Arzt-Patient-Gespräch:) Was ist Ihr Beruf [Arbeit]?
28 Peptisches Geschwür (Abkürzung)
30 Lauge, ... poisoning (Laugenverätzung)
31 Lippen
33 Balken, (Licht-)Strahl
36 Auskratzen, vernichten, auslöschen, z. B. to ... from one's memory
37 Erwarten
38 Eigelb, Dotter
39 In, innerhalb, an, auf, z. B. blind ... one eye (auf einem Auge blind)
41 Gebärmutterblutung
43 Vordere Achsellinie (Abkürzung)
44 Fehlender Gallenfluss
45 Weiche Kontaktlinse (Abkürzung)
46 Lungenarteriolenwiderstand (Abkürzung)
47 Binden, schnüren, to ... a vessel (ein Gefäß unterbinden)
48 Ein Nierenhormon (Abkürzung)
49 Arzneimittel
50 Angiokardiographie (Abkürzung)
51 Eisen, eisern, z. B. an ... constitution (eiserne Gesundheit)
54 Raum zwischen Spinnwebenhaut und weicher Hirnhaut bzw. Rückenmarkhaut

Senkrecht:

1 (Aus Arzt-Patient-Gespräch:) Tragen Sie sowohl Vorlagen als auch Tampons? (do you ...)
2 Residualvolumen (Abkürzung)
3 Urobilin (Abkürzung)
4 Ihr, z. B. give ... the cup (geben Sie ihr die Schale)
5 Beckenboden
6 Lagebeschreibung
7 (Aus Arzt-Patient-Gespräch:) Lockern Sie Ihre Schultern!
10 Obere Brustkorböffnung
11 Deckgewebe
12 Vitamin (Abkürzung)
14 Jucken
18 Aortenklappe (Abkürzung)
21 Beide
22 Zwischen, z. B. ... meals (zwischen den Mahlzeiten)
27 Auf die Hüftpfanne bezogen
29 Lähmung aller vier Gliedmaßen
32 Normal funktionierend (im Gegensatz zu pathologisch), z. B. ... amenorrhea (Ausbleiben der Monatsblutung während Schwangerschaft und Stillzeit)
34 Vererbungsgesetze (Eponym)
35 Entfremdung (im 19. Jahrhundert auch für Geisteskrankheit gebraucht)
40 Elf
42 Aus zwei Alkoholmolekülen unter Wasseraustritt entstehende Verbindung
49 Desoxycorticosteronacetat (Abkürzung)
52 Rhesusfaktor (Abkürzung)
53 Nein, z. B. ... code (Hinweis in Krankenakte, dass kein Wiederbelebungsversuch unternommen werden soll)

38

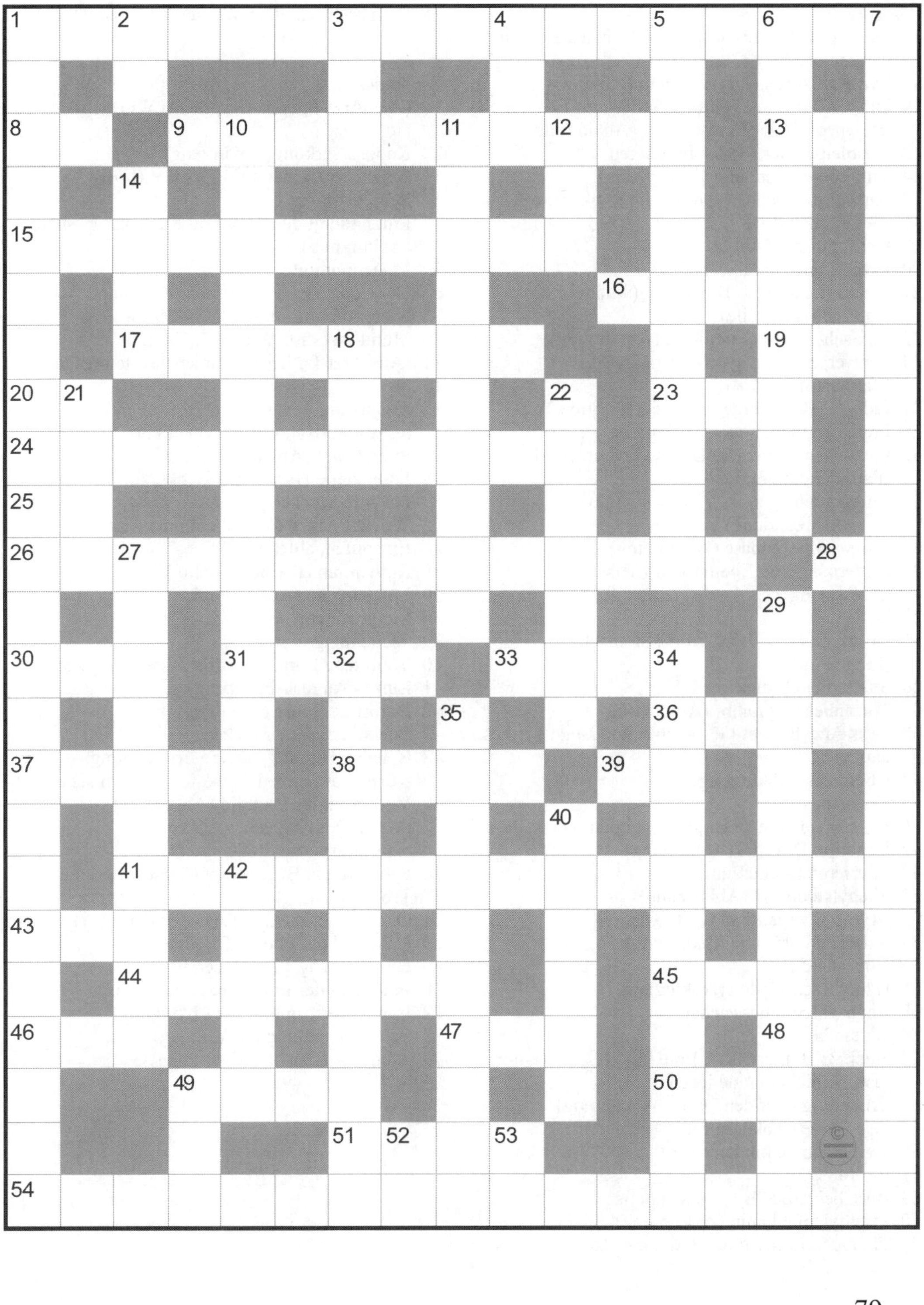
1
2
3
4
5
6
7
8
9
10
11
12
13
14
15
16
17
18
19
20
21
22
23
24
25
26
27
28
29
30
31
32
33
34
35
36
37
38
39
40
41
42
43
44
45
46
47
48
49
50
51
52
53
54

39

Waagerecht:

1 (Aus Arzt-Patient-Gespräch:) Gehen sie durch das Zimmer!
9 Sympathisches Nervensystem (Abkürzung)
10 Die Natriumausscheidung förderndes Hormon (Polypeptid) der Herzvorhöfe (Abkürzung)
12 Ausbleiben der Monatsblutungen
14 Mittelohrentzündung (Abkürzung)
15 Supraventrikuläre Tachykardie (Abkürzung)
16 Tiefensensibilität
19 Corticotropin (Abkürzung)
20 Kolibakterien (Abkürzung)
21 Fleck, Hautmal, z. B. sore … (wunder Punkt, empfindliche Stelle)
22 Toxisches Schocksyndrom (Abkürzung)
24 Schwer, z. B. … hydrogen (schwerer Wasserstoff)
27 Jeder, z. B. … three days (jeden dritten Tag)
29 Lupus erythematodes (Abkürzung)
30 Entwerfen, planen, z. B. ...ned parenthood (Familienplanung)
31 Eiternd, eitrig, z. B. … arthritis (eitrige Gelenkentzündung)
32 Monoaminooxidase (Abkürzung)
33 Entfernung von Eileiter und Eierstock (Abkürzung)
34 Luft
35 Grube, Loch, z. B. … of the stomach (Magengrube)
36 Stück, Bruchstück
37 Thrombelastogramm (Abkürzung)
38 (Aus Arzt-Patient-Gespräch:) Wie lange wird es dauern?
44 Überdosis (Abkürzung)
45 Notiz (ugs.)
46 So, ebenso, wie, z. B. just … good (ebenso gut)
47 Hepatitis-D-Virus (Abkürzung)
48 Interferon (Abkürzung)
50 Phenylketonurie (Abkürzung)
51 Atypisch verlaufend (Gefäß, Nerv)
53 Extrazellulärraum (Abkürzung)
54 Unbeständig
55 Hauptbeschwerden (Abkürzung)
58 Beobachten, überwachen
59 Wutanfall
60 Noch, z. B. there is … time (noch ist Zeit), not just … (nicht gerade jetzt)
62 Ernährung über den Darm (Abkürzung)
64 Essigsäure (Abkürzung)
65 Verbinden, abbinden
67 Bettruhe
69 Biss, beißen, z. B. … one’s nails
70 Triethylenmelamin (Abkürzung)
71 Therapeutischer Index (Abkürzung)
75 Überwachsen einer Wunde mit Deckgewebe

Senkrecht:

1 (Aus Arzt-Patient-Gespräch:) Wie sieht der Stuhl aus?
2 Kaposi-Sarkom (Abkürzung)
3 Betäubung, Unempfindlichkeit (britische Schreibweise)
4 Entzündung der Hirn- und Rückenmarkshäute (Abkürzung)
5 Magenpumpe
6 Code der Alphaaminosäure Threonin
7 Nierentubulusacidose (Abkürzung)
8 Mund-zu-Nase-Wiederbelebung
11 (Aus Arzt-Patient-Gespräch:) Bitte husten Sie!
13 Nase
15 Ergänzung, ergänzen, z. B. …al air (exspiratorisches Reservevolumen)
17 Pulpakanal (Abkürzung)
18 Essenzielle Hypertonie (Abkürzung)
23 Erhöhte Muskelspannung
25 Weiße Pocken (Variola minor)
26 Einspruch, ablehnen
28 Ruthenium (Elementsymbol)
30 Lungenvene (Abkürzung)
36 Lungenödem
39 Wellenlänge
40 Weibliche Form der Brustdrüse beim Mann
41 Linkes Auge (Abkürzung)
42 Darmverschluss (Abkürzung)
43 Backen, z. B. …r (Bäcker)
47 Gehabe, Haltung, äußere Erscheinung, Körperbautyp, z. B. pyknic … (pyknischer Typ)
49 Vollständiges Blutbild (Abkürzung)
52 (Wieder) aufsaugen, z. B. von Nahrungsbestandteilen im Darm
56 Schlüssel, z. B. … event (Schlüsselerlebnis)
57 Trocken
61 Osten, z. B. the ... (Oststaaten der USA)
63 Hauptteil der oberen Gliedmaße
66 Hirnwindungen, z. B. cerebral …
68 Innerhalb der Luftröhre (Abkürzung)
72 Immunelektrophorese (Abkürzung)
73 Scheidenspülung (Abkürzung)
74 Ateminsuffizienz (Abkürzung)

39

40

Waagerecht:

1 (Aus Arzt-Patient-Gespräch:) Was bereitet Ihnen Sorgen?
9 Diaminoxidase (Abkürzung)
10 Leberkrankheit
12 Schweifkern (Abkürzung)
13 Immunelektrophorese (Abkürzung)
15 Gleichgewicht, z. B. … reaction (Reflex zur Erhaltung des Gleichgewichts)
18 Akronym für ligth amplification by stimulated emission of radiation
19 (Knöcherne) Augenhöhle
21 Feuchter Husten (Husten mit Auswurf)
23 Molybdän (Elementsymbol)
25 Beschäftigungstherapeut (Abkürzung)
26 (Aus Arzt-Patient-Gespräch:) Schlafen Sie gut?
27 Sorte, Qualität, z. B. out of …s (nicht auf der Höhe sein, unwohl sein)
29 Phenylketonurie (Abkürzung)
31 Darmbeinkamm (Abkürzung)
33 Hafer, z. B. … cell carcinoma (Haferzellkarzinom)
36 Folglich, von jetzt an, z. B. a month ... (nach einem Monat), to go ... (von hinnen gehen, sterben)
38 Krebs der Mundhöhle
39 Wunder, sich wundern, gern wissen mögen, z. B. I shouldn't … if (es sollte mich nicht wundern, wenn)
41 Terminale Desoxynucleotidyltransferase (Abkürzung)
42 Sich zurückneigen
43 B-Lymphozyt (Kurzbezeichnung)
44 (Aus Arzt-Patient-Gespräch:) Mussten Sie erbrechen?
46 Groß, z. B. … with child (hochschwanger)
47 Den Nacken betreffend, z. B. … cord (Nabelschnurumschlingung des Halses)
49 Antihämophiliefaktor (Faktor VIII) (Abkürzung)
50 Rechter Rippenbogen (Abkürzung)
52 Arachidonsäure (Abkürzung)
54 Diacetylmorphin (Abkürzung)
56 Krankheitsbild bei Ausfall der Nebennierenrinde (Eponym)
57 Desoxyadenosin (Abkürzung)
58 Schulterabduktionsgipsverband

Senkrecht:

1 (Aus Arzt-Patient-Gespräch:) Wo spritzen Sie die Drogen ein?
2 Schmerzen, unpässlich sein, z. B. what …s you? (was fehlt dir)
3 Rückbildung, z. B. senile …
4 Seltsamer, sonderbarer
5 Interessierender Bereich (Abkürzung)
6 Auf die Nase bezogen
7 Gelbfieber (Abkürzung)
8 Ellenseitiges Seitenband (des Ellbogen- oder Handgelenks)
11 Rippe
14 Immunserumglobulin (Abkürzung)
16 Schlag, Anfall, z.B. Hirnschlag
17 Von der Muskulatur ausgehend
20 Brustgestillt (Abkürzung)
21 Keuchhusten, Pertussis
22 Lücke, z.B. ... junction (kommunizierende Verbindung zwischen Zellen)
24 Zweite(r), z. B. … rib
28 Zurückwirkend, gegenwirkend, z. B. … depression (situationsbedingte Depression)
30 Gebärmutterdrüsen
32 Rautengrube
34 Angiotensin-Converting-Enzym (Abkürzung)
35 Skorbut
37 Erythema nodosum (Abkürzung)
40 Eingeweidebruch, z. B. inguinal … (Leistenbruch)
45 Ketonkörper (Abkürzung)
48 Kind
51 Amerikanische Ärztefamilie (Vater 2 Söhne), die 1889 in Rochester (Minn.) eine Klinik gründete, die heute ihren Namen trägt (ursprünglich St. Mary's Hospital)
53 So bald wie möglich (Abkürzung)
54 Daten
55 Arsen (Elementsymbol)

40

41

Waagerecht:

1 Arteria profunda femoris
8 Weh, Leid, Kummer, z. B. tale of … (Leidensgeschichte), …ful (jammervoll, erbärmlich)
9 Bromsulphalein (Abkürzung)
10 Lassen, z. B. … me help you (lassen sie mich Ihnen helfen)
12 Okulokutaner Albinismus (Abkürzung)
13 Linker Unterlappen (Abkürzung)
14 Schulterblatt (ugs.)
15 Ein Protozoon ohne feste Gestalt
16 Geschicklichkeit, z. B. …s training
17 Immunglobulin mit hoher Serumkonzentration
18 Laufen, rennen, fließen (Blut), z. B. to … a splinter into one's finger (sich einen Splitter in den Finger stoßen)
19 Blutkörperchen-Senkungsgeschwindigkeit (Abkürzung)
20 Fort, weg, z. B. … duty (nicht im Dienst, dienstfrei)
21 Immunglobulin A (Abkürzung)
22 Meinung, Stellungnahme, z. B. medical … (medizinisches Gutachten)
23 Diabetische Retinopathie (Abkürzung)
24 Lebend, lebendig, z. B. to keep … (am Leben erhalten)
25 Klasse, Schicht, Studentenjahrgang
28 Unverträglichkeit
31 Gewebeplasminogenaktivator (Abkürzung)
32 Internationale Einheit (Abkürzung)
33 Ergotherapie (Abkürzung)
34 Flüssigkost
40 Die rechte Atrioventrikularklappe betreffend, z. B. … stenosis
42 Akute Atemwegserkrankung (Abkürzung)
43 Stahl, stählern, z. B. to … oneself against (sich gegen etwas wappnen)
44 Einarmig
46 Foramen ovale (Abkürzung)
47 Künstliche Befruchtung mit Partnersperma (Abkürzung)
48 Aorta (Abkürzung)
49 Fern, weit, z. B. … into the night (bis weit in die Nacht)
50 Mann ohne Hoden
51 Trikuspidalstenose (Abkürzung)
52 Zwischenrippenraum (Abkürzung)
53 Trakt (Abkürzung)
55 Ornithin (Abkürzung)
56 Sehnenentzündung
58 Dritter Buchstabe des griechischen Alphabets (γ), z. B. … efferent fiber (…faser)
60 (Aus Arzt-Patient-Gespräch:) Niemand kann sicher sein

Senkrecht:

1 (Aus Arzt-Patient-Gespräch:) Haben Sie oft Verdauungsbeschwerden?
2 Von Drüsengewebe abgeleiteter bösartiger Tumor
3 Ohrtrompetenmandel
4 Unterdrückung, Verdrängung (im Sinne der Psychoanalyse)
5 (Aus Arzt-Patient-Gespräch:) Ihr Aufenthalt (im Krankenhaus) wird nur etwa sechs Tage dauern (you'll …)
6 Lähmung aller vier Gliedmaßen
7 (Aus Arzt-Patient-Gespräch:) Wie lange haben Sie schon diese Schmerzen?
8 Stoffwechselabfallprodukt, Stoffwechselschlacke
11 Biegsamkeit
23 Experte (ugs.), z. B. to be a ... at something (sich auf eine Sache verstehen)
25 Den Calciumspiegel senkendes Schilddrüsenhormon (Abkürzung)
26 Flüssig, z. B. … eyes (feuchte Augen)
27 Streptolysin (Abkürzung)
29 Poliklinik, Ambulanz (Abkürzung)
30 Selbstuntersuchung des Hodens (Abkürzung)
35 Intrakranieller Druck (Abkürzung)
36 Zeigefinger
37 Mittelmeerblutarmut
38 Neunzehn
39 Isolierung von Krankheitsverdächtigen, Quarantäne
41 Intrauterinpessar (Abkürzung)
45 Trauern
46 Dick, fett, z. B. to run to … (Fett ansetzen)
54 Gliedmaße
57 A. carotis interna (Abkürzung)
59 Decarboxylase (Abkürzung)

41

1
2
3
4
5
6
7
8
9
10
11
12
13
14
15
16
17
18
19
20
21
22
23
24
25
26
27
28
29
30
31
32
33
34
35
36
37
38
39
40
41
42
43
44
45
46
47
48
49
50
51
52
53
54
55
56
57
58
59
60

42

Waagerecht:

1 (Aus Arzt-Patient-Gespräch:) Welche Drogen benutzen Sie?
8 Erster Halswirbel
9 Scharnier, z. B. … joint (Scharniergelenk)
10 Schnitt, schneiden, z. B. cold …s (Aufschnitt), to … one's finger (sich in den Finger schneiden)
11 Hämolytische Anämie (Abkürzung)
12 Bierhefe
14 Seitdem, z. B. how long …? (seit wie lange?)
15 Harnwegsinfektion (Abkürzung)
17 A. coronaria sinistra (Abkürzung)
18 Ringe, z. B. to have … round one's eyes (Ringe um die Augen haben)
19 Verhältnis, Quotient
20 Offen, z. B. … pneumothorax
21 Ein beliebter psychologischer Fragebogentest (Abkürzung)
22 Glutaminsäure (Abkürzung)
23 Hauptgallengang (Ductus choledochus) (Abkürzung)
24 Lärm, Aufheben (much … about nothing, Shakespeare)
25 Sagen, z. B. people … she is ill (man sagt, dass sie krank sei)
27 Radioaktives Iod (Abkürzung)
28 Osteoradionekrose (Abkürzung)
29 Drilling
32 (Augen-)Wimpern
33 Gewebeplasminogenaktivator (Abkürzung)
34 Aggregatzustand mit beliebig veränderlichen Abständen zwischen den Molekülen
35 Lymphogranulomatose (Abkürzung)
36 Weitsichtigkeit (Abkürzung)
37 Adiuretin (Abkürzung)
38 A. thoracica interna (ältere Bezeichnung A. mammaria interna, Abkürzung)
39 Vesikuläres Atemgeräusch (Abkürzung)
40 Wahrscheinlicher Geburtstermin (Abkürzung)
41 Leberentzündung
43 Zwerg
44 Radioimmunoassay (Abkürzung)
45 Örtlich begrenzt ständig auftretend (z. B. Infektionskrankheit)
48 Englische Biersorte
49 Gewebeflüssigkeit, Lymphe
52 Endogenes Ekzem (Abkürzung)
53 Butanolextrahierbares Iod (Abkürzung)
54 Neubildung, Geschwulst
56 Kettenkokken (Kurzbezeichnung im Medizinerjargon), z. B. … throat (Streptokokkenpharyngitis)
57 Tödliche Dosis (Abkürzung)
60 Frühgeborenes (vor der 37. Schwangerschaftswoche Geborenes)
62 Endometriumkarzinom

Senkrecht:

1 (Aus Arzt-Patient-Gespräch:) Wie stand es um Ihre Gesundheit?
2 Fähig, imstande
3 Unordnung, Funktionsstörung
4 Volltönend, klangvoll, z. B. … rale (sonores Rasselgeräusch)
5 (Aus Arzt-Patient-Gespräch:) Öffnen Sie den Mund und atmen Sie tief!
6 Nabelentzündung
7 Äußerer Schließmuskel der Harnröhre
9 (Aus Arzt-Patient-Gespräch:) Wie lange dauern die Anfälle?
10 Zellenlehre
13 Vererbt, z. B. … trait (ererbte Eigenschaft)
16 Abzapfen, punktieren, abklopfen
21 Dr. med. (Abkürzung)
23 Katalysator
24 Betäubung, Unempfindlichkeit
26 Alphafetoprotein (Abkürzung)
30 Leistenbruch
31 Verletzung, Funktionsstörung
36 Homovanillinsäure (Abkürzung)
42 Zystennierenleiden (Abkürzung)
46 (Dringendes) Bedürfnis, z. B. in case of … (im Notfall)
47 Endoskopische retrograde Pankreatikographie (Abkürzung)
50 Myeloblast (Abkürzung)
51 Körperliche Untersuchung (Abkürzung)
55 Liegen, Lage, z. B. transverse … (Querlage [des Fetus])
58 Zwölffingerdarmgeschwür (Abkürzung)
59 Ein Magnesiumsilikat (Speckstein) als Pudergrundlage
60 Entzündliche Beckenerkrankung (Abkürzung)
61 Rechter Oberarm (Abkürzung)

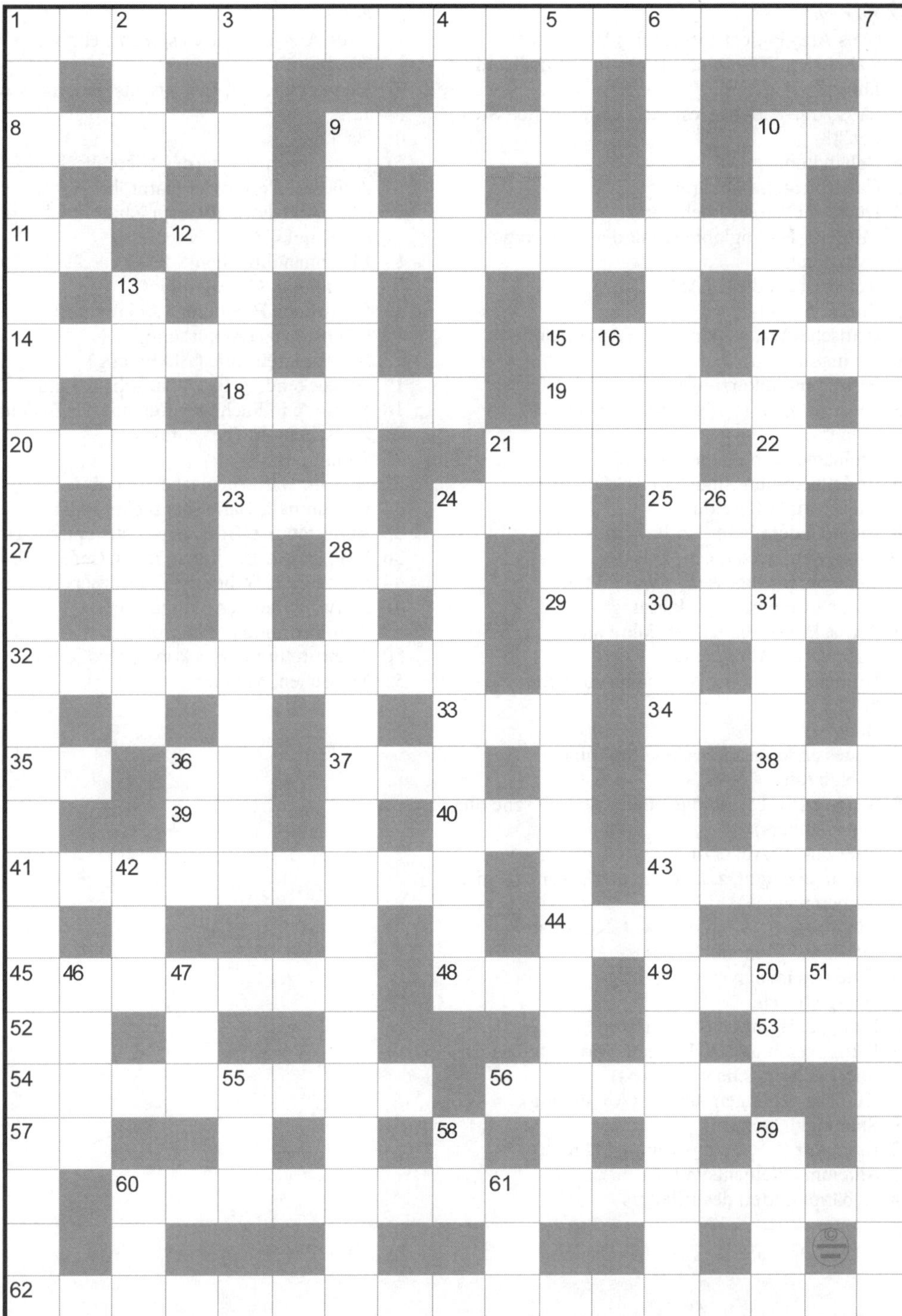
1 2 3 4 5 6 7
8 9 10
11 12
13
14 15 16 17
18 19
20 21 22
23 24 25 26
27 28
29 30 31
32
33 34
35 36 37 38
39 40
41 42 43
44
45 46 47 48 49 50 51
52 53
54 55 56
57 58 59
60 61
62

43

Waagerecht:

1 (Aus Arzt-Patient-Gespräch:) Wann ist Ihr wahrscheinlicher Geburtstermin [ist Ihr Kind fällig]?
7 (Aus Arzt-Patient-Gespräch:) Bitte ballen Sie die Faust!
10 Behandlung
13 Corticotropin (Abkürzung)
14 Dürr, trocken, unfruchtbar
15 Mittlerer Hämoglobingehalt der Erythrozyten (Abkürzung)
16 Reizdarmsyndrom (Abkürzung)
17 Zoll (2,54 cm)
19 Britische Ärztevereinigung (Abkürzung)
20 Atemstillstand
22 Bilirubin (Abkürzung)
23 14 Tage, z. B. a …'s holiday (zwei Wochen Urlaub)
24 Freiname (von Arzneimitteln)
26 Reflexhemmungsmuster (Abkürzung)
27 Nuss, vulgär für Hoden
28 Efeu (Hedera helix), z. B. ... poisoning
29 Auslassen, versäumen, z. B. to ... to do something (vergessen, etwas zu tun)
30 Diabetes mellitus (Abkürzung)
31 Alt, z. B. six years … (6 Jahre alt)
33 Extravasal (Abkürzung)
35 Brüllen, z. B. to … with pain (vor Schmerz brüllen)
37 Bauch
38 Raues endoplasmatisches Retikulum (Abkürzung)
39 Sehen, z. B. I … things otherwise (ich sehe die Dinge anders)
40 Interleukin (Abkürzung)
41 Sagen, erzählen, z. B. to … one's name (seinen Namen nennen)
42 Küssen, z. B. …ing disease („Kusskrankheit", infektiöse Mononukleose)
43 Gold (Elementsymbol)
44 Herzgeräusch
46 Baum, z. B. bronchial … (Bronchialbaum)
47 Fällig, veranlasst, z. B. death was … to cancer (die Todesursache war Krebs)
48 Kindsbewegungen fühlbar (Abkürzung)
49 Stammeln, stottern
52 Einmal, z. B. … a day (einmal täglich)
53 Silicium (Elementsymbol)
54 Gebärmutterteil des Eileiters

Senkrecht:

1 (Aus Arzt-Patient-Gespräch:) Hat sich alles um Sie gedreht?
2 Genau gleich, z. B. … twins (eineiige Zwillinge)
3 Ja
4 Backen
5 Dendritischer Typ (des Nierenbeckens)
6 Äußere Öffnung der Harnröhre
7 (Aus Arzt-Patient-Gespräch:) Bitte beugen Sie die Knie!
8 Mittelhandknochen
9 Hemmung, Gehemmtheit
11 Künstliche Beatmung (Abkürzung)
12 Höchstdosis (Abkürzung)
13 Nebennierenrinde (Abkürzung)
17 Ansteckend, z. B. … parotitis (Mumps)
18 Vorsilbe in Fachbegriffen mit der Bedeutung neu
21 Zwischenwirt (bei Parasiten)
25 Sehpurpur
32 Blut im Harn (britische Schreibweise)
34 Rauminhalt, Band (bei mehrbändigen Werken)
35 Ruhestand, z. B. … age (Pensionierungsalter)
36 Eins, ein, z. B. … man in ten (jeder Zehnte)
44 Schaden, z. B. bodily … (Körperverletzung)
45 Aufwachraum (Abkürzung)
48 Stirnhirnrinde (Abkürzung)
50 Transurethrale Resektion (Abkürzung)
51 Menschen, Männer

43

1 2 3 4 5 6
7 8 9
10 11 12 13
14 15
16 17 18 19
20 21
22 23
24 25
26 27
28 29 30
31 32 33 34 35 36
37
38 39 40 41
42 43
44 45
46
47 48
49 50 51 52 53
54

44

Waagerecht:

1 (Aus Arzt-Patient-Gespräch:) Haben Sie irgendwelche Probleme mit dem Hören? (do you have …)
9 Rektusscheide
10 Suprapubisch (Abkürzung)
11 Schwellung
14 Jugend
15 Linker Brustbeinrand (Abkürzung)
17 Haar
19 Vollständig
20 Furcht, Angst, z. B. to go in … of one's life (in ständiger Todesangst leben)
21 Sinnesorgan
22 Chirurgisch geschaffene Hohlorganmündung
24 Abduktionskeilosteotomie (Abkürzung)
26 Muschel, z. B. Nasenmuschel
28 Nasopharynx (Abkürzung)
29 Immunglobulin M (Abkürzung)
30 Salicylsäure (Abkürzung)
31 Atembewegung (Abkürzung)
32 Anonyme Alkoholiker (Abkürzung)
33 Rachendachmandel
35 Metatarsal (Abkürzung)
36 Vor der Geburt (Abkürzung)
37 Lumbalpunktion (Abkürzung)
38 Schlitzen, z. B. … lamp (Spaltlampe)
40 Einheitenzeichen für die abgeleitete SI-Einheit des Drucks
42 (Aus Arzt-Patient-Gespräch:) Werden Sie je ohnmächtig?
45 Augenlinse
47 Argon (Elementsymbol)
48 Kreuzband
52 Essenzielle Hypertonie (Abkürzung)
53 Geschlechtlich
56 Stechmücke
59 Eingeweide, Darm
61 Bauchfellüberzug der Gebärmutter

Senkrecht:

1 (Aus Arzt-Patient-Gespräch:) Irgendeine andere ernste Erkrankung?
2 Übermäßiges Schwitzen
3 Reiseweg, Strecke, z. B. to go the ... (bis zum Ende durchhalten)
4 Im Krankenhaus entstanden, z. B. … infection (im Krankenhaus erworbene Infektion)
5 Spähen, genau ansehen, z. B. … review (wissenschaftliche Begutachtung)
6 Auf den aufrechten Stand bezogen, z. B. … hypotension (Blutdruckabfall im Stehen)
7 Die Speiseröhre betreffend, z. B. … branches of thoracic aorta (Speiseröhrenäste der Brustaorta)
8 (Aus Arzt-Patient-Gespräch:) Leiden Sie an Herzklopfen? (do you ...)
9 Umdrehungen pro Minute (Abkürzung)
10 Somatotropin (Abkürzung)
12 Erythroleukämie (Abkürzung)
13 Ein Element der Lanthanidengruppe mit zahlreichen radioaktiven Isotopen (Elementsymbol)
16 Fliegen, Fliege, z. B. … bites (Fliegenbisse)
18 Zuwiderhandlung, fehlende Kooperation (des Patienten)
19 Korn, Mais, Hühnerauge (ugs.)
20 Flavinmononucleotid (Abkürzung)
23 Frau, Weib, weiblich, z. B. … doctor (Ärztin), … student (Studentin), …'s wit (weibliche Findigkeit)
25 Gutartige gelbe Hautgeschwulst
26 (Haut-)Falte
27 Tante
28 (Finger-, Zehen-)Nagel
30 Symmetrisch (Abkürzung)
34 (Zer-, auf-)reißen, z. B. to … one's hand (sich die Hand aufreißen)
39 Steißbein
40 Vorsilbe bei Fachbegriffen mit der Bedeutung um – herum
41 Läuse
43 Code der Alphaaminosäure Valin
44 Folsäureantagonisten (Abkürzung)
46 Absetzgeschwindigkeit (Abkürzung)
49 Schwangerschaft außerhalb der Gebärmutter (Abkürzung)
50 Urogenitalsystem (Abkürzung)
51 Maus
54 Vor (nachgestellt), z. B. two month …
55 Linker Oberarm (Abkürzung)
57 Osteoklasten aktivierender Faktor (Abkürzung)
58 Aufwachraum (Abkürzung)
60 Thrombinzeit (Abkürzung)

44

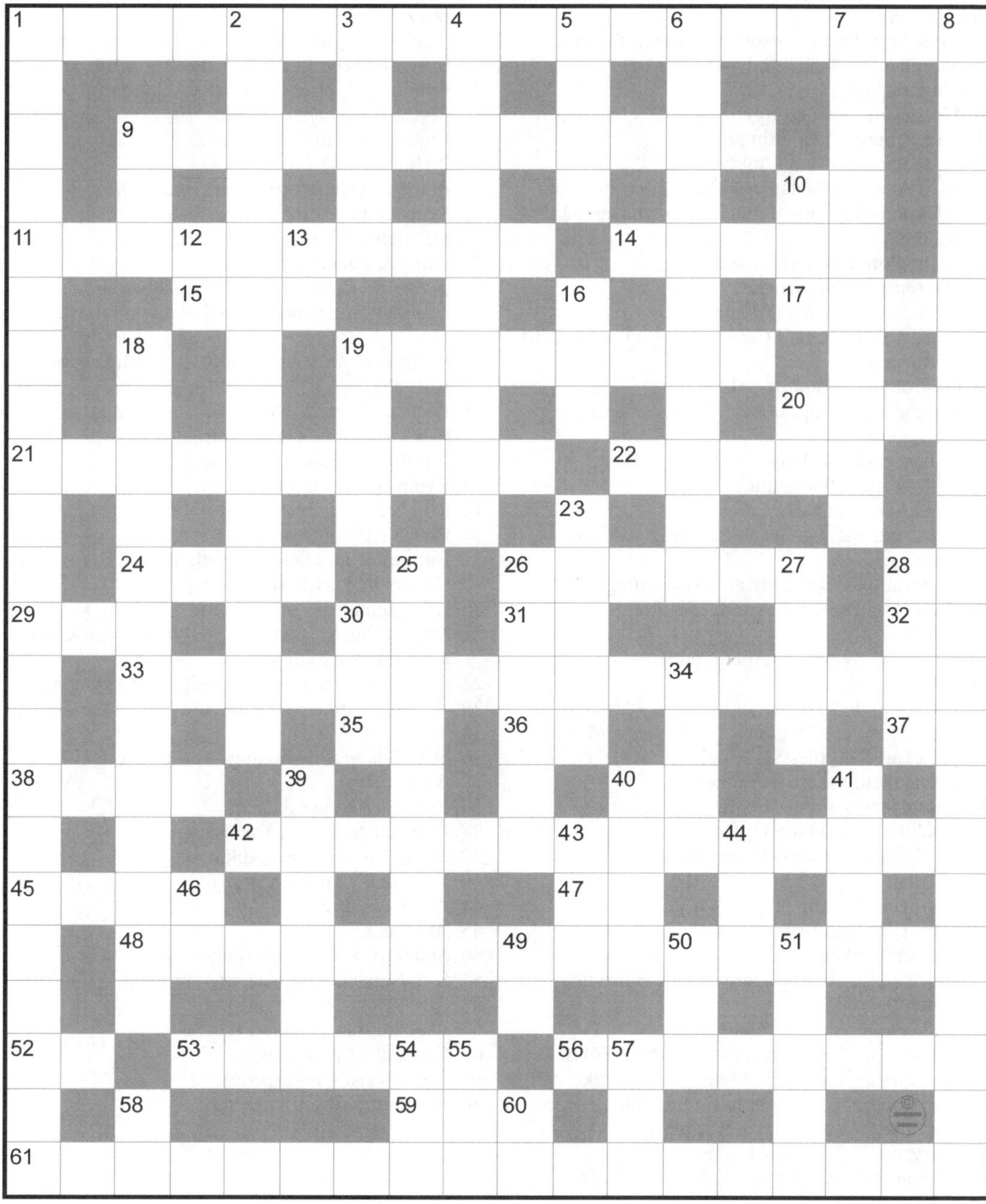
1 2 3 4 5 6 7 8
9
10
11 12 13 14
15 16 17
18 19
20
21 22
23
24 25 26 27 28
29 30 31 32
33 34
35 36 37
38 39 40 41
42 43 44
45 46 47
48 49 50 51
52 53 54 55 56 57
58 59 60
61

45

Waagerecht:

1 (Aus Arzt-Patient-Gespräch:) Hatten Sie eine Schnittentbindung? (did you have …)
9 Muskelspindel
14 Metatarsal (Abkürzung)
15 Zug, Strang, Trakt (Abkürzung)
17 Erythema nodosum (Abkürzung)
18 In Mexico und Südamerika endemische Infektionskrankheit durch Treponema carateum
20 Atmung
22 Hämoglobin SC (Abkürzung)
23 Überdosis (Abkürzung)
24 Infektionskrankheit (Abkürzung)
25 Laut, z. B. a ... smell (ein aufdringlicher Geruch)
26 Verätzung
28 Gastroduodenostomie (Abkürzung)
30 Kurzbezeichnung für das Stützgewebe im Nervensystem
31 Ballaststoffarme Kost
32 Fibronectin (Abkürzung)
34 Typ (Abkürzung)
35 (Aus Arzt-Patient-Gespräch:) Was geschah dann?
41 Abgestufter Belastungstest (Abkürzung)
42 (Nach-)schleppen, Schwanz, Spur, z. B. … of blood
43 Rechtsherzversagen (Abkürzung)
46 Hüfte
47 Paroxysmale Kältehämoglobinurie (Abkürzung)
48 Teil, teilen, z. B. inguinal … (im Leistenkanal gelegener Teil [des Samenleiters])
49 Homovanillinsäure (Abkürzung)
50 (Geschlechts-)Reife, Erwachsenenalter
51 Neubildung (Abkürzung)
52 Im Krankenhaus erworbene Infektion (Abkürzung)
53 Heufieber (Abkürzung)
54 Den After betreffend
55 Bequemlichkeit
57 Einzelheit, z. B. to go into … (ins Einzelne gehen)
59 Linker Oberbauch (Abkürzung)
60 Amerikanische Ärztefamilie (Vater 2 Söhne), die 1889 in Rochester (Minn.) eine Klinik gründeten, die heute ihren Namen trägt (ursprünglich St. Mary's Hospital)
62 Ausgang, z. B. … block (Austrittsblock)
65 Abschöpfen, entrahmen, z. B. …med milk (Magermilch)
67 Gesättigte Fettsäure

Senkrecht:

1 (Aus Arzt-Patient-Gespräch:) Irgendwelche Beschwerden mit Ihren Augen?
2 Frühdiastolisches Geräusch (Abkürzung)
3 Erythrozytenzahl (Abkürzung)
4 Wirkstoff, Mittel, z. B. protective … (Schutzmittel)
5 Pfund pro Quadratzoll (amerikanische Druckeinheit, Einheitenzeichen)
6 Strahlendurchlässig
7 Zahnen, Zahndurchbruch
8 (Aus Arzt-Patient-Gespräch:) Haben Sie irgendwelche Blutgerinnsel bemerkt? (have you …)
10 Krampfschwelle, z. B. low … (häufige spontane Anfälle)
11 Leck, undichte Stelle, z. B. …age radiation (Leckstrahlung, Gehäusestrahlung)
12 Neuropsychiatrie (Abkürzung)
13 Lymphknoten (Abkürzung)
16 Rot, z. B. … blindness (Rotblindheit)
19 Bauch (Abkürzung)
21 Einschließen, umgeben, enthalten, z. B. tax …d (Steuer inbegriffen)
25 Kreuzschmerz
27 Machte, tat, z. B. you … well to come (Sie taten gut daran zu kommen)
28 Gametentransfer in den Eileiter (Abkürzung)
29 Wundsein im Bereich der Windel beim Säugling
33 Trockenes Auge
36 Neubildung (Abkürzung, Alternative zu 51 waagerecht)
37 Hervortreten der Augen
38 Delirium tremens (Abkürzung)
39 Höhe, Körperlänge (Abkürzung)
40 Natrium (Elementsymbol)
44 Ameisensäure
45 Apotheker
56 Spucken, z. B. … out (ausspucken)
57 Kurzbezeichnung für harte Hirnhaut
58 Äquivalent (Abkürzung)
61 Amoxicillin (Abkürzung)
63 Chiasma (Abkürzung)
64 Geschwulst (Abkürzung)
66 Kymographie (Abkürzung)

45

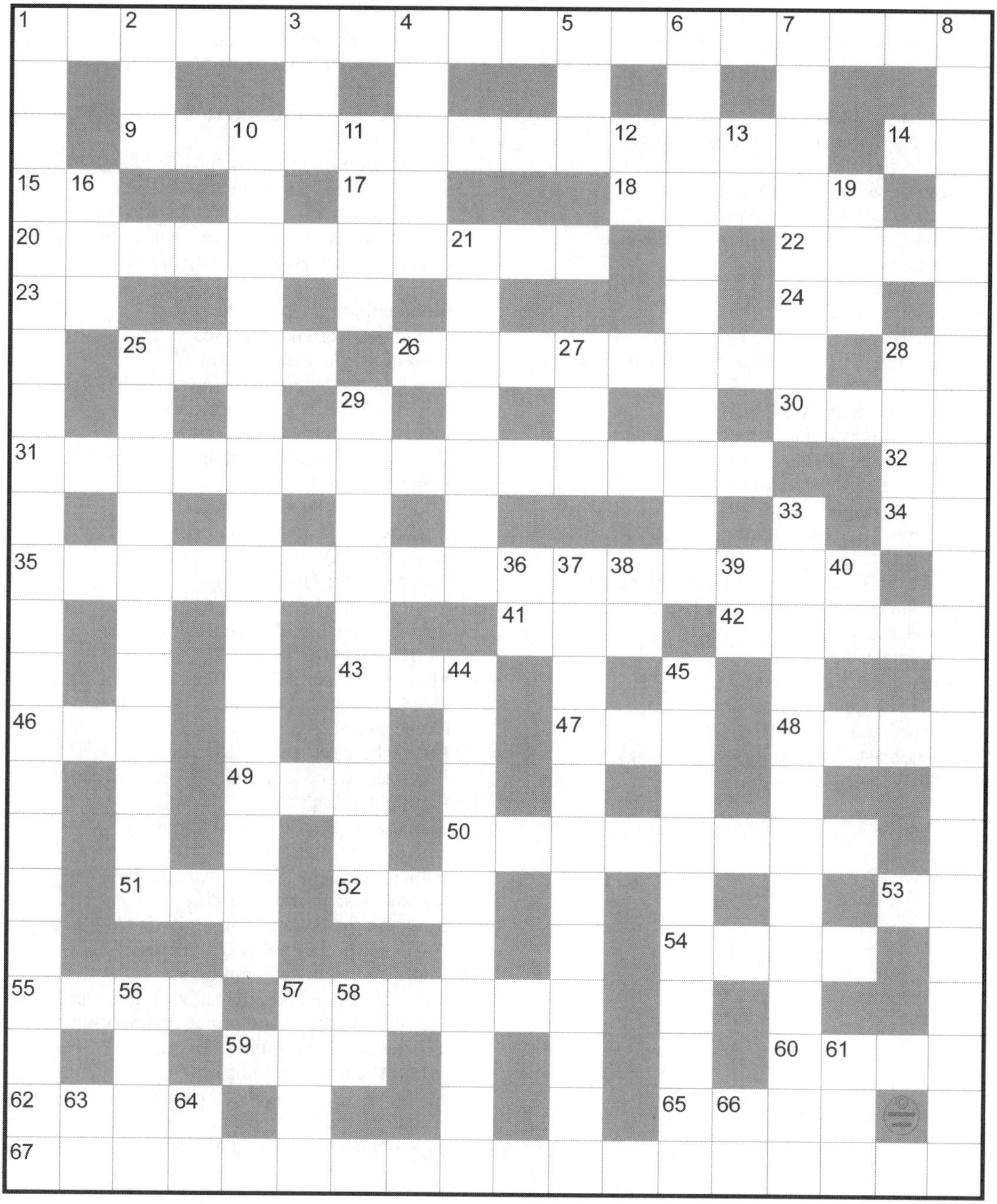

46

Waagerecht:

1 (Aus Arzt-Patient-Gespräch:) Haben Sie irgendwelche Schmerzen in den Beinen? (have you ...)
8 Langzeitgedächtnis
11 Thoraxröntgenaufnahme (Abkürzung)
12 Kopfverletzung
17 Blutungszeit (Abkürzung)
18 Technecium (Elementsymbol)
20 Größenabnahme aufgrund von Zellverlust
22 Kampfer
24 Atemgeräusch
26 Gefäßinnenwand
27 Trigeminusneuralgie (Abkürzung)
28 (Aus Arzt-Patient-Gespräch:) Fühlen Sie sich nervös?
34 Gut entwickelt (Abkürzung)
35 A. cerebri posterior (Abkürzung)
36 Adenotomie (Abkürzung)
37 Gelenkschmiere (Abkürzung)
38 Hintere (Augen-)Kammer
42 Rechtes Auge (Abkürzung)
43 Nierenentzündung
44 Natur, z. B. … versus nurture (Anlage oder Erziehung [als bestimmende Kräfte der Entwicklung])
46 Seitenventrikel
51 Silber (Elementsymbol)
52 Code der Alphaaminosäure Valin
53 Leistenband
57 Myeloblast (Abkürzung)
58 Selbstverantwortlichkeit

Senkrecht:

1 (Aus Arzt-Patient-Gespräch:) Sind Sie zwischen den Krämpfen in Ordnung? (are you ...)
2 Gelenkleiden
3 Normaler Sinusrhythmus (übliche Abkürzung in Ekg-Befund)
4 Immunglobulin mit hohem Molekulargewicht
5 Strahl, z. B. x-… (Röntgenstrahl)
6 Jeder, jede, z. B. … of us (jeder von uns)
7 (Aus Arzt-Patient-Gespräch:) Haben Sie häufig Halsschmerzen [wunde Rachen]? (do you have …)
9 Monoaminooxidase (Abkürzung)
10 Begegnen, treffen, z. B. pleased to … you (erfreut, Sie kennen zu lernen)
13 Druck in der V. jugularis interna (Abkürzung)
14 Durchscheinend, halb durchsichtig
15 Prüfen, untersuchen, erforschen
16 Diphtherie, Wundstarrkrampf und Keuchhusten (Abkürzung)
19 Cholinesterasehemmer (Abkürzung)
21 Abhärten, z. B. to be ...d to heat (an Hitze gewöhnt sein)
23 Basendefizit (Abkürzung)
25 Wahrscheinlicher Geburtstermin (Abkürzung)
27 Zu zahlreich zum Zählen (Abkürzung)
29 Optisch (Abkürzung)
30 Fluoreszenz-Antikörper-Reaktion (Abkürzung)
31 Den Kehlkopf betreffend, z. B. … prominence (Adamsapfel)
32 Pflugscharbein
33 Benutzer, z. B. …-friendly (benutzerfreundlich)
38 Pupille, Sehloch
39 Submuköse Resektion (Abkürzung)
40 Unlöslich (Abkürzung)
41 Schlag, schlagen, Schlager, z. B. she's badly … (es hat sie schlimm erwischt)
45 Epidemische Keratokonjunktivitis (Abkürzung)
47 Atrioventrikularknoten (Abkürzung)
48 Markieren (mit Radionukliden)
49 Sich entziehen, ausweichen, z. B. this fact ...d her (diese Tatsache entging ihrer Aufmerksamkeit)
50 Tetanusimmunglobulin (Abkürzung)
53 Infrarotlicht (Abkürzung)
54 Schlummern, ein Nickerchen machen
55 Akuter Herzinfarkt (Abkürzung)
56 Myeloblastenleukämie (Abkürzung)

46

1
2
3
4
5
6
7
8
9
10
11
12
13
14
15
16
17
18
19
20
21
22
23
24
25
26
27
28
29
30
31
32
33
34
35
36
37
38
39
40
41
42
43
44
45
46
47
48
49
50
51
52
53
54
55
56
57
58

47

Waagerecht:

1 (Aus Arzt-Patient-Gespräch:) Wie stark ist der Schmerz?
10 Wegener-Granulomatose (Abkürzung)
11 Größte weiße Blutzelle
12 Mittag
14 Schlagvolumenindex (Abkürzung)
15 Flucht in die Krankheit
18 Sauber, hübsch, z. B. a ... solution (eine klare Lösung)
19 Stumm, schweigend
21 Elektroretinogramm (Abkürzung)
22 Schwitzen, Schweiß, z. B. nightly …s (Nachtschweiß)
23 Nahe, z. B. …-death experience (Erlebnisse von Wiederbelebten oder für tot Erklärten)
24 Nisse, Läuseei
26 Encephalomyelitis equina (ARBO-Virus-Erkrankung der Pferde, die gelegentlich auf den Menschen übertragen wird, Abkürzung)
27 Endarteriole (Abkürzung)
28 Frei von Bakterien
29 Auf, an, z. B. the scar … the leg (die Narbe am Bein), to live … air (von der Luft leben)
31 Überblicken, begutachten, z. B. … radiograph (Übersichtsröntgenaufnahme)
33 Saugen, z. B. to … one's thumb (Daumen lutschen)
34 Bett
35 Fließgleichgewicht (Abkürzung)
36 Gesamtkörperwasser (Abkürzung)
41 (Aus Arzt-Patient-Gespräch:) Leiden Sie unter Juckreiz?
43 Erythroblast (Abkürzung)
45 Faustschlussprobe zur Prüfung der Durchgängigkeit der A. radialis und der A. ulnaris (Eponym)
47 Dosierung
49 Testlösung (Abkürzung)
51 Lithium (Elementsymbol)
52 Venen der oberen Gliedmaße
55 Zweiter Halswirbel
57 Thallium (Elementsymbol)
58 Bewusst, z. B. the patient is … (der Patient ist bei Bewusstsein)
60 Graben, aufdecken, gründlich studieren, z. B. to ... one's way through something (sich einen Weg durch etwas bahnen)
62 Molybdän (Elementsymbol)
63 Jemand, der sich unter Verzicht auf alle von Tieren stammenden Nahrungsmittel ernährt
65 Unterkieferspeicheldrüse

Senkrecht:

1 (Aus Arzt-Patient-Gespräch:) Wie häufig sind die Anfälle?
2 Weißer männlicher Patient (Abkürzung)
3 Speiseröhrenentzündung
4 Erythropoetin (Abkürzung)
5 Wundrose
6 Sternförmig, z. B. … ganglion (Sternganglion des Sympathikus)
7 Händigkeit
8 Großer Lendenmuskel
9 (Aus Arzt-Patient-Gespräch:) Haben Sie irgendein Zeichen von Blut bemerkt? (have you ...)
13 Intelligenzalter (Eponym)
16 Rückfluss vom Magen in die Speiseröhre (Abkürzung)
17 Thrombinzeit (Abkürzung)
20 Unbedingter Reflex (Abkürzung)
22 Verengung, z. B. cicatricial … (narbige Verengung, z. B. der Speiseröhre nach Verätzung)
25 Einschlusskörper (Abkürzung)
27 Zehen
30 Abhängen, angewiesen sein, z. B. you may … on it (Sie können sich darauf verlassen)
32 Ubichinon (Abkürzung)
37 Hoffnungslos, z. B. … patient (unheilbarer Patient)
38 Schnell, fest, z. B. to be … asleep (tief schlafen)
39 Gewicht (Abkürzung)
40 Weise, klug, z. B. in any … (auf irgendeine Weise), to be … to (Bescheid wissen über)
42 Stuhl, Lehrstuhl, z. B. …man (Vorsitzender)
44 Primäre Wiederbelebungsmaßnahmen (Abkürzung)
46 Spannung, z. B. … pneumothorax (Spannungspneumothorax)
48 Schlank, z. B. a … girl (ein schlankes Mädchen)
50 Eingeweide, Darm
52 Vincamin (Abkürzung)
53 Handhaben, umgehen mit, to … a needle (mit einer Nadel hantieren)
54 Gesetzlich
56 Xanthinoxidase (Abkürzung)
59 (Bluts-)verwandt
61 Immunglobulin G (Abkürzung)
63 Sehschärfe (Abkürzung)
64 Nicotinsäure (Abkürzung)

47

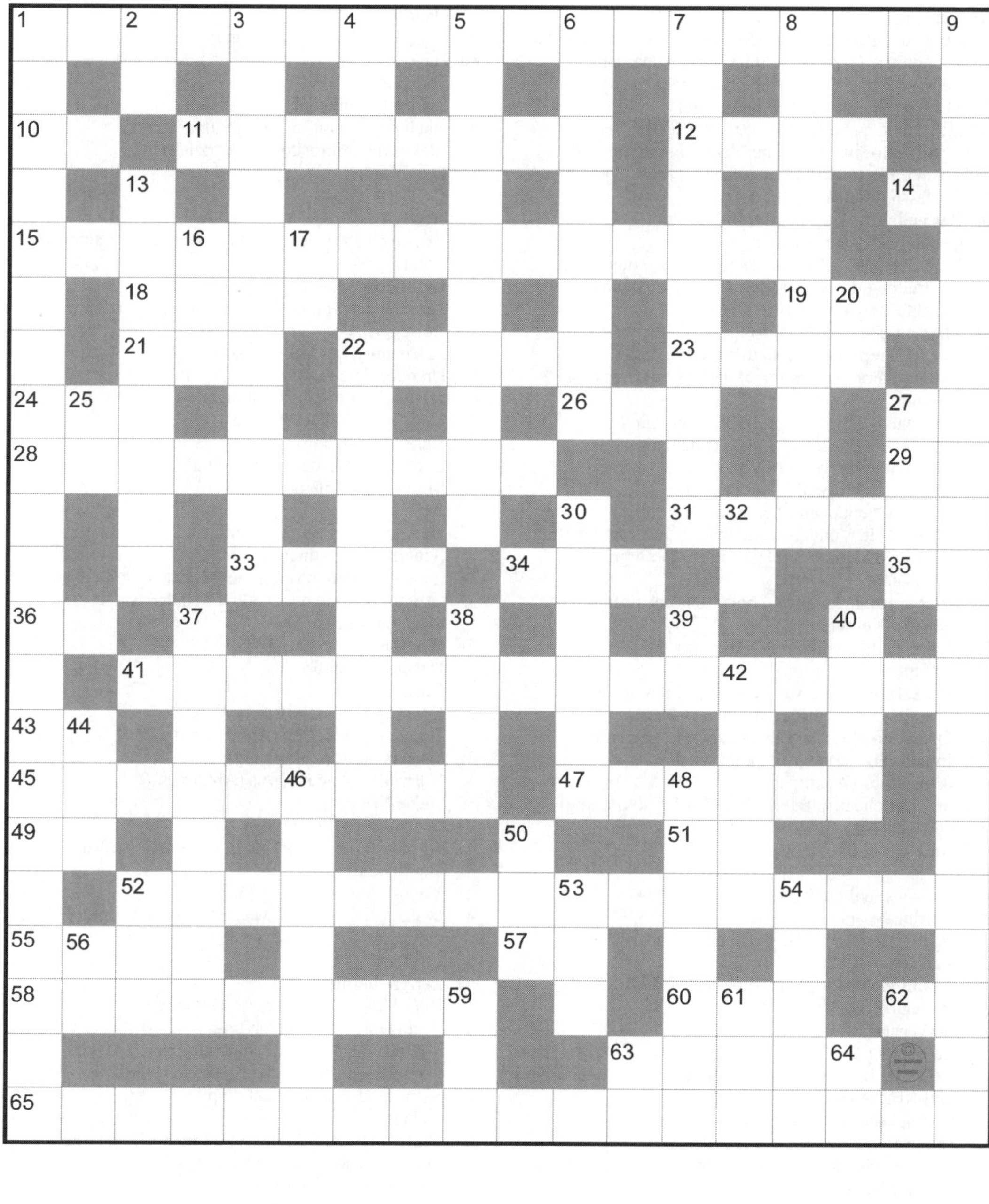
1 2 3 4 5 6 7 8 9
10 11 12
13 14
15 16 17
18 19 20
21 22 23
24 25 26 27
28 29
30 31 32
33 34 35
36 37 38 39 40
41 42
43 44
45 46 47 48
49 50 51
52 53 54
55 56 57
58 59 60 61 62
63 64
65

48

Waagerecht:
1 (Aus Arzt-Patient-Gespräch:) Husten Sie Schleim aus?
11 Schmutz, z. B. soft ... (Müll), to treat someone like ... (jemanden wie den letzten Dreck behandeln)
12 Mit Gewebeschwund einhergehend
16 In, an, bei, zu, auf, z. B. … work (bei der Arbeit), not … all (keineswegs), … her death (bei ihrem Tod)
17 Gestalt, Form, z. B. to be in bad … (in schlechter Verfassung sein)
19 Beständig, z. B. … condition (stabiler Gesundheitszustand)
20 Wahrnehmen, z. B. …d susceptibility (subjektive Beurteilung der Wahrscheinlichkeit, sich eine Krankheit zuzuziehen)
21 Magengrube (Abkürzung)
22 Herpes-simplex-Enzephalitis (Abkürzung)
23 Rechtsanteriorer Hemiblock (Abkürzung im Ekg-Befund)
24 Verdienen, z. B. to ... praise (Lob ernten)
25 Fliegen, Fliege, z. B. … bites (Fliegenbisse)
26 Transaktionsanalyse (Abkürzung)
27 Parazervikalblockade (Abkürzung)
29 Rechter Oberlappen (Abkürzung)
31 Gelegenheit, Veranlassung, there is no … to be afraid (es besteht keine Veranlassung zur Besorgnis)
33 Von neuem
34 Kraftstrotzend, z. B. a ... body (ein unempfindlicher, kräftiger Körper)
35 Geschlechtskrankheit (Abkürzung)
37 Niesen
38 Als, z. B. more … was necessary (mehr als nötig), younger … she (jünger als sie)
39 (Operations-)Tisch, Tabelle, z. B. … of contents (Inhaltsverzeichnis), …spoon (Esslöffel)
40 Venendruck (Abkürzung)
42 Positiver endexspiratorischer Druck (Abkürzung)
43 Knochenschmerz
45 Mittelohr (Abkürzung)
46 Brühe
47 Vulvovaginal (Abkürzung)
48 Gliedmaße
52 Fläche, Bereich (z. B. an Großhirnrinde)
54 Starr, taub, betäubt, z. B. …ness (Empfindungslosigkeit, Taubheitsgefühl)
56 Student(in)
57 Nervenarzt
59 Hautdosis (Abkürzung)
60 Gehen, z. B. … on foot (zu Fuß gehen), … on crutches (mit Krücken gehen)
61 Neuroblastom (Abkürzung)
63 Saurer Regen
64 Werfen, schleudern, z. B. … about (sich [im Schlaf] hin- und herwerfen)
67 Kurzbezeichnung für das Stützgewebe im Nervensystem
69 Gefrierschnitt (Abkürzung)
70 CO-Hämoglobin (Abkürzung)
71 Kreuzbein
72 Mitleid, Erbarmen
75 Luft, Sauerstoff oder Kohlendioxid zuführen
76 Haarlosigkeit
79 Pupillenabstand (Abkürzung)
80 Haar
82 Zahnstein
83 Meerschweinchen
85 Nach der Operation (Abkürzung)
86 Elektronenmikroskop (Abkürzung)
87 Querbruch

Senkrecht:
1 (Aus Arzt-Patient-Gespräch:) Kommt der Schmerz nachts?
2 Gelbfieber (Abkürzung)
3 Jenseitig, später, tiefer, z. B. ... motives (tiefere Beweggründe)
4 Arzneibuch der USA (Abkürzung)
5 Ursodesoxycholsäure (Abkürzung)
6 Jetzige Erkrankung (Abkürzung)
7 Künstliches Glied, Prothese
8 Herz (Abkürzung)
9 Endogenes Ekzem (Abkürzung)
10 Mutterentbehrungssyndrom
12 Affe
13 Überlaufen, z. B. … incontinence (Überlaufinkontinenz)
14 (Aus Arzt-Patient-Gespräch:) Hatten Sie Fehlgeburten?
15 (Aus Arzt-Patient-Gespräch:) Hatten Sie je Streptokokkenangina?
16 Wachsam, munter
18 Herzspitzenstoß
23 Darmrohr
28 Cyanidgruppe (chemische Formel)
30 Unbedingter Reflex (Abkürzung)
32 Kaiserschnitt (Abkürzung)
35 Varizellen-Zoster-Virus (Abkürzung)
36 Hakenbein
41 Blutzucker (Abkürzung)
42 Abschnitt der Harnröhre in der Vorsteherdrüse
44 Geschlecht
47 Venös (Abkürzung)
49 Wahr, z. B. … ribs („wahre“ Rippen, Rippen 1–7), … conjugate (Conjugata vera)
50 Impfen
51 Zerren, heftig ziehen
53 Rot, z. B. … blindness (Rotblindheit)
55 Atemgeräusche (Abkürzung)
58 Verletzung, Wunde, Schädigung (auch psychisch)
60 Gametentransfer in den Eileiter (Abkürzung)
62 Kurzer Haarschnitt, Bubikopf
65 Ischias
66 Entfernung von Eileiter und Eierstock (Abkürzung)
67 Glomerulosklerose (Abkürzung)
68 Intrakutan (Abkürzung)
73 Immunelektrophorese (Abkürzung)
74 Schollenmuskel
77 Chemotherapeutischer Index (Abkürzung)
78 Herzspitzenstoß (Abkürzung)
79 Papier, wissenschaftliche Abhandlung
81 Dach, z. B. … of orbit (Dach der Augenhöhle)
84 Code der Alphaaminosäure Phenylalanin

48

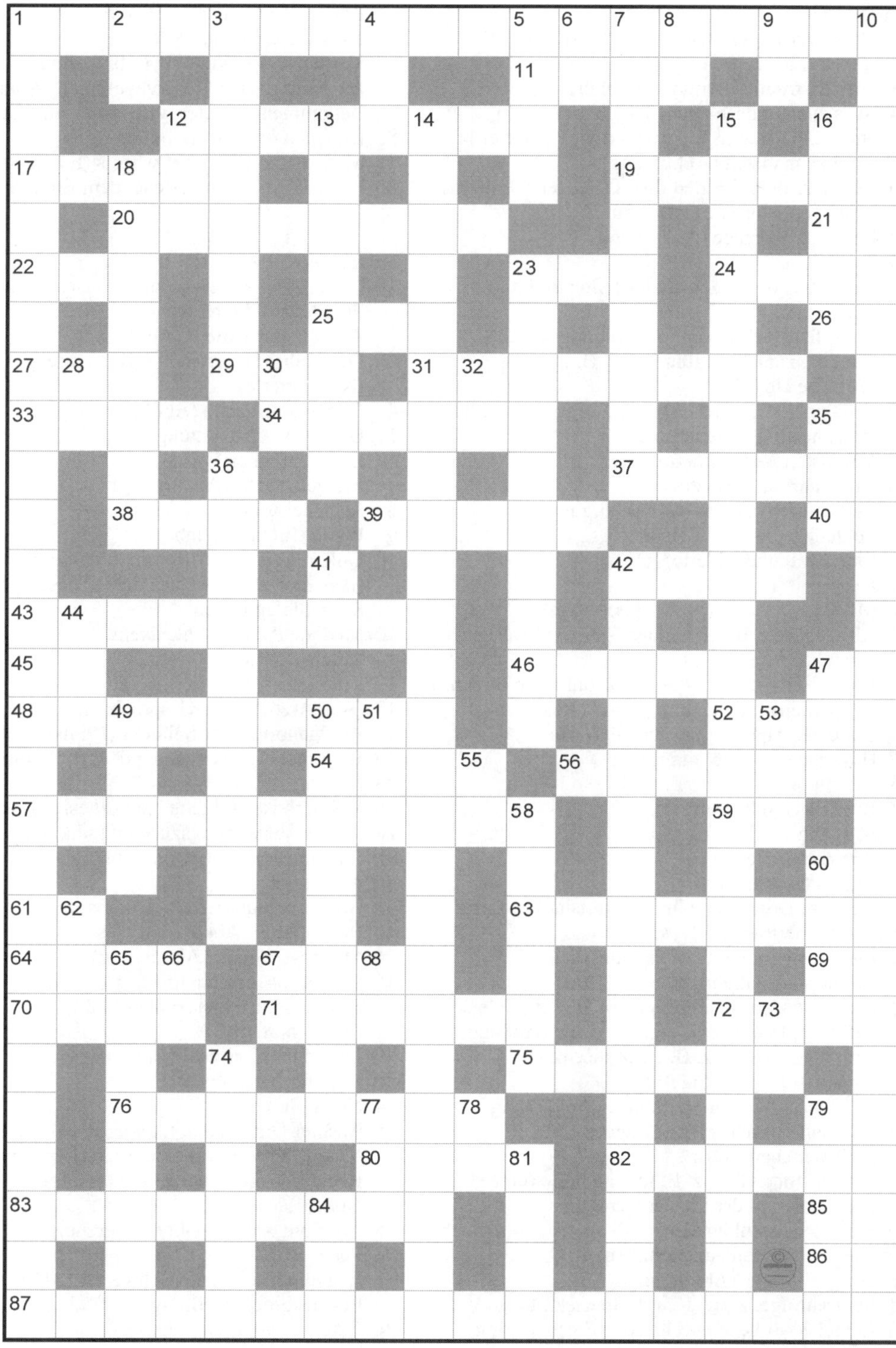

49

Waagerecht:

1 (Aus Arzt-Patient-Gespräch:) Husten Sie Auswurf aus?
13 Prämenstruelles Syndrom (Abkürzung)
14 Aufstellen, aufschlagen, Tonhöhe, z. B. to … one's expectations too high (zuviel erwarten)
16 Kontrastmahlzeit (Abkürzung)
20 Vogel, z. B. … headed dwarf (Seckel-Syndrom)
21 Homogentisinsäure (Abkürzung)
22 Untere Gliedmaße (Abkürzung)
24 Zellteilung
25 Für sein (Schwangerschafts-)Alter zu klein (Abkürzung)
27 Dick, fett, z. B. to run to … (Fett ansetzen)
29 Tödlich, zum Tode führend, z. B. … dose (tödliche Dosis)
30 Unfähigkeit, einfache Berechnungen auszuführen
31 Intramuskulär (Abkürzung)
32 Mitralstenose (Abkürzung)
33 Unberührt, unverletzt
34 Linke untere Extremität (Abkürzung)
36 Schleife, z. B. … of Henle (Nierentubulusschleife)
37 Haar
38 Mädchen, Cocain (im Drogenjargon)
40 Abwesend, z. B. …-minded (geistesabwesend, zerstreut)
43 Wachstumshormon = Somatotropin (Abkürzung)
44 Körperlicher Allgemeinzustand (Abkürzung)
46 Code der Alphaaminosäure Tyrosin
47 Holzzucker (Abkürzung)
48 Oberlippe
51 Blutfluss (Abkürzung)
52 Säugling
53 Eierstockzyste
55 Zittern (Abkürzung)
57 Tastbare Druckwelle im Blutkreislauf
58 (Blut) übertragen
59 Intelligenzquotient (Abkürzung)
60 Hauttest (Abkürzung)
61 Verbinden, zusammenfügen, z. B. …t (Gelenk)
62 Ultrahochfrequenz, Dezimeterwelle (Abkürzung)
63 Grundlage, Basis, z. B. … of discussion (Diskussionsgrundlage)
65 Hals-Nasen-Ohren-Heilkunde (Abkürzung)
67 Schweinefleisch, z. B. … tapeworm (Schweinebandwurm)
68 Lanze, aufspießen, z. B. to … a boile (eine Eiterbeule mit der Lanzette eröffnen)
69 Schulden, schuldig sein, z. B. she …s him much (sie hat ihm viel zu verdanken)
70 Langzeitpflege (Abkürzung)
71 Speisenfolge, z. B. ...-card (Speisekarte)
73 Illegal erworbene psychotrope Stoffe (Slang)
74 Reichen, erreichen, z. B. she …ed a great age (sie erreichte ein hohes Alter)
77 Verdünnt, Verdünnung (Abkürzung)
78 Exspiratorisches Reservevolumen (Abkürzung)
79 Bekommen, erhalten, z. B. to … an illness
80 Ductus thoracicus (Abkürzung)
81 Mahlzeit, z. B. …s on wheels (Essen auf Rädern)
85 Familie mit allein erziehendem Elternteil

Senkrecht:

1 (Aus Arzt-Patient-Gespräch:) Geht Ihnen die Familie auf die Nerven?
2 Ambulanter Patient (Abkürzung)
3 Den Nabel betreffend, z. B. … artery (Nabelarterie)
4 Querschnittfläche (Abkürzung)
5 Urokinase (Abkürzung)
6 Er, männliches Wesen
7 Erstgebärende (Abkürzung)
8 Speichelstein
9 Platin (Elementsymbol)
10 Unkonjugiertes Bilirubin (Abkürzung)
11 (Aus Arzt-Patient-Gespräch:) Diese Spritze wird Sie schlafen lassen!
12 Mediale Paukenhöhlenwand
15 Milchsekretion
17 Mittelohr
18 (Aus Arzt-Patient-Gespräch:) Ich hätte gern ein Röntgenbild Ihrer Schulter (I'd like you to ...)
19 Heimtückisch, schleichend, z. B. … disease
23 Einlauf
26 Vollnarkose, Allgemeinanästhesie (Abkürzung)
28 Akuter Verwirrungszustand (Abkürzung)
35 Luteinisierungshormon (Abkürzung)
39 Anwendung
41 Brachioradialisreflex (Abkürzung)
42 Behandlung (Abkürzung)
44 Magengeschwür (Abkürzung)
45 California-Enzephalitis (Abkürzung)
46 Eisenbindungskapazität (Abkürzung)
48 Ellenschaft
49 Leberfunktionstest (Abkürzung)
50 Hypophysärer Zwerg
54 Nasenbluten
56 Rechter Unterbauch (Abkürzung)
64 Muster, Probe, z. B. urine … (Harnprobe)
66 Rechter Rippenbogen (Abkürzung)
72 Nisse, Läuseei
75 Choriongonadotropin (Abkürzung)
76 Ferse
82 Examinierte Krankenschwester (Abkürzung)
83 Lebensmittelvergiftung (Abkürzung)
84 Osteomyelitis (Abkürzung)

49

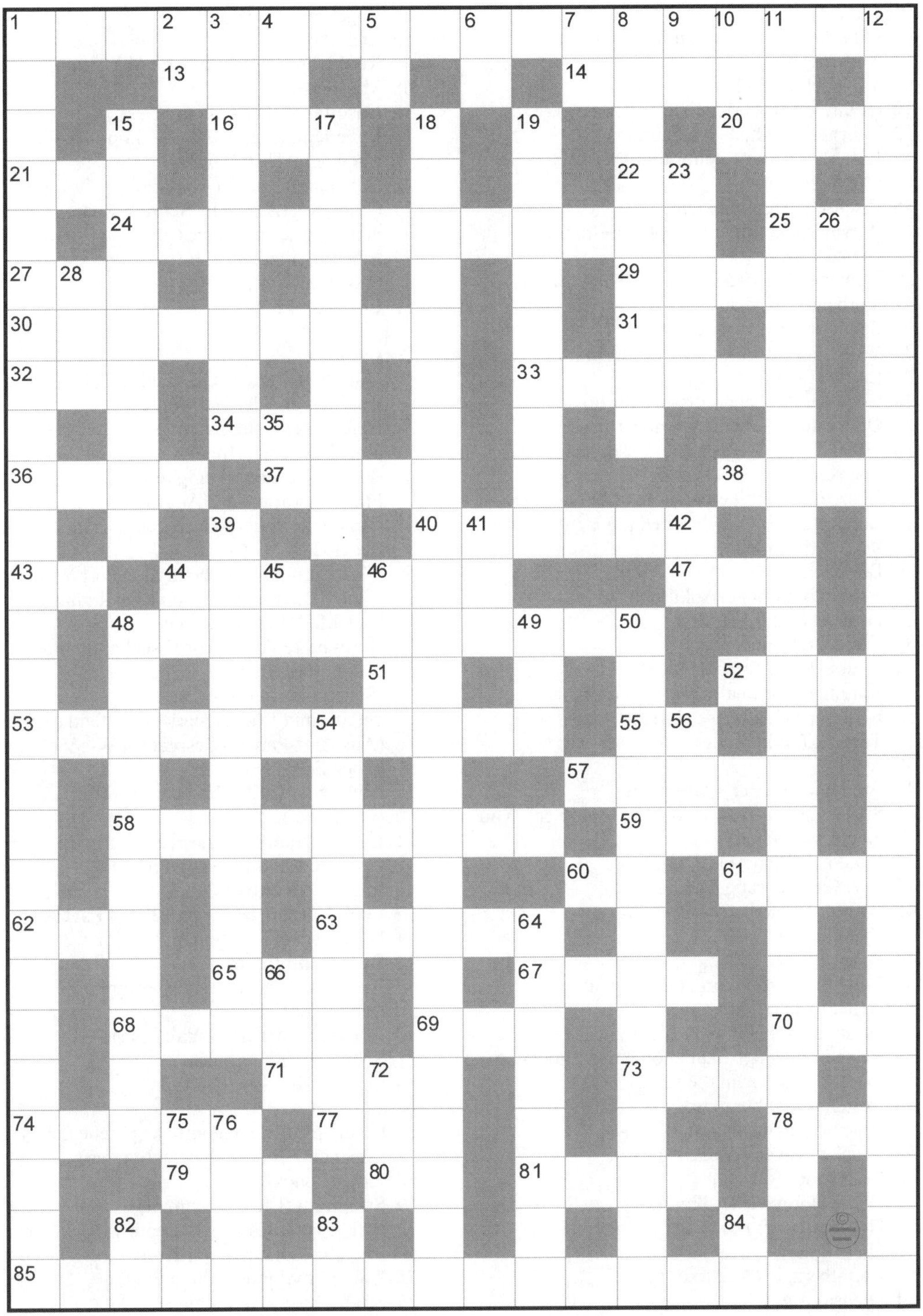

50

Waagerecht:

1 (Aus Arzt-Patient-Gespräch:) Haben Sie Migräneanfälle?
8 Y-Knochenbruch
10 (Nahrung, Arznei) zu sich nehmen
12 Taucherkrankheit (Abkürzung)
14 Entfernung von Eileiter und Eierstock (Abkürzung)
15 Fischschuppenkrankheit
18 Polymorphkerniger basophiler Granulozyt (Abkürzung)
20 Humanes Plazentalaktogen (Abkürzung)
22 Vorbeigehen, -fahren, z. B. the pain will … (der Schmerz wird vorübergehen)
23 Wolff-Parkinson-White-Syndrom (Abkürzung im Ekg-Befund)
24 Code der Alphaaminosäure Prolin
25 Quecksilber (Elementsymbol)
26 Über, durch (Weg), z. B. ... esophagus (durch die Speiseröhre)
27 Bösartiges Lentigomelanom /Abkürzung)
28 Zu, nach, z. B. to go … bed (zu Bett gehen), … the left (nach links)
29 Blindheit
31 Uridindiphosphat (Abkürzung)
32 Nuss, vulgär für Hoden
33 Kunde, Betreuter
34 Heu, z. B. … fever (Heufieber, Heuschnupfen)
35 Karzinoembryonales Antigen (Abkürzung)
36 In dieser Schlafphase sind die Augen ruhig
38 Tablette (Abkürzung)
39 Kopf
40 Atemzugvolumen (Abkürzung)
41 Seele, Gemüt, z. B. a good … (eine Seele von einem Menschen)
43 Flucloxacillin (Abkürzung)
45 Herzvergrößerung (Abkürzung)
46 Radioimmunoassay (Abkürzung)
48 Lymphknoten
49 Haar
50 Fruchtwasserpunktion (Abkürzung)
51 Hepatitis D (Abkürzung)
52 Reaktive Hyperämie (Abkürzung)
53 Besichtigung der Bauchhöhle mit Endoskop
55 Boot, z. B. to be in the same …
56 Mittelohr (Abkürzung)
57 Wismut (Elementsymbol)
59 Krankenwagen (Abkürzung)
60 Hauptwort, Substantiv
61 Obere Hohlvene (Abkürzung)
62 Übertreffen, z. B. not to be ...ne (nicht zu übertreffen)
63 Atemtherapie (Abkürzung)
64 Diensteifrig
65 Begehren, Appetenz
66 Ziel, Absicht
67 Retikuläres Wachsystem (Abkürzung)
68 Missbrauch
70 Nasotracheal (Abkürzung)
71 Irgendein, z. B. is there … hope? (ist hier noch irgendeine Hoffnung)
72 Delirium tremens (Abkürzung)
73 Grau (amerikanische Schreibweise), z. B. … matter = … substance (graue Substanz im ZNS)
74 Einsen, Einzelne, z. B. by ... and twos (einzeln und zu zweien)
77 Epiduralblutung

Senkrecht:

1 (Aus Arzt-Patient-Gespräch:) Haben Sie Ausfluss aus der Harnröhre?
2 Heiß, z. B. … bath (heißes Bad, Bad mit allmählichem Temperaturanstieg über 40 °C)
3 (Rechts-, Links-)Äugigkeit (unbewusste Führungsrolle eines Auges)
4 (Aus Arzt-Patient-Gespräch:) Es ist wichtig, dass Sie essen
5 Wut, Zorn, z. B. to be in a … (vor Wut rasen)
6 Nächtliche Peniserektion (Abkürzung)
7 Bauchfellüberzug des Dickdarms
9 Krankhafte Furcht vor Eisenbahnfahrten
11 Faserknorpelfuge, z. B. pubic … (Schambeinfuge)
13 Gehirn und Rückenmark betreffend (Abkürzung)
16 (Aus Arzt-Patient-Gespräch:) Wie viele Kinder haben Sie?
17 Bluterguss (britische Schreibweise)
19 Beutel
21 Bewusstsein, Gewissen, z. B. … stricken (von Gewissensbissen gepeinigt)
30 Interleukin (Abkürzung)
37 Leib, Körper (als Gegensatz zu Psyche)
41 Nervenscheide (Eponym)
42 Blutpfropfbildung
44 Angeborene Hüftgelenksverrenkung (Abkürzung)
47 A. carotis interna (Abkürzung)
51 Schinken, Hinterbacke
54 Starker Mundspeichelfluss
55 Blutzucker
57 (Zahn-)Bohrer, undeutlich sprechen, z. B. ... cell (Stechapfelform des Erythrozyten)
58 Ekzem, Juckflechte
69 Strontium (Elementsymbol)
72 Fällig, veranlasst, z. B. death was … to cancer (die Todesursache war Krebs)
75 Knotenrhythmus (Abkürzung)
76 Streptolysin (Abkürzung)

50

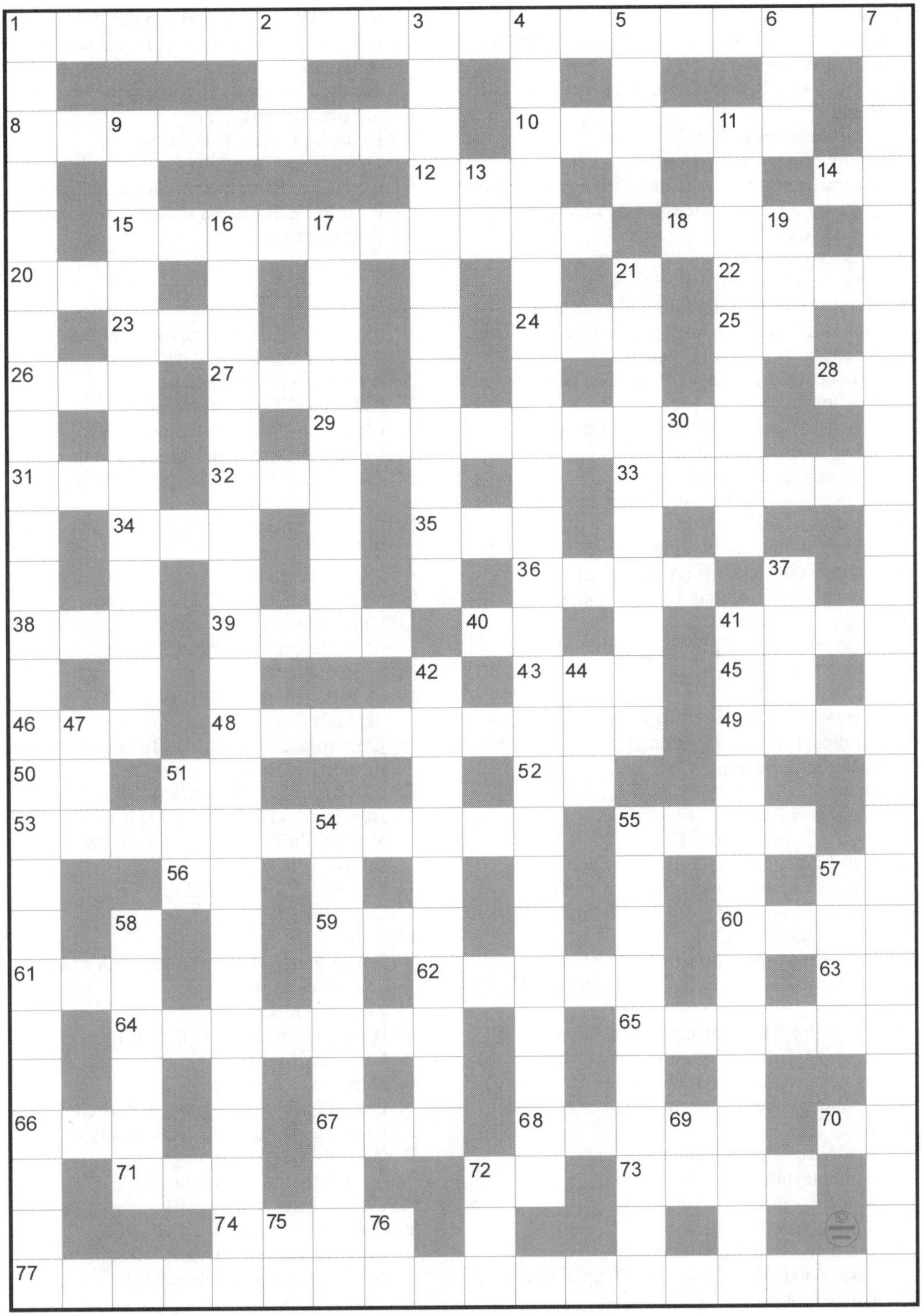
1 2 3 4 5 6 7
8 9 10 11
12 13 14
15 16 17 18 19
20 21 22
23 24 25
26 27 28
29 30
31 32 33
34 35
36 37
38 39 40 41
42 43 44 45
46 47 48 49
50 51 52
53 54 55
56 57
58 59 60
61 62 63
64 65
66 67 68 69 70
71 72 73
74 75 76
77

51

Waagerecht:

1 (Aus Arzt-Patient-Gespräch:) Bekümmern Sie sich nicht darüber!
10 Brett, Tisch, Kommission, Behörde, z. B. … of Health
11 Schwachsinniger, z. B. ... savant („schwachsinniger Gelehrter“ = geistig Behinderter mit ungewöhnlichen Fähigkeiten auf speziellem Gebiet, wie Rechenkünstler)
13 Haften, kleben
15 Abgeleitete SI-Einheit des elektrischen Widerstands (Einheitenzeichen Ω)
16 Magen-Darm-Entzündung (Abkürzung)
17 Den Stoffwechsel betreffend, z. B. … acidosis
18 Woche, z. B. …day (Wochentag), …end (Wochenende), today … (heute in oder vor einer Woche)
20 Felsengebirgsfleckfieber (Abkürzung)
21 Männliches „Klimakterium“
23 Tod (lat.), z.B. ... subita
24 Übergangszellkrebs (Abkürzung)
26 Spezifisch (Abkürzung)
27 Enzymimmunoassay (Abkürzung)
28 Nichteiweißstickstoff (Abkürzung)
29 Lebenslustig, fröhlich, (Slang: schwul)
30 (Augen-)Wimper
31 Nationale Krankenpflegervereinigung (Abkürzung)
34 Spitze, Gipfel
35 Xeroradiographie (Abkürzung)
36 Wählen (Telefon), bestimmen, z. B. ... plate (Zifferblatt, Skala)
38 Schere
39 Stationärer Patient
41 Eisen (Elementsymbol)
42 Verstümmeln, zum Krüppel machen
43 Von demselben Organismus stammend
45 Blau, z. B. … fever = Rocky Mountains spotted fever (Rickettsiose)
47 Xeroderma pigmentosum (Abkürzung)
48 Übersättigen, z. B. to be ...d with (übersättigt sein von)
50 Doktor der Kieferchirurgie (Abkürzung)
51 Verstopft, keine Darmentleerung (Abkürzung)
52 Problemorientierte Krankenakte (Abkürzung)
53 Edelmetall, Atomgewicht 195,1, Elementsymbol Pt
54 Slow-Virus-Infektion (Abkürzung)
55 Atemnotsyndrom (Abkürzung)
56 Lidschlussreflex (Abkürzung)
57 Tripper (Abkürzung)
58 Stützgewebe im Zentralnervensystem
60 Heim, Zuhause, z. B. … care (häusliche Pflege)
61 (Toten-)Bahre
62 Vorsilbe bei Fachbegriffen mit der Bedeutung unter, im Klinikjargon Kurzbezeichnung für subkutane Injektion
63 Tönen, klingen, z. B. to keep the body in … (sich in Form halten)
65 Runzeln, Falten, z. B. vaginal …
67 Fahrt, Trieb, Antrieb
68 Einmal, z. B. … a day (einmal täglich)
69 Perücke, z. B. …ged (Perücke tragend)
71 Prüfungsangst

Senkrecht:

1 (Aus Arzt-Patient-Gespräch:) Haben Sie Ausfluss aus der Scheide?
2 (Proximales) Handgelenk
3 Rubidium (Elementsymbol)
4 (Aus Arzt-Patient-Gespräch:) Wann war Ihre letzte Menstruationsblutung? (when was …)
5 Anonyme Alkoholiker (Abkürzung)
6 Ast
7 Seltsam, überzählig, z. B. … number (ungerade Zahl),
8 X0-Syndrom (Eponym)
9 Oberflächliche Schläfenschlagader
11 Unmittelbar, nächstgelegen, z. B. … contact (unmittelbare Berührung)
12 Schienbeinnerv
14 (Aus Arzt-Patient-Gespräch:) Wie lange geht dies alles schon?
19 Einheitenzeichen für das Tausendfache der SI-Einheit der Länge
22 Extrazellulär (Abkürzung)
25 Den Kopf oder Schädel betreffend
32 Vorsilbe bei Fachbegriffen mit der Bedeutung schlecht, falsch
33 Natrium (Elementsymbol)
37 Tot geboren
40 Kalium
41 Befestigen, fixieren (Präparat für mikroskopische Untersuchung)
44 Zungenschmerz
45 Bronchialasthma (Abkürzung)
46 Obere Extremität (Abkürzung)
48 Hungern, Verhungern, Fasten
49 Einwilligung, Befolgung, Mitarbeit des Patienten
52 Peptisches Geschwür (Abkürzung)
58 Gallenblase (Abkürzung)
59 Intraepithelial (Abkürzung)
64 Ultraviolett (Abkürzung)
66 Hauptteil der oberen Gliedmaße
69 Guter Ernährungszustand (Abkürzung)
70 Glucosetoleranz (Abkürzung)

51

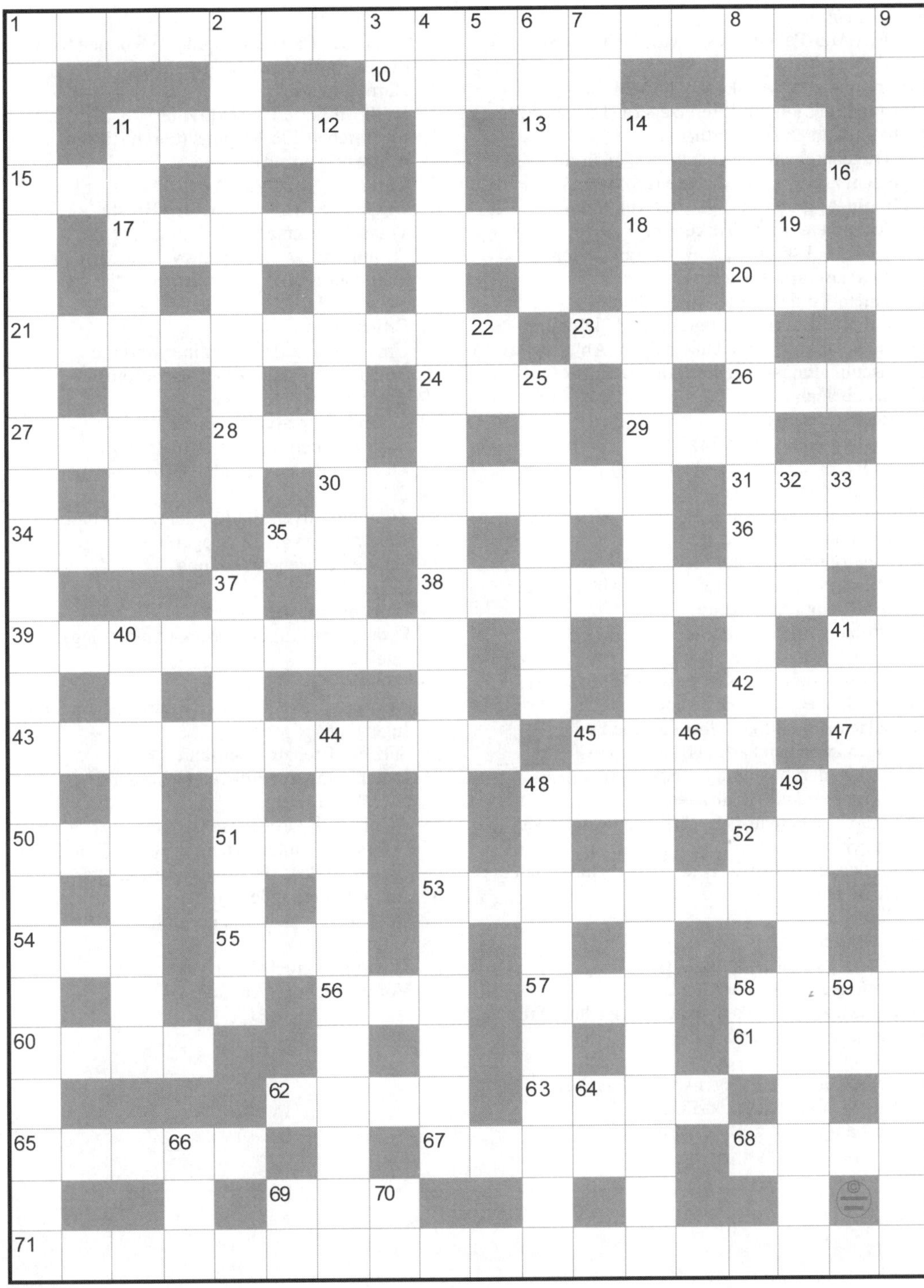

52

Waagerecht:

1 (Aus Arzt-Patient-Gespräch:) Nehmen Sie Abführmittel?
10 Antinukleärer Antikörper (Abkürzung)
11 Eine Infektion mit Eitererregern (Blutvergiftung) betreffend, z. B. … arthritis
12 Neugeborenenintensivstation (Abkürzung)
14 Fisch, z. B. … skin disease (Ichthyose)
16 Renin-Angiotensin-System (Abkürzung)
17 Nebennierenrinde (Abkürzung)
18 Ersatz, Substitution, z. B. … transfusion (Austauschtransfusion)
21 Baueinheit des Lamellenknochens
22 Radionuklidventrikulographie (Abkürzung)
23 Bioelektrische Impedanzanalyse (Abkürzung)
24 Eisenbindungskapazität (Abkürzung)
25 Fast, beinahe
26 Sauerstoffsättigung
27 Xanthinoxidase (Abkürzung)
28 Äußerer Gehörgang (Abkürzung)
29 Gehunfähigkeit
31 Lutropin (Abkürzung)
33 Verdünnt, herabgesetzt
35 Botenribonucleinsäure (Abkürzung)
37 Thyrotropin-Releasinghormon (Abkürzung)
39 Testlösung (Abkürzung)
41 Antibabypille (Abkürzung)
42 Teilnahmslos, schlafsüchtig
47 AIDS-assoziiertes Retrovirus (Abkürzung)
48 Wund, z. B. … throat (wunder Hals, Halsentzündung), … feet (wunde Füße)
49 Raum zwischen harter Hirnhaut bzw. Rückenmarkhaut und Spinnwebenhaut
52 5-Fluorouracil (Abkürzung)
53 (Aus Arzt-Patient-Gespräch:) Schwitzen Sie immer?
57 Reißen, zerreißen, z. B. to ... one's hair (sich die Haare raufen)
58 Zinn
59 Alterssichtig
61 Linker Vorhof (Abkürzung)
63 Äquivalenzdosis (Abkürzung)
64 Reisen, z. B. …er's diarrhea (Reisedurchfall)
65 Einheit, z. B. international … (internationale Einheit)
66 Leib, Körper (als Gegensatz zu Psyche)
69 Knochenbruch (Abkürzung)
71 Aufhängeband, z. B. … of ovary

Senkrecht:

1 (Aus Arzt-Patient-Gespräch:) Können Sie einen dieser Anfälle beschreiben ? (will you ...)
2 Harnverhaltung
3 Vorhofflimmern (Abkürzung)
4 Fleckfieber, Flecktyphus (durch Rickettsia prowazeki erregt)
5 Chiasma (Abkürzung)
6 Ungleiche Größe der beiden Brüste
7 Transaktionsanalyse (Abkürzung)
8 Stimme, z. B. … frequency (Sprechfrequenz)
9 Schließmuskel des Bauchspeichelgangs
13 Nesselsucht
14 Fettembolie
15 Umkehrbar, z. B. … brain syndrome (rückbildungsfähiges Hirnsyndrom)
19 Hautmuskel des Halses
20 Cyanidgruppe (chemische Formel)
30 Basalzellenepitheliom (Abkürzung)
32 Zu zahlreich zum Zählen (Abkürzung)
34 Zehe
36 Radionuklidventrikulographie (alternative Abkürzung, vgl. 22 waagerecht)
38 Schweißdrüsenentzündung
40 Lidplatte
43 Halbgeschwister
44 Rechtsventrikulärer Druck (Abkürzung)
45 Eiterbeule
46 Hepatitis D (Abkürzung)
50 Aufwärts, z. B. from her youth … (von ihrer Jugend an)
51 Salz der Brenztraubensäure
54 Entzündung des äußeren Gehörgangs (Abkürzung)
55 Alcoholdehydrogenase (Abkürzung)
56 Erforschen, untersuchen, z. B. …r (Forscher)
60 Gleich, z. B. … in strength (gleich stark)
62 Auch, ferner, außerdem
67 Oder, z. B. … else (andernfalls)
68 Mein
69 Flavinmononucleotid (Abkürzung)
70 Vor der Geburt (Abkürzung)

52

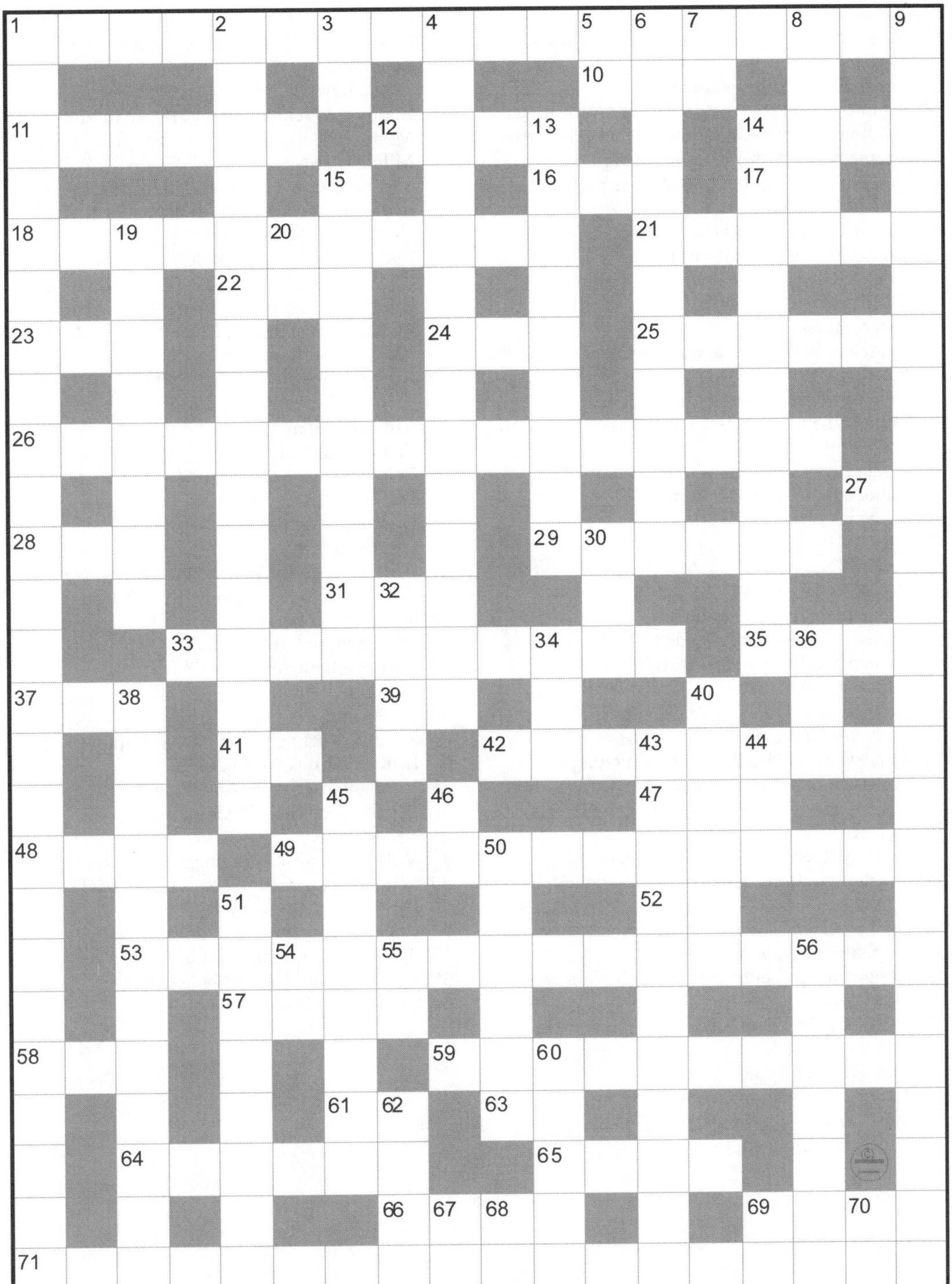
1 2 3 4 5 6 7 8 9
10
11 12 13 14
15 16 17
18 19 20 21
22
23 24 25
26
27
28 29 30
31 32
33 34 35 36
37 38 39 40
41 42 43 44
45 46 47
48 49 50
51 52
53 54 55 56
57
58 59 60
61 62 63
64 65
66 67 68 69 70
71

53

Waagerecht:

1 (Aus Arzt-Patient-Gespräch:) Was führte Sie hierher?
9 Vermindertes Blutvolumen
11 Schnitt, schneiden, z. B. cold ...s (Aufschnitt), to ... one's finger (sich in den Finger schneiden)
12 Rheumatoide Arthritis (Abkürzung)
14 Von vorn nach hinten (Abkürzung)
15 Epileptischer Anfall
18 Innerhalb des Brustkorbs (Abkürzung)
19 Vitalkapazität (Abkürzung)
20 Teich, Schwimmbecken, z. B. ... of blood (Blutlache)
21 Klage, Beschwerde
23 Binden, schnüren, z. B. to ... a vessel (ein Gefäß unterbinden)
25 Lebensmittelvergiftung (Abkürzung)
26 (Aus Arzt-Patient-Gespräch:) Tragen Sie eine Brille?
30 Wechseldruckbeatmung (Abkürzung)
31 Außerhalb der Gebärmutter (Abkürzung)
32 Schwein
33 Eiter
35 Taub
37 Den After betreffend
39 Gedankenjagen, Ideenflucht
41 Leiden, z. B. to ... death (den Tod erleiden)
43 Prämenstruelles Syndrom (Abkürzung)
44 Wirkdosis (Abkürzung)
45 Wahr, z. B. ... ribs („wahre" Rippen, Rippen 1–7), ... conjugate (Conjugata vera)
46 Rechtsventrikulärer Druck (Abkürzung)
48 Das Auge betreffend, augenfällig, z. B. ... herpes (Augenherpes), ... proof (sichtbarer Beweis)
50 Tauchen
51 Durch Milben hervorgerufene Krankheit
54 Zweifel, zweifeln, z. B. beyond ... (zweifellos), to have no ... that (keine Zweifel haben, dass)
55 Therapeutische Gemeinschaft (Abkürzung)
56 Karpaltunnelsyndrom (Abkürzung)
57 Treponema-pallidum-Hämagglutinationstest (Abkürzung)
59 Obwohl, z. B. important ... it is (so wichtig es auch ist)
60 Titan (Elementsymbol)
61 Radioaktive Iodaufnahme (Abkürzung)
63 (Aus Arzt-Patient-Gespräch:) Sie haben einen Knochen gebrochen

Senkrecht:

1 (Aus Arzt-Patient-Gespräch:) Wo genau ist der Schmerz?
2 Asche (auch ...es)
3 Poliovirus-Schluckimpfstoff (Abkürzung)
4 Monosaccharid, einer der beiden Bausteine des Milchzuckers
5 Versuchen, in Versuchung führen, z. B. to ... one's fate (sein Schicksal herausfordern)
6 Urokinase (Abkürzung)
7 Endoskopische retrograde Cholangiopankreatikographie (Abkürzung)
8 Knochenbruch außerhalb der Gelenkkapsel
10 Erscheinungsbild (im Gegensatz zum Genotyp)
13 Passend, treffend
14 Hochgradige Bewegungsarmut
16 Thyroglobulin (Abkürzung)
17 Nützen, helfen
20 Stammbaum, Herkunft
22 Polymerasekettenreaktion (Abkürzung)
24 Die Handfläche nach oben kehren
25 Honorar, Vergütung, z. B. doctor's ... (Arztrechnung)
27 Auf, an, z. B. the scar ... the leg (die Narbe am Bein), to live ... air (von der Luft leben)
28 Vollblut (Abkürzung)
29 Glucokinase (Abkürzung)
33 Rippenfellentzündung
34 Bandscheibenvorfall
35 Auflösung
36 Kindsbewegungen fühlbar (Abkürzung)
37 Bluthochdruck (Abkürzung)
38 Verdauungsorgane (Abkürzung)
40 Bösartige epitheliale Geschwulst
42 Vierte Rippe
47 Vulvovaginal (Abkürzung)
49 Schnell, fest, z. B. to be ... asleep (tief schlafen)
50 Diphtherie (Abkürzung)
52 Chemotherapie (Abkürzung)
53 Splenoportographie (Abkürzung)
58 Aufsteigende Aorta (Abkürzung)
62 Zirkonium (Elementsymbol)

53

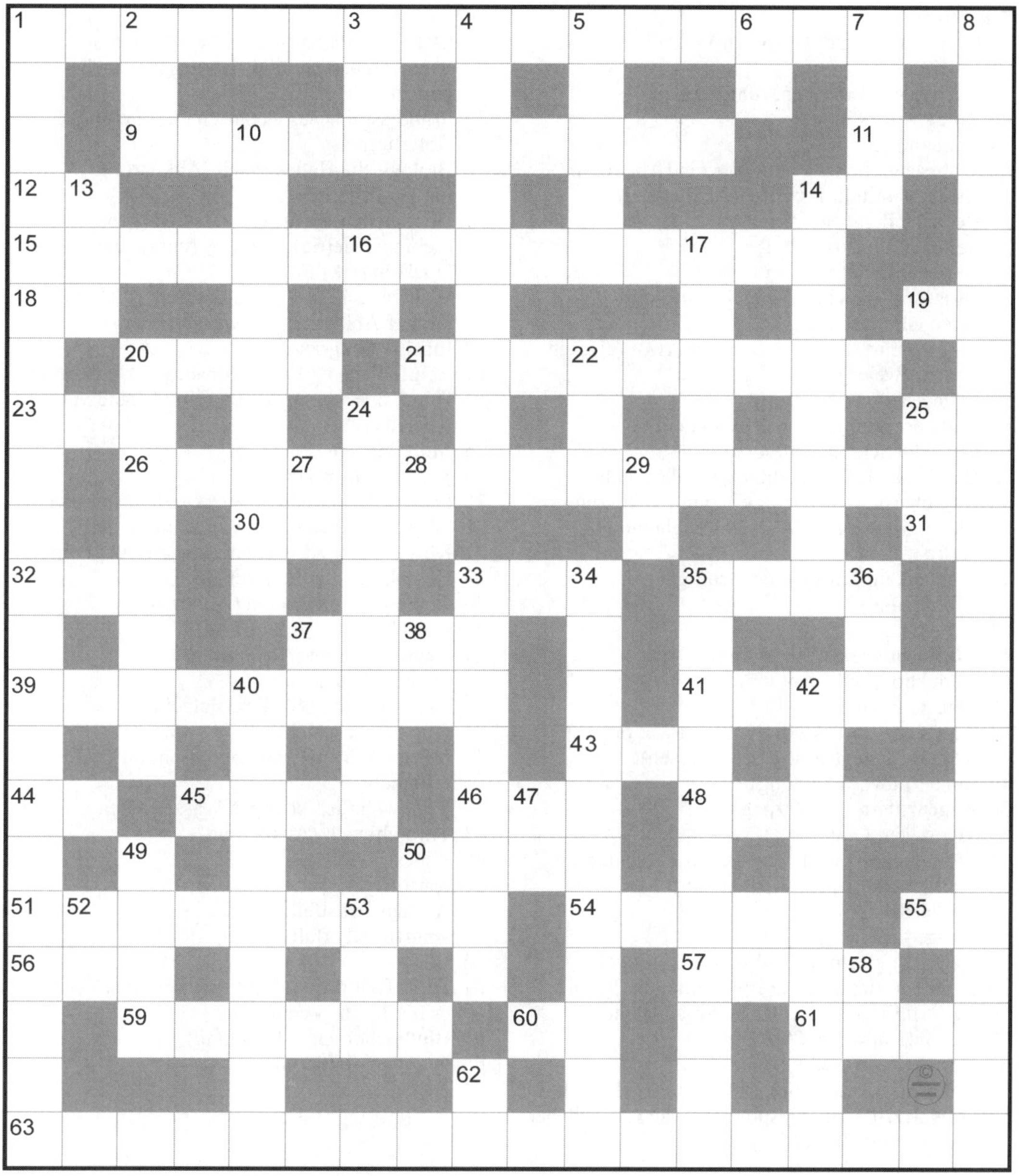
1 2 3 4 5 6 7 8
9 10 11
12 13 14
15 16 17
18 19
20 21 22
23 24 25
26 27 28 29
30 31
32 33 34 35 36
37 38
39 40 41 42
43
44 45 46 47 48
49 50
51 52 53 54 55
56 57 58
59 60 61
62
63

54

Waagerecht:

1 (Aus Arzt-Patient-Gespräch:) Bitte beugen Sie Ihr Knie!
9 Unbeweglich machen, ruhig stellen
11 Rote (Milz-)Pulpa
13 Trauerarbeit
17 Wahrscheinlicher Geburtstermin (Abkürzung)
19 Aspartataminotransferase (Abkürzung)
20 Benachteiligt (die „Armen")
24 Tellur (Elementsymbol)
25 Eisgekühlt, gefroren
27 (Aus Arzt-Patient-Gespräch:) Sie benötigen einen Gipsverband
30 Einsen, Einzelne, z. B. by ... and twos (einzeln und zu zweien)
31 Salicylsäure (Abkürzung)
32 Code der Alphaaminosäure Leucin
33 Gestielte Schleimhautvorwölbung
35 Handlung, Tat, handeln, eine Rolle spielen
36 Angiotensin-Converting-Enzym (Abkürzung)
37 Chirurgisch geschaffene Hohlorganmündung
39 Hüfte
41 Entzündung des äußeren Gehörgangs (Abkürzung)
42 Gebeugt
44 Kurzsichtigkeit (Abkürzung)
45 Abduktionskeilosteotomie (Abkürzung)
46 Leicht, mühelos
47 Reagieren, zurückwirken, z. B. to … on each other (sich gegenseitig beeinflussen)
48 Linker Fuß (Abkürzung)
50 Augenzittern (Abkürzung)
51 Menschen, Leute
52 Progressive systemische Sklerose (Abkürzung)
54 Rechter Oberlappen (Abkürzung)
55 Schädelbasis
57 (Finger-, Zehen-)Nagel
58 Deinige(r,s), Ihr, z. B. this is … (dies gehört Ihnen), a friend of … (ein Freund von Ihnen)
59 Beil, (fig.) rücksichtlose Sparmaßnahme
60 Gesamt, universal (Abkürzung)
62 Verstopfen, verschließen
63 Gelegen, z. B. ... dying (im Sterben gelegen)
66 (Aus Arzt-Patient-Gespräch:) Gehen sie seltener als einmal täglich? (do you ...)

Senkrecht:

1 (Aus Arzt-Patient-Gespräch:) Haben Sie Schmerzen, wenn Sie sich Sorgen machen? (do you have …)
2 Frühdiastolisches Geräusch (Abkürzung)
3 Unterbewusst
4 Biologische Halbwertzeit (Abkürzung)
5 Farbstoff, färben
6 Gebrauchen, benutzen, z. B. ready for … (gebrauchsfertig), of no … (unbrauchbar)
7 Übelkeit (lat.)
8 Wahrscheinlicher Geburtstermin (nicht identisch mit der Abkürzung 17 waagerecht)
10 Inosin (Abkürzung)
11 Empfohlene tägliche Aufnahme (Abkürzung)
12 Hund, z. B. … tapeworm (Hundebandwurm)
14 Nucleus ruber
15 Mittellappen
16 Salz der Harnsäure
18 Datum, Verabredung, Verabredungspartner
21 Watscheln (besonders von Kleinkindern)
22 Körperlicher Allgemeinzustand (Abkürzung)
23 Gelenkscheibe, Bandscheibe
26 Computertomogramm (Abkürzung)
28 Lymphknoten (Abkürzung)
29 Neurochirurgie (Abkürzung)
31 Finster blicken
33 Verminderte Zahl aller Blutzellen
34 Stammesgeschichtlich
38 Mittlerer, Mittelwert, Durchschnitt, z. B. arithmetic …
40 Ungewöhnlich häufiges Wasserlassen
43 Thrombinzeit (Abkürzung)
49 Asbest
51 Kartoffel
52 Auf das Brustfell bezogen
53 Angriff, Überfall
56 Elle
61 Es, z. B. how is … with your promise? (wie steht es mit Ihrem Versprechen)
64 Bluthochdruck (Abkürzung)
65 Nerven (Abkürzung)

54

55

Waagerecht:

1 (Aus Arzt-Patient-Gespräch:) Bitte buchstabieren Sie den Namen!
9 Nervus ischiadicus
11 Aorteninsuffizienz (Abkürzung)
13 Blau, z. B. … fever = Rocky Mountains spotted fever (Rickettsiose)
14 Oberhalb des Schambeins, z. B. … catheter (durch die Bauchwand eingeführter Harnblasenkatheter)
16 Code der Alphaaminosäure Cystein
18 Epidurales Hämatom (Abkürzung)
19 Verengung der Pupille
20 Krankenwagen (Abkürzung)
21 Haar
22 Die Luftröhre betreffend, z. B. … glands (Luftröhrendrüsen)
25 Eins, ein, z. B. … man in ten (jeder Zehnte)
27 Nacken
28 Unterschenkel
29 Ausrüstung, Behälter, z. B. first-aid … (Verbandkasten)
31 Vitalkapazität (Abkürzung)
32 (Aus Arzt-Patient-Gespräch:) Was tun Sie beruflich?
33 Null, Nullpunkt
34 Spitzklumpfuß (Abkürzung)
35 Geschmack, Geschmacksinn
36 Reichen, erreichen, z. B. she …ed a great age (sie erreichte ein hohes Alter)
37 Herz-Kreislauf-System (Abkürzung)
39 Vasomotorisch (Abkürzung)
40 Weich, z. B. … data (unsichere Daten, z. B. Patientenaussagen)
41 Unbewusst, bewusstlos (Abkürzung)
43 Englischer Biologe (1809-1882), Begründer der Deszendenztheorie
44 Angeborenes Zystennierenleiden (Abkürzung)
45 Rezeptfrei (Abkürzung)
46 Sack, z. B. lacrimal … (Tränensack)
47 Sorte, Qualität, z. B. out of …s (nicht auf der Höhe sein, unwohl sein)
48 Intravenös (Abkürzung)
49 T-Lymphozyt (Kurzbezeichnung)
50 Sonst, z. B. where …? (wo sonst noch?)
52 Wagen, Auto, z. B. … sickness
53 Stillschweigend inbegriffen, z. B. … consent (stillschweigende Einwilligung)
54 Brust(-drüse)
55 Riesenzellarteriitis

Senkrecht:

1 (Aus Arzt-Patient-Gespräch:) Bitte sehen Sie zur Zimmerdecke!
2 Ärztlicher Notdienst (Abkürzung)
3 Spiralverband
4 Sitzen, sich setzen, z. B. to … up (sich aufsetzen, im Bett aufrichten)
5 Syphilis
6 (Aus Arzt-Patient-Gespräch:) Haben Sie irgendeinen anderen Ärger (Kummer)?
7 Zeitspanne vom Beginn der Pubertät bis zum Beginn des Erwachsenenalters
8 Äußerer Gehörgang
10 Wendepunkt zum Guten oder Schlechten
12 Intrauterinpessar (Abkürzung)
15 Klinische Arzneimittelprüfung (vor Zulassung) auf Wirksamkeit
16 Koronarinsuffizienz (Abkürzung)
17 Serumkrankheit (Abkürzung)
21 Injektionsnadel, Kanüle
22 Denkstörung
23 Radium (Elementsymbol)
24 Creatinkinase (Abkürzung)
26 Nickel (Elementsymbol)
30 Pyramidenzelle (im Großhirn)
31 Varizellen-Zoster-Virus (Abkürzung)
37 Berater, Gutachter
38 Kammerflimmern (übliche Abkürzung in Ekg-Befund)
40 Internationales Einheitensystem (Abkürzung)
42 Leichte Kost
51 Olivopontozerebellare Atrophie (Abkürzung)

55

56

Waagerecht:

1 (Aus Arzt-Patient-Gespräch:) Sehen Sie zur Decke hinauf!
10 Erythema nodosum (Abkürzung)
11 Binden, schnüren, to … a vessel (ein Gefäß unterbinden)
12 Zustopfen, polstern, z. B. Verband
14 Bence-Jones-Protein (Abkürzung)
15 Trigeminusneuralgie (Abkürzung)
16 Noch, z. B. there is … time (noch ist Zeit), not just … (nicht gerade jetzt)
17 Gähnen, z. B. …ing (gähnend)
18 Radialispuls
19 Beschäftigungstherapie (Abkürzung)
20 Leichenschauhaus, Leichenkammer
21 Natriumcarbonat
22 Gesamte Körperoberfläche (Abkürzung)
23 Intraokulär (Abkürzung)
24 Alter
26 Zentralnervensystem (Abkürzung)
27 Größenabnahme aufgrund von Zellverkleinerung
28 Gruppe humanpathogener Picornaviren (Akronym, in dem das O für engl. orphan = Waise steht, weil sie „verwaist", d. h. lange Zeit keiner Familie zuzuordnen waren)
30 Augenlid (Kurzform)
31 Öffnung, Mund, z. B. vaginal … (Scheidenmund)
33 Knochenbruch (Abkürzung)
35 Magen-Darm-Heilkunde (Abkürzung)
36 Heiserkeit
39 Brennpunkt, Herd, Krankheitsherd
40 Erster schräger Durchmesser (Fechterstellung, Abkürzung)
41 Dezibel (Einheitenzeichen)
43 Ernährung über den Darm (Abkürzung)
44 Markhirn (Medulla oblongata)
48 Durchsickern, ausschwitzen, z. B. her courage ...d away (ihr Mut schwand dahin)
49 Gemeinsam, z. B. … carotid artery
51 Endomyokardfibrose (Abkürzung)
52 Lungenfunktionstest (Abkürzung)
53 Mark der Nervenscheiden
55 (Steck-)Nadel, anheften, befestigen, Knochennagel, Zahnstift
56 Zentralbehörde für das Arzneimittelwesen der USA (Abkürzung)
57 Orale Rehydratationslösung (Abkürzung)
58 Interessierender Bereich (Abkürzung)
59 So, ebenso, wie, z. B. just … good (ebenso gut)
60 Unspezifische Urethritis (Abkürzung)
61 Ehrfurcht, Scheu
62 Ganzheitlich, z. B. … medicine
63 Zweieiig (Abkürzung)
64 Weh, Leid, Kummer, z. B. tale of … (Leidensgeschichte), …ful (jammervoll, erbärmlich)
65 T-Rohr
66 Wenige, z. B. every … days (alle paar Tage)
70 Streustrahlung

Senkrecht:

1 Seitliche Achsellymphknoten
2 Überdosis, überdosieren
3 Prostataspezifisches Antigen (Abkürzung)
4 Eileiterfehlgeburt
5 Eiteransammlung
6 Rotes Blutkörperchen
7 (Aus Arzt-Patient-Gespräch:) Lockern Sie sich (lassen sie sich los)!
8 Angeboren, z. B. … immunity
9 (Aus Arzt-Patient-Gespräch:) Wir sind im Gange, einen Kaiserschnitt vorzunehmen (we are …)
12 (Aus Arzt-Patient-Gespräch:) Worüber haben sie kleine Meinungsverschiedenheiten?
13 Illegal erworbene psychotrope Stoffe (Slang)
25 Motorisches Sprachzentrum
29 Tödliche Dosis (Abkürzung)
32 Sein, ihr, dessen, deren, z. B. the hospital and … staff (das Krankenhaus und sein medizinisches Personal)
34 Fieber (speziell bei Malaria)
36 Von gleichartiger Beschaffenheit
37 Auge
38 Subdurales Hämatom (Abkürzung)
42 Bucht, Lücke, Lorbeer, bellen, z. B. … sickness (Haffkrankheit)
45 Kompliziert
46 Lichtscheu
47 Nein, z. B. … code (Hinweis in Krankenakte, dass kein Wiederbelebungsversuch unternommen werden soll)
50 Myokardfibrose (Abkürzung)
53 Ahorn, z. B. … syrup urine disease (Ahornsirupkrankheit)
54 Lust, sinnliche Begierde, z. B. … for life (Lebensgier)
59 Aussehen, Anblick, z. B. serious in … (mit ernster Miene)
67 Sehschärfe (Abkürzung)
68 Brom (Elementsymbol)
69 Internationales Einheitensystem (Abkürzung)

56

1
2
3
4
5
6
7
8
9
10
11
12
13
14
15
16
17
18
19
20
21
22
23
24
25
26
27
28
29
30
31
32
33
34
35
36
37
38
39
40
41
42
43
44
45
46
47
48
49
50
51
52
53
54
55
56
57
58
59
60
61
62
63
64
65
66
67
68
69
70

57

Waagerecht:

1 (Aus Arzt-Patient-Gespräch:) Ich werde Ihnen eine Injektion verabreichen (I am going to …
9 Tropisch, z. B. … medicine (Tropenmedizin)
13 Schulden, schuldig sein, z. B. to this circumstance she …s her life (diesem Umstand verdankt sie ihr Leben)
15 Aufenthaltsdauer (Abkürzung)
16 Dopamin (Abkürzung)
17 Erster Hirnnerv
19 Immunglobulin auf Mastzellen und Basophilen
20 Honorar, Vergütung, z. B. doctor's … (Arztrechnung)
21 Multiple endokrine Adenomatose (Abkürzung)
23 Flügel, z. B. greater/lesser … (großer/kleiner Keilbeinflügel), … of ilium (Darmbeinschaufel)
24 Vorhof-Kammer-Block (Abkürzung)
25 Harn- und Geschlechtsorgane (Abkürzung)
26 Nach oben, aufwärts, z. B. from my youth … (von Jugend an), what are you … to? (was haben Sie vor)
27 Fettgewebe
29 Schlimm, schlecht, krank, z. B. to be taken … (krank werden)
31 (Aus Arzt-Patient-Gespräch:) Wie ist dies geschehen?
33 Tropenmedizin (Abkürzung)
34 Stahl, stählern, z. B. to … oneself against (sich gegen etwas wappnen)
35 Rechtsherzversagen (Abkürzung)
36 Zittern, z. B. resting … (Ruhezittern), intention ... (Zittern bei zielgerichteten Bewegungen)
39 Örtliche Betäubung (Abkürzung)
41 Atemgeräusche (Abkürzung)
42 Eileiterunterbindung
46 Selbe(r), gleich, z. B. … procedure as (gleiches Vorgehen wie)
47 Ateminsuffizienz (Abkürzung)
48 Scheide, z. B. tendon … (Sehnenscheide)
49 Regelmäßig wiederkehrend, z. B. … breathing (Cheyne-Stokes-Atmung)
51 Falle, einfangen, z. B. en…ment (Einklemmung)
53 Darm-zu Darm-Vereinigung (Abkürzung)
54 Ende, z. B. to fight to the bitter …
55 Fleck, Makel, z. B. hereditary … (erbliche Belastung)
57 Zischend, z. B. … rale (pfeifendes Atemgeräusch)
58 Gliedmaße
59 Trikuspidalinsuffizienz (Abkürzung)
61 Gesäß. Steiß, z. B. ... bone (Steißbein, ugs.), ... steak,
64 Entzündung der Hirn- und Rückenmarkshäute (Abkürzung)
66 Sekundärstrahlung

Senkrecht:

1 (Aus Arzt-Patient-Gespräch:) Bekommen Sie Hitzewallungen und Schweißausbrüche? (do you …)
2 Schwangerschaft außerhalb der Gebärmutter (Abkürzung)
3 Das Hinterhaupt betreffend (Abkürzung)
4 Milliardstel Gramm (Einheitenzeichen)
5 Japan-B-Enzephalitis (Abkürzung)
6 Kollege, Mitarbeiter
7 Einatmung
8 Wortlose Verständigung, Gebärdensprache
10 Unverträglich
11 Lärm, Aufheben (much … about nothing, Shakespeare)
12 Groß, z. B. … for gestational age infant (Riesenbaby)
14 (Aus Arzt-Patient-Gespräch:) Wann war das?
18 Floh
21 Mittelfuß
22 Entzündungshemmend
28 Uridinmonophosphat (Abkürzung)
30 Thymus, Bries (ugs.)
32 Konzentrationsangabe in millionstel Teilen (Abkürzung)
37 Heben, z. B. to … one's eyes (aufblicken)
38 Knochen bildende Zelle
40 Englische Biersorte
43 Barium (Elementsymbol)
44 Richtung bestimmen, sich orientieren, z. B. psychology-…ed research (psychologisch ausgerichtete Forschung)
45 Platz, Posten, z. B. first-aid … (Rettungsstation)
50 Rippen
51 Schienbein
52 Radon (Elementsymbol)
56 Nebennierenmark (Abkürzung)
57 Leib, Körper (als Gegensatz zu Psyche)
60 Technecium (Elementsymbol)
62 Unbedingter Reflex (Abkürzung)
63 Peritonealdialyse (Abkürzung)
64 Karzinom (Abkürzung)
65 Myokardinfarkt (Abkürzung)

57

1 2 3 4 5 6 7 8
9 10 11 12 13 14 15
16
17 18 19
20 21 22 23 24
25
26 27 28 29
30
31 32
33
34 35 36 37 38
39 40
41 42 43 44
45 46 47
48 49 50
51 52 53
54 55 56 57
58 59
60 61 62 63 64 65
66

58

Waagerecht:

1 (Aus Arzt-Patient-Gespräch:) War das Blut hell oder dunkelfarbig? (was the blood …)
8 Follitropin (Abkürzung)
10 Freiwillig, z. B. … death (Freitod)
14 Unser
15 Geboren (Perfekt von bear)
16 Physiker
18 „Nichts durch den Mund" (Nüchternvorschrift vor Eingriffen) (Abkürzung)
19 Blutung zwischen harter Hirnhaut und Schädeldach (Abkürzung)
21 Hypertrophie der rechten Herzkammer (Abkürzung)
22 Undurchsichtig, z. B. … meal (Kontrastmittelmahlzeit)
23 Perkutane transluminale koronare Angioplastie (Abkürzung)
24 Aufwecken, erwachen
25 Strahlentherapie (Abkürzung)
26 Notaufnahmeraum (Abkürzung)
27 Acetylsalicylsäure (Abkürzung)
28 Fünftagefieber (Wolhynisches Fieber, Rickettsiose)
29 Zerfall, Zersetzung, z. B. … product
30 Rechte untere Extremität (Abkürzung)
31 Empfohlene Nährstoffzufuhr (Abkürzung)
33 Kardiovaskuläre Insuffizienz (Abkürzung)
34 Sinusknotensyndrom (Abkürzung)
35 Nervenschmerz
37 Myeloblastenleukämie (Abkürzung)
38 Cholinesterase (Abkürzung)
39 Hauptsächlich, Haupt-, z. B. … portal fissure (Leberhauptspalte)
41 Nekrotisierende (pseudomembranöse) Enterokolitis (Abkürzung)
42 Kahnbein (des Fußes)
43 Rezeptfrei (Abkürzung)
44 Morbus haemolyticus neonatorum (Abkürzung)
45 Wärmebehandlung
48 Rechter Vorhof (Abkürzung)
50 Die Vorsteherdrüse betreffend, z. B. … tuberculosis
51 Mark, z. B. … oblongata (verlängertes Mark)
52 Normalsichtigkeit (Abkürzung)
53 Blausucht, bläuliche Hautverfärbung
54 Kieferreflex (Abkürzung)
55 Schleimstoff
56 Isonicotinsäurehydrazid (Abkürzung)
58 Tante
60 Zinn (Elementsymbol)
61 Immunglobulin D (Abkürzung)
62 Nicken, z. B. …ding spasm (Nickkrampf)
63 Kritisch prüfen, scharf ansehen, (mit Strahl) abtasten, z. B. …ning electron microscope (Rasterelektronenmikroskop)
65 Samenkanälchen

Senkrecht:

1 (Aus Arzt-Patient-Gespräch:) Bekommen Sie Schmerzen vor oder während der Monatsblutungen? (do you get pain …)
2 (Aus Arzt-Patient-Gespräch:) Hatten Sie je Brustschmerz?
3 Zahnheilkunde
4 Nierentubulusacidose (Abkürzung)
5 Knorpelig
6 Kehlkopfkrebs
7 Hinter dem Rachen gelegene Lymphknoten
9 Pilzfaden
11 Syphilitisch, z. B. … aortitis
12 Rubidium (Elementsymbol)
13 (Aus Arzt-Patient-Gespräch:) Sie haben ein Gelenk verrenkt
17 Großes Vieleckbein
20 Diphtherie-Keuchhusten-Wundstarrkrampf(-Impfstoff) (Abkürzung)
23 Spitze, Gipfel, Höhepunkt, z. B. … concentration
28 Häufigkeit
29 Auflösen
32 Vergrößerung, Zunahme
33 Kettenreaktion
36 Intraarteriell (Abkürzung)
40 Natrium (Elementsymbol)
46 Notiz (ugs.)
47 Afterkanal
49 Hauptteil der oberen Gliedmaße
53 Zauber, Liebreiz, z. B. … away (wegzaubern)
55 Schlamm, z. B. … bath (Schlammbad)
57 Neugeborenenintensivstation (Abkürzung)
59 Bestrahlung des gesamten lymphatischen Systems (Abkürzung)
60 Sie, weibliches Wesen, z. B. is the child a he or a …? (ist das Kind ein Knabe oder ein Mädchen)
63 Entfernung von Eileiter und Eierstock (Abkürzung)
64 Verdauungsorgane (Abkürzung)

58

59

Waagerecht:

1 (Aus Arzt-Patient-Gespräch:) Benutzen Sie ein Hörgerät?
10 Fieber unbekannter Ursache (Abkürzung)
11 Führer, Chef, Leiter, z. B. … surgeon
13 Diphtherie, Wundstarrkrampf und Keuchhusten (Abkürzung)
15 Biene
16 In Richtung einer Achse
17 Beginnend, z. B. … dental caries
18 Einpflanzen, z. B. Hüftprothese
19 Flüssigkeitsansammlung in Körperhöhlen, Wassersucht
21 Rechter Oberarm (Abkürzung)
22 Mütze, Kappe, Haube
23 Atemzentrum (Abkürzung)
24 Chronisch-entzündliche Erkrankung mit den Leitsymptomen Hypopyon, Aphthen auf Mund und Genitalschleimhaut sowie Hautknoten am Unterschenkel (Eponym)
30 Einheit, z. B. international … (internationale Einheit)
31 Ytterbium (Elementsymbol)
32 Magnetoenzephalographie (Abkürzung)
34 Mit siedendem Wasser hergestellter Aufguss aus getrockneten Pflanzenteilen
35 Schinken, Hinterbacke
36 Vorzeitig alternd, z. B. … dementia (Alzheimer-Krankheit)
38 Rechter Brustbeinrand (Abkürzung)
39 Kurzbezeichnung für weiche Hirnhaut
40 Fetale Erythroblastose (Abkürzung)
41 Riesenbaby (Abkürzung)
42 Normaldruck-Wasserkopf (Abkürzung)
43 Orotsäure (Abkürzung)
45 Bindegewebiges Grundgerüst von Drüsen und Geschwülsten
46 Nachlast
47 Liegen, Lage, z. B. transverse … (Querlage [des Fetus])
48 Schusswunde (Abkürzung)
49 Schüttelfrost, Strenge, Starre, z. B. … mortis (Totenstarre)
50 Der Name des psychophysiologischen Trainingssystems bedeutet im Sanskrit „Anschirrung“
51 Morbus Alzheimer (Abkürzung)
52 Aorteninsuffizienz (Abkürzung)
53 Krampfaderbruch
57 Satz, Garnitur, Sammlung, z. B. … of teeth (Gebiss)
58 So, folgendermaßen, somit, z. B. … far (soweit, bis jetzt)
60 Ausscheiden
61 Narbe, Schramme
62 Scheidenspülung (Abkürzung)
63 Nein
65 Gewebelehre
68 Knorpel
69 Erythema nodosum (Abkürzung)
70 Guter Ernährungszustand (Abkürzung)
71 Maligne Hyperthermie (Abkürzung)
73 Ringer-Lösung (Abkürzung)
74 Zerhacken, in kleine Stücke schneiden, z. B. … meat (Hackfleisch)
77 Kehldeckelknorpel

Senkrecht:

1 (Aus Arzt-Patient-Gespräch:) Schmerzt es, wenn ich hier drücke?
2 Unverbessert, nicht gebessert
3 Auswurffraktion (Abkürzung)
4 Ohrtrompete
5 Heiß, z. B. … bath (heißes Bad, Bad mit allmählichem Temperaturanstieg über 40 °C)
6 Netzhautentzündung
7 Frau, die noch nie ein lebendes Kind geboren hat
8 Krankenwagen
9 (Aus Arzt-Patient-Gespräch:) Breitet es sich sonst noch irgendwohin aus?
11 Vollständiges Blutbild (Abkürzung)
12 (Aus Arzt-Patient-Gespräch:) Ist Ihnen Übel bevor Sie erbrechen? (do you …)
14 Entzündung aller drei Wandschichten des Herzens
20 Diagnose (Abkürzung)
25 Sinusknoten (Abkürzung)
26 Es, z. B. how is … with your promise? (wie steht es mit Ihrem Versprechen)
27 Endokardfibroelastose (Abkürzung)
28 Pulskurve (Abkürzung)
29 Lymphgefäßentzündung
32 Psychische Störung, Geisteskrankheit
33 Rinne, Furche, z. B. … for ulnar nerve (Sulcus nervi ulnaris)
34 Dauerhafte Hautkapillarenerweiterung
36 Geburtsvorgang
37 Siegel, sicherer Verschluss, verschließen, z. B. …ed source (eingekapselte Strahlenquelle)
44 Leichnam
51 Kampfplatz, Sporthalle, Schauplatz
52 Akuter Verwirrungszustand (Abkürzung)
54 Antigen (Abkürzung)
55 Computertomographie (Abkürzung)
56 Örtliche Betäubung (Abkürzung)
59 Seufzen, tief atmen
64 Zotten, z. B. intestinal … (Darmzotten)
66 Besichtigung (Abkürzung)
68 Feiner Zweig (eines Gefäßes oder Nervs)
72 Nervöse Muskelzuckung, z. B. … douloureux
74 Mitralinsuffizienz (Abkürzung)
75 Kern (Abkürzung)
76 Soorerreger (Abkürzung))

59

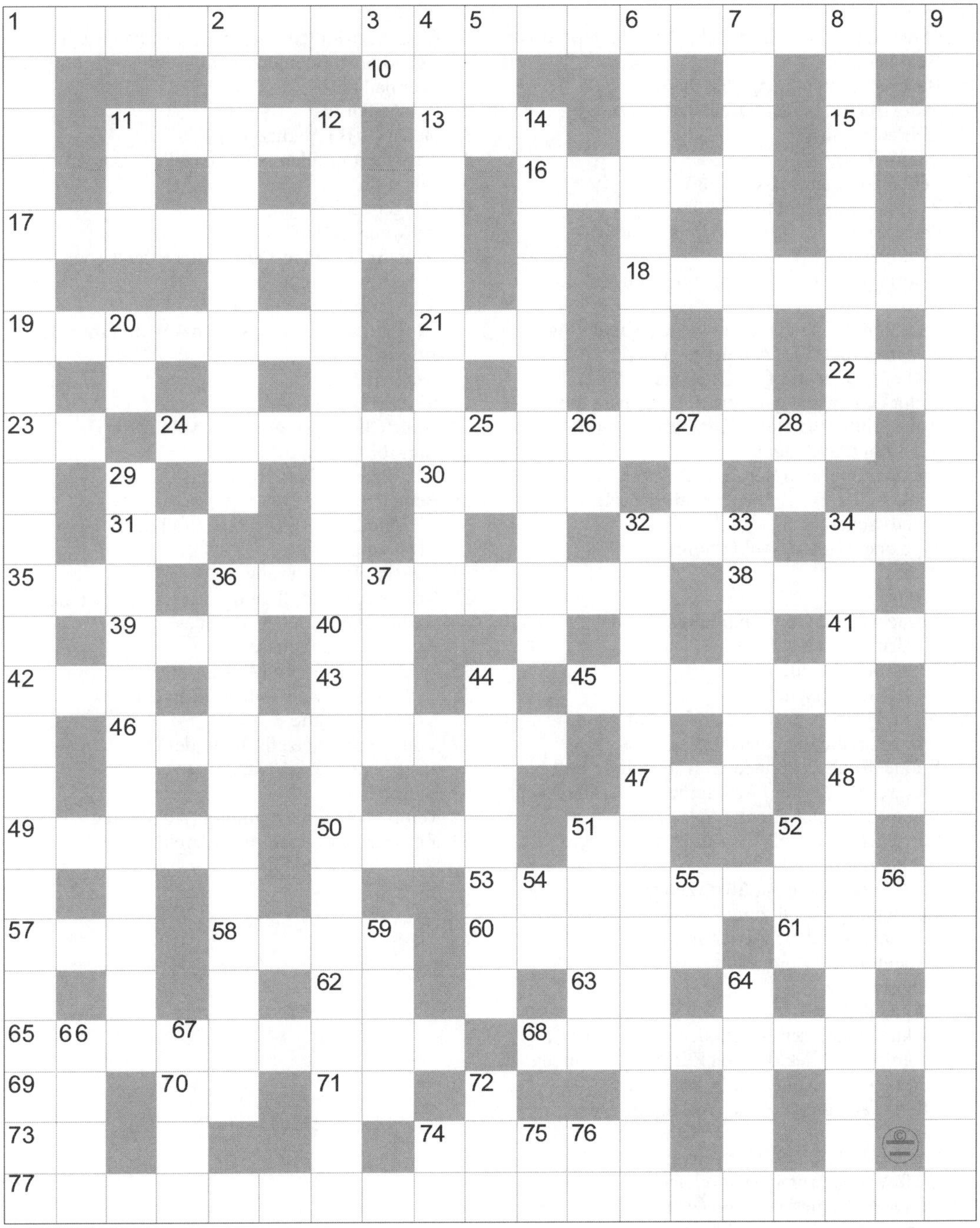
1 2 3 4 5 6 7 8 9
10
11 12 13 14 15
16
17
18
19 20 21
22
23 24 25 26 27 28
29 30
31 32 33 34
35 36 37 38
39 40 41
42 43 44 45
46
47 48
49 50 51 52
53 54 55 56
57 58 59 60 61
62 63 64
65 66 67 68
69 70 71 72
73 74 75 76
77

60

Waagerecht:

1 (Aus Arzt-Patient-Gespräch:) Bitte halten Sie Ihr Bein hoch!
9 Beatmung mit atmosphärischem endexspiratorischem Druck (Abkürzung)
10 Muskelschwäche
13 Zahnschmerz
14 Schlagvolumen (Abkürzung)
15 Zwischenrippenraum (Abkürzung)
17 Paroxysmale nächtliche Hämoglobinurie (Abkürzung)
18 (Chirurgische) Entfernung eines (Organ-)Lappens
20 Infektion der oberen Atemwege (Abkürzung)
21 Nebennierenrinde (Abkürzung)
22 Eiche, z. B. heart of ... (Eichenkernholz)
23 Unter dem Nagel gelegen, z. B. ... hematoma
25 Rotes Blutkörperchen (Kurzbezeichnung)
27 Ribosom (Abkürzung)
29 Immunglobulin in Serum und Sekreten
30 Schlüssel, z. B. ... event (Schlüsselerlebnis)
31 Grind, Schorf
33 Myeloperoxidase (Abkürzung)
36 Alter
37 Tripper
39 Besitzen, eigen, z. B. name your ... day (setzen Sie den Tag selbst fest)
40 Menschen, Männer
41 Zink (Elementsymbol)
42 Allzu, überaus, z. B. it is ... kind of you (Sie sind sehr freundlich/liebenswürdig)
43 Kanne, Büchse, können, z. B. I shall do all I ... (ich werde alles tun, was in meinen Kräften steht)
44 Vorhof-Kammer-Block (Abkürzung)
46 Für sein (Schwangerschafts-)Alter zu klein (Abkürzung)
47 Säurefester Bacillus (Abkürzung)
48 Neubildung (Abkürzung)
49 Wöchnerin und Neugeborenes in einem gemeinsamem Zimmer
50 Zahnschmelz
51 Bequemlichkeit
52 Elektrisch geladenes Teilchen, das aus einem Atom oder Molekül durch Zufuhr oder Entzug von Elektronen entsteht
54 Thymusabhängige Zone (Abkürzung)
55 Zinn
56 Schlag, Anfall, z.B. Hirnschlag
57 Tiefe Venenthrombose (Abkürzung)
58 Butanolextrahierbares Iod (Abkürzung)
59 Verstärkte Atmung (Abkürzung)
60 Herabhängen des Oberlids, Lidlähmung
62 Vor (nachgestellt), z. B. two month ...
64 Überzählige Brustwarze

Senkrecht:

1 (Aus Arzt-Patient-Gespräch:) Hatten Sie je irgendeinen Schmerz beim Stuhlgang? (do you ever had any ...)
2 Schweißdrüse
3 Hepatitis B (Abkürzung)
4 Testosteronbildende Hodenzelle (Eponym)
5 Ja
6 Lungenegel
7 Schwangerschaft
8 (Aus Arzt-Patient-Gespräch:) Bitte drehen Sie sich auf ihre linke Seite!
9 Abnorme Angst vor Tieren
11 (Aus Arzt-Patient-Gespräch:) Waren Ihre Hände zitterig?
12 (Haut-)Bläschen
16 Verwirrung
19 Orale Cholezystographie (Abkürzung)
24 Harnröhrendrüsen
26 Rasselgeräusche (Abkürzung)
28 Beutel
32 Überbleibsel, Rest, z. B. ... radiation (Reststrahlung)
33 Geistige Behinderung
34 Vorübergehend, flüchtig, z. B. ... global amnesia (vorübergehender Ausfall des Kurzzeitgedächtnisses)
35 Qualitätssicherung (Abkürzung)
38 Örtlichen Gewebetod verursachen
45 Knochengewebe
47 Von der Stachelzellschicht der Oberhaut ausgehende Geschwulst
53 Blutpfröpfe
61 Temperatur, Puls, Atmung (Abkürzung)
63 Xeroderma pigmentosum (Abkürzung)

60

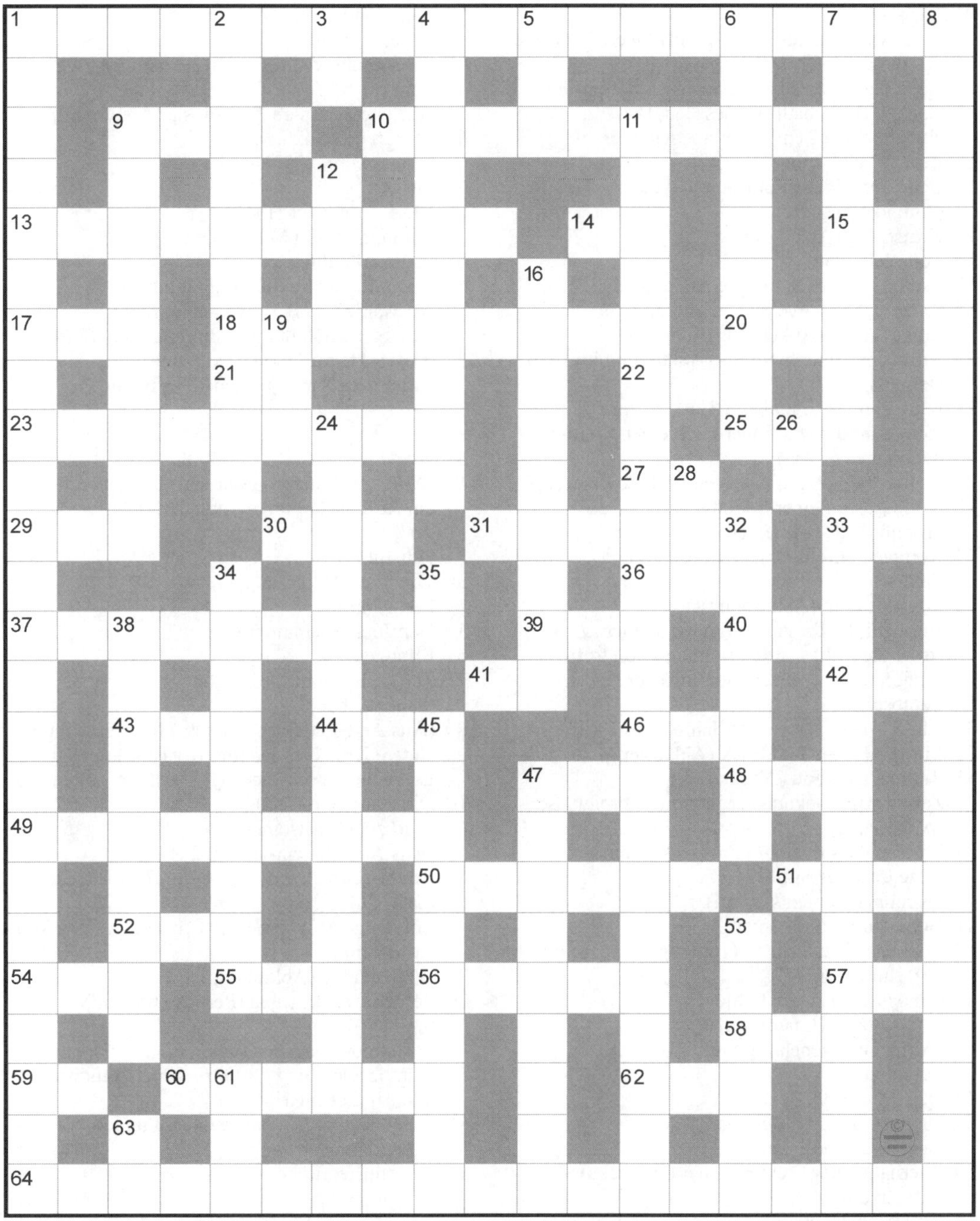
1
2
3
4
5
6
7
8
9
10
11
12
13
14
15
16
17
18
19
20
21
22
23
24
25
26
27
28
29
30
31
32
33
34
35
36
37
38
39
40
41
42
43
44
45
46
47
48
49
50
51
52
53
54
55
56
57
58
59
60
61
62
63
64

61

Waagerecht:

1 (Aus Arzt-Patient-Gespräch:) Bitte erzählen Sie mir davon!
9 Ausscheidung von Stoffwechselabfallprodukten
12 Heiß, z. B. … bath (heißes Bad, Bad mit allmählichem Temperaturanstieg über 40 °C)
13 Aorta (Abkürzung)
14 Code der Alphaaminosäure Glycin (Aminoessigsäure)
15 Hirnschlag (Abkürzung)
16 Zellschädigend
17 Papier, wissenschaftliche Abhandlung
18 Katze, z. B. to live like … and dog
19 Linkes Auge (Abkürzung)
20 Normaler Sinusrhythmus (Abkürzung im Ekg-Befund)
21 Laufen, rennen, fließen (Blut), z. B. to … a splinter into one's finger (sich einen Splitter in den Finger stoßen)
22 Aufnahme von radioaktivem Iod (Abkürzung)
23 Schlinge, mit einer Schlinge fangen, z. B. matrimonial ... (Ehejoch)
24 Komplementbindungstest (Abkürzung)
25 Zahnschmerz
26 Somatotropin (Abkürzung)
27 Vermerk, Notiz, zur Kenntnis nehmen, z. B. to strike the right … (den richtigen Ton treffen)
29 Sumpf, z. B. … fever (Sumpffieber, Leptospirose)
31 Alt, z. B. six years … (6 Jahre alt)
33 Mit normalem Blutdruck (Abkürzung)
35 Radioaktives Iod (Abkürzung)
36 Zahl der pro Sekunde registrierten Ereignisse (Abkürzung)
37 Intravenöses Pyelogramm (Abkürzung)
38 Pilze tötendes Mittel
40 Osmium (Elementsymbol)
41 Geburtshilfe (Abkürzung)
42 Tonne, z. B. metric … (1000 kg), long … (1016 kg), short … (907 kg)
44 (Knöcherne) Augenhöhle
45 Wohnsitz, z. B. permit of … (Aufenthaltsgenehmigung)
47 Krummdarm
49 Den After betreffend
50 Öl, z. B. olive … (Olivenöl)
51 Geschwulst erregend
54 Internationaler Freiname (bei Pharmaka) (Abkürzung)
55 Andere, z. B. every … day (jeden zweiten Tag)
56 Ich, Selbst (lat.), z. B. …centric (übertrieben selbstbezogen), …ism (Selbstsucht)
57 Auge
58 Renin-Angiotensin-System (Abkürzung)
59 Tetanusantitoxin (Abkürzung)
60 Ärger, Unwille
61 Seltsam, überzählig, z. B. … number (ungerade Zahl),
62 Höchste zulässige Tagesdosis (Abkürzung)
63 Menarche (Abkürzung)
64 Schusswunde (Abkürzung)
65 Speck
66 Nuss, vulgär für Hoden
67 Immunglobulin M (Abkürzung)
68 Faulen, Fäulnis, Verwesung
69 Austreibungsfraktion (Abkürzung)
70 Auswählen, z. B. …ive angiography (Röntgendarstellung bestimmter Gefäßbezirke)
71 Akuter Herzinfarkt (Abkürzung)
72 Unter dem Kinn gelegene Lymphknoten

Senkrecht:

1 (Aus Arzt-Patient-Gespräch:) Ich geben Ihnen ein Rezept für einige Tabletten (I'll give you a ...)
2 Fettstuhl
3 Thiamin (Abkürzung)
4 Lungenkrebs
5 Den Juckreiz mindernd
6 Ellbogen
7 Zäh, z. B. … of life (zählebig), …ness of life (zähes Leben)
8 (Aus Arzt-Patient-Gespräch:) Ich werde an das andere Krankenhaus (mit der Bitte) um Einzelheiten schreiben (I'll write to …)
10 Die Haut betreffend
11 Werkzeug, Instrument
12 (Aus Arzt-Patient-Gespräch:) Gab es Bluthochdruck in Ihrer Familie? (is there a history of …)
21 Empfang, Aufnahme, z. B. a cool … (eine kühle Aufnahme)
28 Wellenlänge (Abkürzung)
30 Perücke, z. B. …ged (Perücke tragend)
31 Stomaspülung
32 Selbstmord begehen (ugs.)
34 Kurzbezeichnung für Ohrtrompete (auditory …) und Eileiter (uterine …)
35 Gefäßnetz, z. B. … mirabile (Wundernetz)
39 Unverdaulich
43 Selbsthilfegruppe
46 Absonderung
48 Linker Vorhof (Abkürzung)
52 Afterspalte
53 Angeboren
70 Summe, Ergebnis, z. B. the … of experience (die Gesamtheit der Erfahrungen)

61

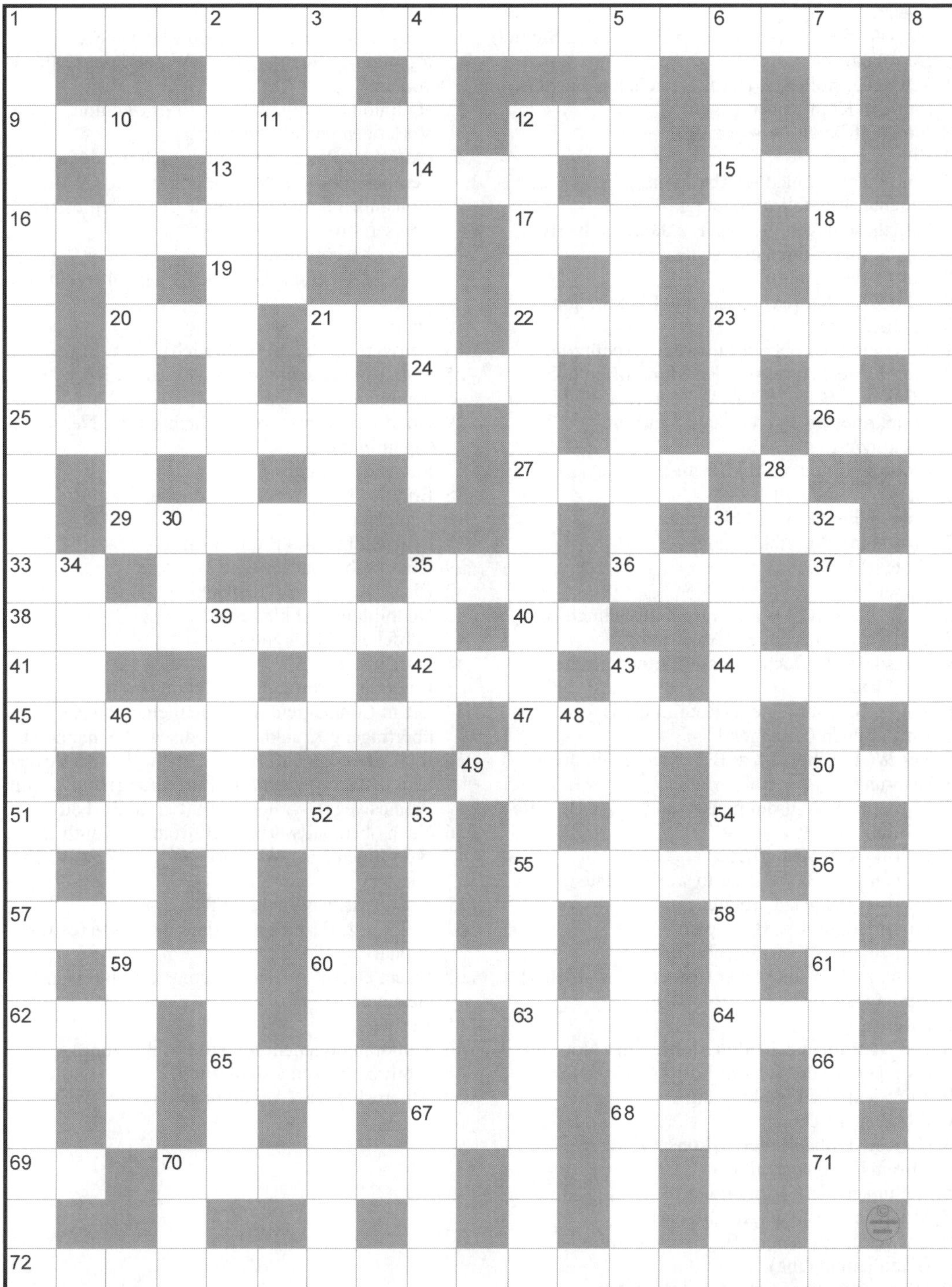

62

Waagerecht:

1 (Aus Arzt-Patient-Gespräch:) Bitte atmen Sie tief
9 Darmbein
11 Schlagen, stoßen, z. B. to … one's head against (mit den Kopf stoßen gegen)
12 Intraventrikulär (Abkürzung)
14 Ei
15 Epidurales Hämatom (Abkürzung)
16 Feuchte Brustfellentzündung
17 Schlag, schlagen, Schlager, z. B. she's badly … (es hat sie schlimm erwischt)
18 Harn (Abkürzung)
19 Neurozirkulatorische Asthenie (Abkürzung)
20 Sonnenbrand
21 Verlegung der oberen Luftwege (Abkürzung)
22 Zum Erbrechen reizen, den Mund offen halten, würgen, z. B. … reflex (Würgereflex)
23 Endokrines polyglanduläres Syndrom (Abkürzung)
24 Prothrombinratio (Abkürzung)
25 Starker Mundgeruch
26 Osteoradionekrose (Abkürzung)
27 Lungeninfarkt (Abkürzung)
28 (Toten-)Bahre
30 Samenbank
32 Tatsache, z. B. it is a … (es ist tatsächlich so)
33 Therapeutischer Index (Abkürzung)
34 Künstliche Befruchtung mit Partnersperma (Abkürzung)
36 Rot, z. B. … blindness (Rotblindheit)
37 Am falschen Ort liegend
40 Zur Wade gehörend, z. B. … nerve (Wadennerv)
41 Eisprung
43 Mitte (in Wortzusammensetzungen), z. B. …line (Mittellinie)
44 Chirurgischer Eingriff
46 Gewohnt, z. B. she is … to working late (sie ist gewohnt, lange zu arbeiten)
49 Stumpf, dumpf, z. B. … pain
50 Ruthenium (Elementsymbol)
51 Ratte, z. B. …-bite fever (Rattenbisskrankheit)
52 Schlafwandeln
55 After
58 Die Natriumausscheidung förderndes Hormon (Polypeptid) der Herzvorhöfe (Abkürzung)
59 Kurzsichtigkeit (Abkürzung)
60 Plötzlicher Schmerz
63 (Leiche) einbalsamieren, konservieren
64 Chrom (Elementsymbol)
65 Geburtsgewicht (Abkürzung)
67 Mandelentfernung (Abkürzung)
68 Entwerfen, planen, z. B. ...ned parenthood (Familienplanung)
70 Hörprüfung mit Stimmgabel (Eponym)

Senkrecht:

1 (Aus Arzt-Patient-Gespräch:) Haben Sie irgendeinen Schmerz beim Wasserlassen? (have you any ...)
2 Halbmondförmig, z. B. … folds of colon
3 Verlangen nach Zuwendung
4 (Aus Arzt-Patient-Gespräch:) Ich werde jetzt Ihre Temperatur messen (I am going to …)
5 Von außen hervorgerufen, z. B. … depression
6 Speiseröhre
7 Fieber hervorrufend
8 (Aus Arzt-Patient-Gespräch:) Sie haben ein Band gezerrt
10 Darm
13 Zeitwort, z. B. ...al (mündlich)
25 Schauspielerisch, theatralisch, affektiert, z. B. … personality
29 Oberkiefernerv (zweiter Hauptast des Nervus trigeminus)
31 Passend, treffend
35 Ernte, z. B. … fever (Erntefieber = Feldfieber, Leptospirose)
38 Brücke (Teil des Rautenhirns)
39 Übertragbar, ansteckend
42 Eis, z. B. … pack (Eispackung)
45 Neubildung (Abkürzung)
47 Zäpfchen (Abkürzung)
48 Durchmesser
53 Enterale Ernährung (Abkürzung)
54 Ort in Connecticut, nach dem eine von Zecken übertragene Krankheit (… disease) benannt ist
55 In, an, bei, zu, auf, z. B. … work (bei der Arbeit), … a distance (in einiger Entfernung), not … all (keineswegs), … her death (bei ihrem Tod)
56 Nach oben, aufwärts, z. B. from my youth … (von Jugend an), what are you … to? (was haben Sie vor)
57 Sack, z. B. lacrimal … (Tränensack)
61 Auf, an, z. B. once … a time there was (es war einmal)
62 Eisen, eisern, z. B. an … constitution (eiserne Gesundheit)
65 Verbieten
66 Tumorangiogenenesefaktor (Abkürzung)
68 Prothrombinzeit (Abkürzung)
69 Atherosklerose (Abkürzung)

62

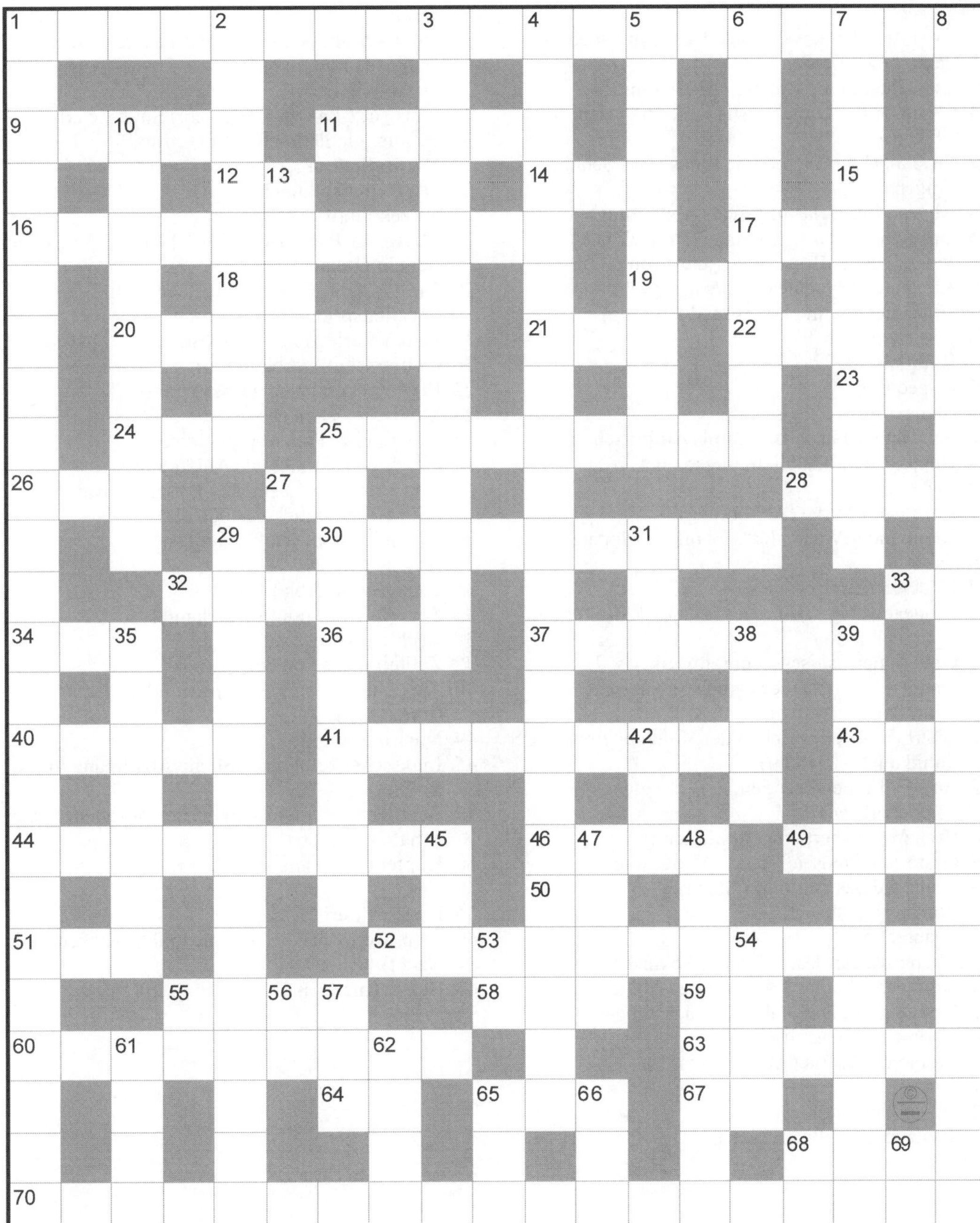
1 2 3 4 5 6 7 8
9 10 11
12 13 14 15
16 17
18 19
20 21 22
23
24 25
26 27 28
29 30 31
32 33
34 35 36 37 38 39
40 41 42 43
44 45 46 47 48 49
50
51 52 53 54
55 56 57 58 59
60 61 62 63
64 65 66 67
68 69
70

63

Waagerecht:
1 (Aus Arzt-Patient-Gespräch:) Wann haben Sie damit begonnen?
9 Reflexhemmungsmuster (Abkürzung)
11 Sagen, z. B. people … she is ill (man sagt, dass sie krank sei)
12 Ihr, ihre (Plural), z. B. … shoes (ihre Schuhe)
13 Fragen
14 Abgestufter Belastungstest (Abkürzung)
15 Dreieckig, z. B. … bandage (Dreiecktuch)
16 Jeder, jede, z. B. … of us (jeder von uns)
17 Karzinoembryonales Antigen (Abkürzung)
19 Untersuchung in Narkose (Abkürzung)
20 Ersticken
21 Kalbfleisch
23 Ungeduldig
24 Maus
26 Schwung, Elan, z. B. … pill (Aufputschmittel)
27 Unpassend, untauglich, ungeeignet
29 Zehe
31 Karotispulskurve (Abkürzung)
32 Kleinkind („Watschler", 12 bis 36 Monate alt)
35 Faser
37 Hodensackkrebs
40 Bindegewebige Hülle des Eierstockfollikels, z. B. … cell tumor
41 Grau (amerikanische Schreibweise), z. B. … matter = … substance (graue Substanz im Zentralnervensystem)
42 Quart (Einheitenzeichen der Volumeneinheit, US liquid quart = 946 ml)
43 Auf die Lippen bezogen, z. B. … glands (Lippendrüsen)
46 Grenzwerthypertonie (Abkürzung)
48 Gestörte Glucosetoleranz (Abkürzung)
49 Vollständiges Blutbild (Abkürzung)
51 Blähung, Gasbauch
52 Sodbrennen
53 Oberer Magen-Darm-Trakt (Abkürzung)
54 Supraventrikuläre Tachykardie (Abkürzung)
57 Meinung, Stellungnahme (Abkürzung)
58 Vorlast, enddiastolische Kraft
59 Glomerulusfiltrat (Abkürzung)
61 Zugang
62 Inosin (Abkürzung)
63 Kreuzbein-Steißbein-Gelenk

Senkrecht:
1 (Aus Arzt-Patient-Gespräch:) Liefen die Geburten normal ab?
2 Desinfizieren
3 (Aus Arzt-Patient-Gespräch:) Sind Sie erkältet?
4 Stamm, eindämmen, (Blut) stillen
5 Vorhofflattern
6 Oberschenkelknochen
7 Hitzekrampf
8 (Aus Arzt-Patient-Gespräch:) Atmen Sie einmal tief ein und aus!
10 Grundsatz, Leitsatz, z. B. … of reality (Realitätsprinzip)
12 Durch Verletzung ausgelöst, z. B. … psychosis
18 Gefrierschnitt (Abkürzung)
22 Erythema nodosum (Abkürzung)
24 Magisches Denken
25 Ambulanter Patient (Abkürzung)
28 Geschlechtskrankheit (Abkürzung)
30 Den Ultraschall betreffend, z. B. … wave (Ultraschallwelle, > 20000 Hz)
33 Operationssaal (Abkürzung)
34 (Er, sie es) liegt
35 Fibronectin (Abkürzung)
36 Sein (to … or not to …, Hamlet)
38 Rechte Lunge
39 Zellteilungshemmend
40 Zug, Nervenbahn, z. B. pyramidal … (Pyramidenbahn)
44 Niedrige Atemfrequenz
45 Linksschenkelblock (übliche Abkürzung in Ekg-Befund)
47 Befangen, (Statistik) mit systematischem Fehler behaftet, verzerrt
50 Kupfer (Elementsymbol)
55 Bett
56 Kugelbakterien
60 Fern, weit, z. B. … into the night (bis weit in die Nacht)
61 Bogen (mathematisch, technisch)

63

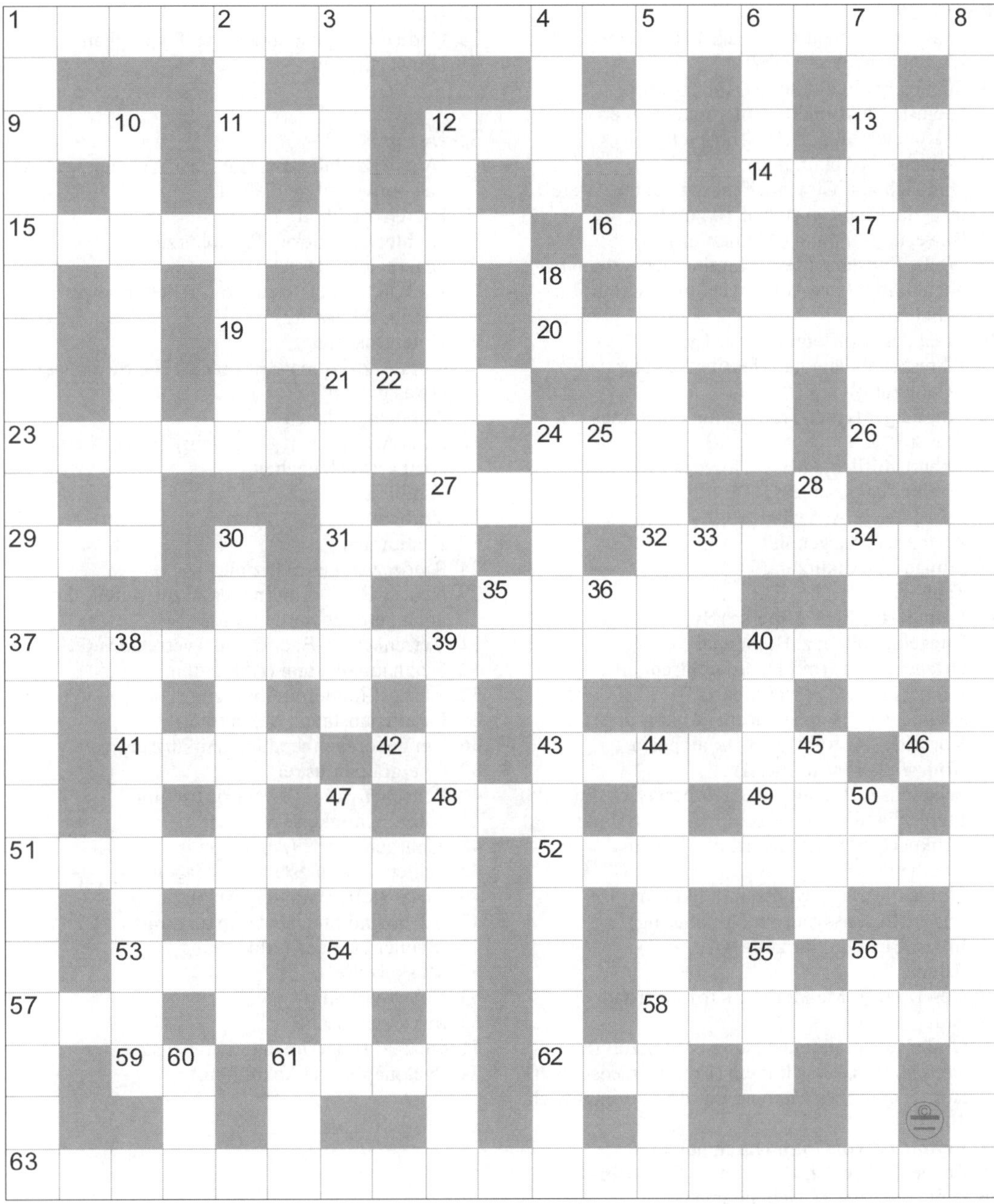

64

Waagerecht:

1 (Aus Arzt-Patient-Gespräch:) Um welche Art Husten handelt es sich?
11 Subarachnoidalblutung (Abkürzung)
12 Kleinste funktionelle Untereinheit einer Polynucleotidkette (Basentriplett)
13 Metatarsal (Abkürzung)
14 Ungleichheit, Gewinnchance, z. B. the … are 10 to 1 (die Chancen stehen 10 zu 1)
16 Bewegungsapparat (Abkürzung)
17 Weiße Substanz (des Zentralnervensystems)
19 Nicht durch Gonokokken bedingte Urethritis (Abkürzung)
20 Code der Alphaaminosäure Lysin
21 Jahreszeitabhängige affektive Störung (Abkürzung)
22 Empfänger (einer Transfusion oder eines Transplantats)
23 Geburtshilflich, z. B. … forceps (Entbindungszange)
25 Fahrt, Trieb, Antrieb
26 Zerfressen, ausgehöhlt
27 Sinuatrial (Abkürzung)
28 Taubheit
30 Formbeständiges disperses System
32 Runzeln, Falten, z. B. vaginal …
34 Offene Wunde (mit Hautdurchtrennung)
37 Beuger, z. B. … carpi ulnaris
38 Zollinger-Ellison-Syndrom (Abkürzung)
42 Vorzeitig, verfrüht, z. B. … alopecia (frühzeitiger Haarausfall)
46 Schaden, z. B. bodily … (Körperverletzung)
49 Lungenkapillaren-Verschlussdruck (Abkürzung)
50 Artikel (Geschlechtswort, der, die das)
51 Oberhaut
54 Sturzentleerungssyndrom (Abkürzung)
55 Postperfusionssyndrom (Abkürzung)
56 Infrarotlicht (Abkürzung)
57 Allein
58 Gesetz, z. B. Mendel's …s (of inheritance)
59 Blut
60 Orale Rehydratationslösung (Abkürzung)
61 Irren, z. B. to … is human (irren ist menschlich)
62 Bor (chemisches Element mit dem Atomgewicht 10,8)
64 Erythrozyt von 7 µm Durchmesser
65 Fliegen, Fliege, z. B. … bites (Fliegenbisse)
66 Geborene (vor Mädchennamen)
67 Leben, z. B. it is a matter of … and death (es geht um Leben und Tod)
68 Digitale Subtraktionsangiographie (Abkürzung)
69 Nicht, z. B. … a few (nicht wenige), … otherwise specified (nicht näher bezeichnet)
70 Reizdarmsyndrom (Abkürzung)
72 Bier
73 Code der Alphaaminosäure Tryptophan
75 Blutaustausch

Senkrecht:

1 (Aus Arzt-Patient-Gespräch:) Welcher Art war das schwindelige Gefühl?
2 Nierenkrankheit
3 Nichteiweißstickstoff (Abkürzung)
4 Osmotischer Druck
5 Dick, fett, z. B. to run to … (Fett ansetzen)
6 Kind (Abkürzung)
7 Unterernährung
8 (Aus Arzt-Patient-Gespräch:) Hat Sie sonst noch etwas gestört?
9 Anregen, beleben
10 (Aus Arzt-Patient-Gespräch:) Dies ist keine ernste Angelegenheit
12 Kindheit
15 Vorhaut
18 Zustimmen
24 Rinderwahn (Abkürzung)
29 Neu, z. B. … drug (neues Arzneimittel, das erst noch getestet werden muss)
31 Verrenken, z. B. …d joint (verrenktes Gelenk)
32 Netzhautablösung (Abkürzung)
33 Vorhofflimmern (Abkürzung)
35 Pupillenabstand (Abkürzung)
36 Neugeborenenhepatitis (Abkürzung)
39 Obergrätenmuskel
40 Peitschenwurm (Trichuris trichiura)
41 Alterssichtigkeit
43 Mehrgebärende (Abkürzung)
44 Fehlen von Salzsäure im Magensaft
45 Gesamtkörperwasser (Abkürzung)
47 Adenosindiphosphat (Abkürzung)
48 Magnetresonanz (Abkürzung)
52 Muskelzelle
53 Nebenwirkung
63 Rasselgeräusche
71 Sack, z. B. lacrimal … (Tränensack)
74 Pyelonephritis (Abkürzung)

64

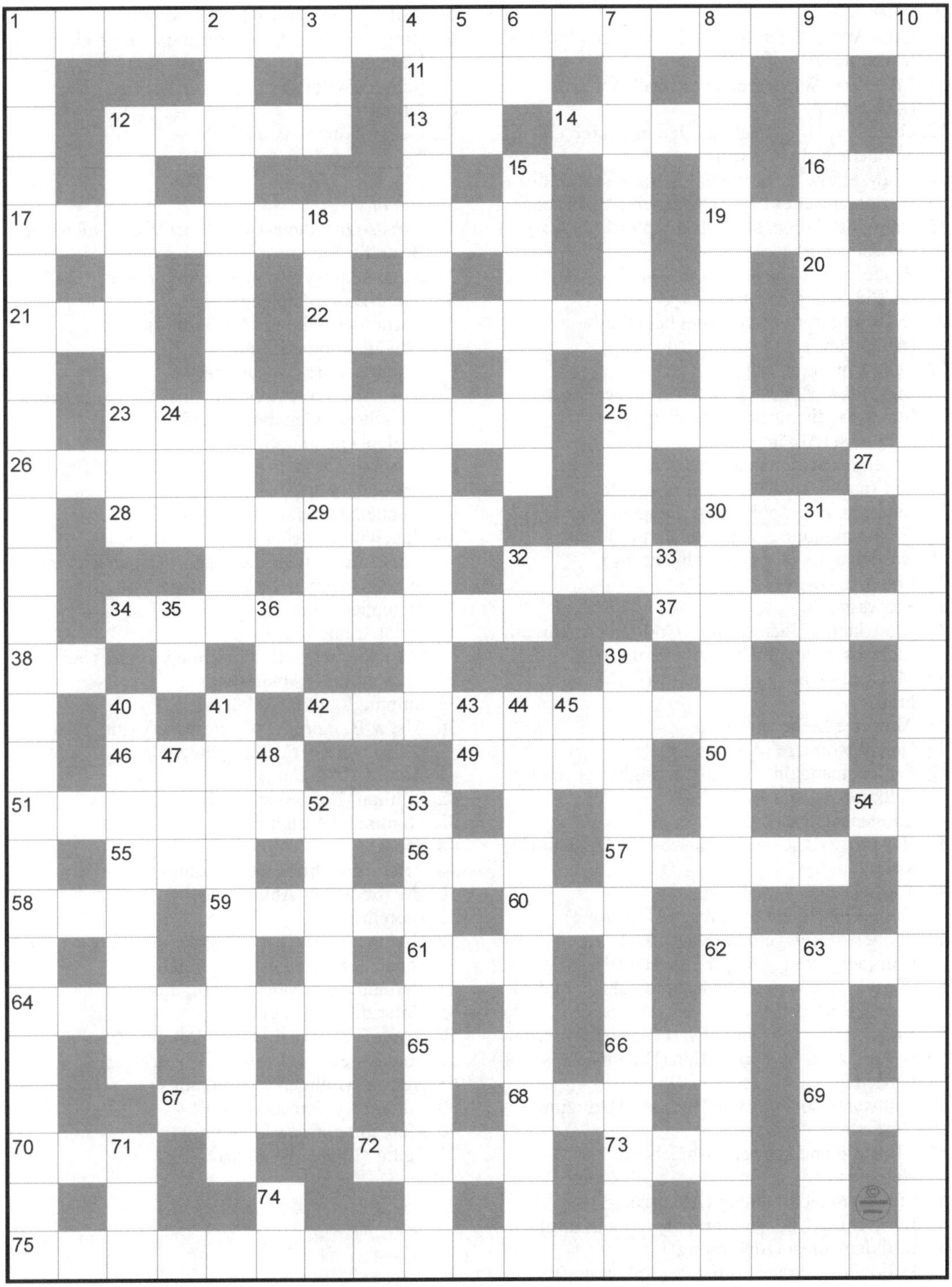

65

Waagerecht:

1 (Aus Arzt-Patient-Gespräch:) Was geschieht tatsächlich?
11 Erweiterte Wiederbelebungsmaßnahmen (Abkürzung)
12 Glaube, z. B. … healing (Heilung durch Glaube an übernatürliche Kraft)
14 Kraft, Stärke, z. B. mental …s (Geisteskräfte)
15 Hirnorganisches Psychosyndrom (Abkürzung)
16 Haupthistokompatibilitätskomplex (Abkürzung)
17 Lebendgeburt
19 Ringe, z. B. to have … round one's eyes (Ringe um die Augen haben)
21 Disäquilibirerungssyndrom bei Dialyse (Abkürzung)
22 Scheu, misstrauisch
23 Liegend, verlogen, z. B. …-in (Wochenbett)
24 Superoxiddismutase (Abkürzung)
25 Adiuretin (Abkürzung)
26 Unter der Schleimhaut gelegen
27 Vor (nachgestellt), z. B. three month …
28 Lauge, z. B. … poisoning (Laugenverätzung)
29 Hexosemonophosphat (Abkürzung)
30 Nasopharynxkarzinom (Abkürzung)
31 Erster Halswirbel
32 Schwester
34 Bradykardie-Tachykardie-Syndrom (Abkürzung)
35 Elektrokochleographie (Abkürzung)
37 Mensch, Mann, z. B. … and wife (Mann und Frau)
38 Abnorme Liebe zu Tieren
39 Gelenkschmiere (Abkürzung)
40 Fehlen, mangeln, z. B. my eyesight …s (meine Sehkraft lässt nach)
43 Lungenentzündung
45 Hängen, z. B. …over (Überrest, Katzenjammer, Kater)
47 Tödliche Dosis (Abkürzung)
48 Dünnschichtelektrophorese (Abkürzung)
49 Spalten, rissig werden (Haut), z. B. …ped, …py skin (aufgesprungene, rissige Haut)
52 (Klinik-, Universitäts-)Gelände, Längenmaß (1 … = 3 feet = 91,4 cm)
54 Vogel, z. B. … headed dwarf (Seckel-Syndrom)
55 Dampf, z. B. … sterilization (Dampfsterilisation)
56 Fettleibig
58 Selbstuntersuchung des Hodens (Abkürzung)
59 Vorderhirn
60 Blitzartig und schwer ausbrechend, z. B. Hepatitis
61 Subarachnoidalblutung (Abkürzung)
62 Intravenöse Cholangiographie (Abkürzung)
63 Intradermaltest (Abkürzung)
64 Poliovirus-Schluckimpfstoff (Abkürzung)
65 Radioimmunoassay (Abkürzung)
66 Ring, läuten, z. B. to have the … of truth (wahr klingen)
67 Schmerzhaft
68 Klima
72 Gebärmuttervenengeflecht

Senkrecht:

1 (Aus Arzt-Patient-Gespräch:) Wir werden das Beste für Sie tun
2 Akutes Lungenversagen (Abkürzung)
3 Säure-Basen-Gleichgewicht
4 Harnuntersuchung (Abkürzung)
5 Ethylalkoholvergiftung
6 Laparoskopie (Abkürzung)
7 (Aus Arzt-Patient-Gespräch:) Wie lange haben Sie schon Gelenkbeschwerden [Gelenkentzündung]?
8 Erlaubnis, z. B. to ask someone for … (um Erlaubnis bitten)
9 Siebbeinzellen
10 Bauchhautvenen
13 (Aus Arzt-Patient-Gespräch:) Haben Sie sich mehr als einmal verletzt? (have you ...)
14 Schuppenflechte
18 Gefäßkrampf
20 Für experimentelle Forschung freigegebenes Arzneimittel (Abkürzung)
33 Immunglobulin (Abkürzung)
36 Als, z. B. more … was necessary (mehr als nötig), younger … he (jünger als er)
41 Aorta (Abkürzung)
42 Lithium (Elementsymbol)
43 Stummelgliedrigkeit
44 Säurefest
46 Arterieller Druck (Abkürzung)
50 Herzfrequenz (Abkürzung)
51 Nierenrinde
52 Gattung gramnegativer Stäbchenbakterien, zu denen z. B. der Pesterreger gehört
53 Verdauungsorgane (Abkürzung)
55 Unter der Zunge gelegen
57 Vorhof, z. B. oral … (Vorhof der Mundhöhle)
67 Lungengefäßwiderstand (Abkürzung)
68 Herzzeitvolumen (Abkürzung)
69 Lutetium (Elementsymbol)
70 Mercaptopurin (Abkürzung)
71 Tellur (Elementsymbol)

65

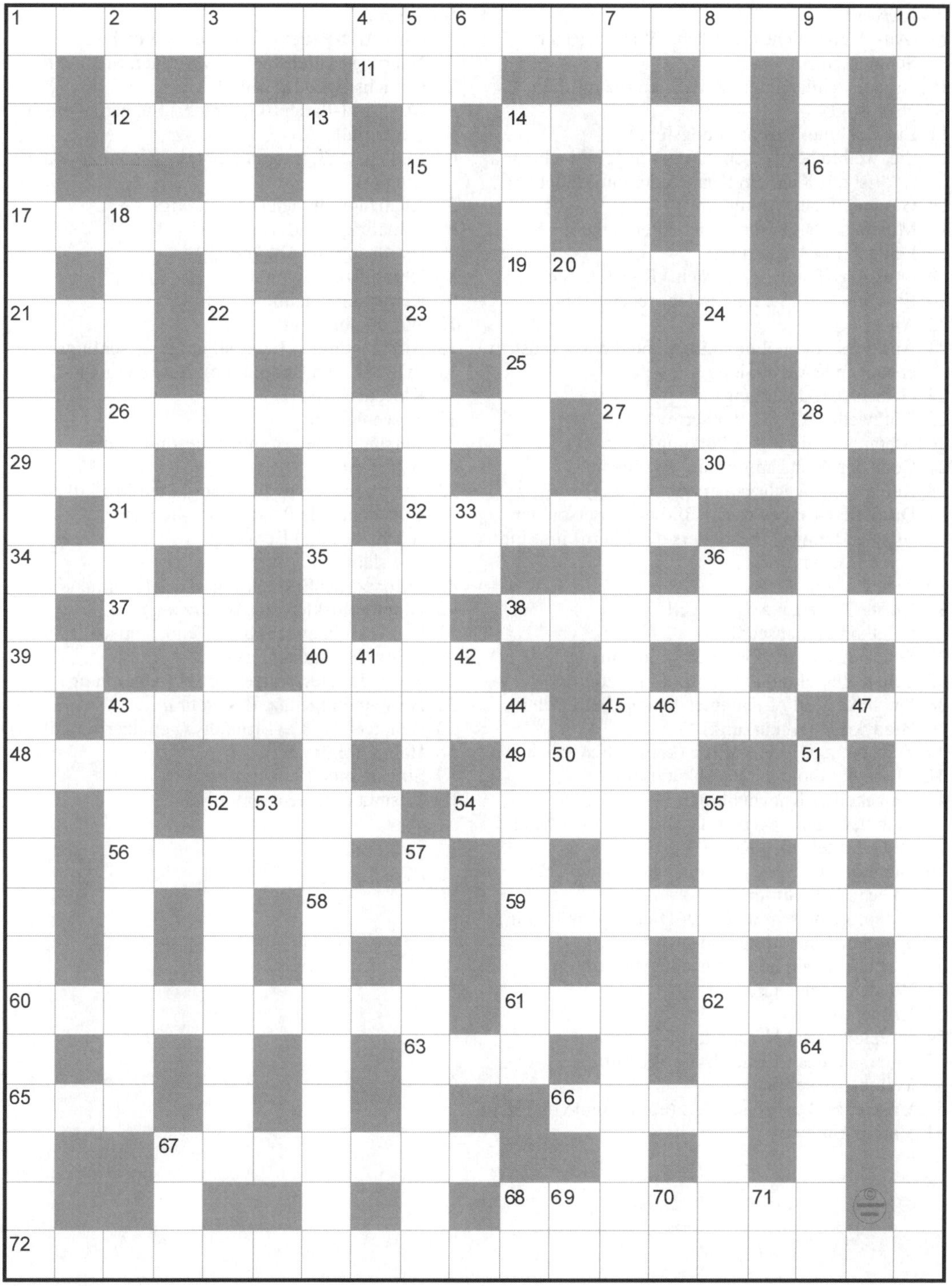

66

Waagerecht:

1 (Aus Arzt-Patient-Gespräch:) Wann treten die Schmerzen auf?
10 Ärgern, schikanieren, z. B. …ed (beunruhigt, geängstigt)
11 Entwicklung, Abstammungslehre
13 Sie, weibliches Wesen, z. B. is the child a he or a …? (ist das Kind ein Knabe oder ein Mädchen)
14 Gesamteiweiß (Abkürzung)
16 Mineralschlamm für örtliche Peloidtherapie
18 Fehlgeburt (Abkürzung)
19 (Aus Arzt-Patient-Gespräch:) Rauchen Sie?
20 Eins, ein, z. B. … man in ten (jeder Zehnte)
22 Alter
23 Aus zwei Alkoholmolekülen unter Wasseraustritt entstehende Verbindung
24 Galactose (Abkürzung)
25 Kurzwelle, z. B. … diathermy
26 Atemnotsyndrom (Abkürzung)
27 Code der Alphaaminosäure Alanin
28 Retikuläres Wachsystem (Abkürzung)
29 Das innere (unbewusste) Bild einer Person der sozialen Umwelt (besonders der Eltern) im Sinne von C. G. Jung
30 Ziel, Absicht
31 Geist, Gespenst, z. B. … cell (Blutkörperchenschatten)
32 Sehne des M. triceps surae (Eponym)
35 Schafzellagglutinationstest (Abkürzung)
38 Die linke Vorhof-Kammer-Klappe betreffend
39 Bradykinin (Abkürzung)
40 Zeichen, z. B. no ... of life (kein Lebenszeichen)
41 Elektrokardiographie (Abkürzung)
43 Eingekeilter Knochenbruch
44 Sich bewegen, regen, z. B. she …ged her head (sie schüttelte den Kopf)
46 Glatt, glätten, z. B. … hair (glattes Haar), … voice (sanfte Stimme)
48 Lipoproteine sehr niedriger Dichte (Abkürzung)
49 Thrombinzeit (Abkürzung)
50 Partielle Thromboplastinzeit (Abkürzung)
51 Wieder, noch einmal
52 Grüner Star
54 Streptokinase (Abkürzung)
55 Innerhalb des Brustkorbs (Abkürzung)
56 Teilung, Abteilung
57 Unsere, z. B. a friend of … (ein Freund von uns)
61 Harninkontinenz

Senkrecht:

1 (Aus Arzt-Patient-Gespräch:) Welche Nahrungsmittel/Speisen vertragen Sie nicht?
2 Geruchstilgendes Mittel
3 (Aus Arzt-Patient-Gespräch:) Sie hatten einen Herzanfall
4 Einheit, z. B. internationale … (internationale Einheit)
5 Atemzugvolumen (Abkürzung)
6 Schläfengegend
7 Hypoxanthin (Abkürzung)
8 Herzspitze
9 Kernspinresonanz
12 Wortneubildung
13 Aufhängung, z. B. … sling (Trageschlinge)
15 Pfanne (auch Bettpfanne), Becken (auch Klosettschüssel)
17 Nervenleiden
21 Verstärkte Bewegungen, besonders der Bauchorgane
33 Gutartige Geschwulst der glatten Muskulatur
34 Unbedeutende Person, ein Niemand
36 (Fachärztliche) Beratung
37 Kreislauf
42 Facharzt für Erkrankungen des Harntrakts
45 Glomerulosklerose (Abkürzung)
47 Das Gleichgewicht betreffend, statisch, z. B. … reflex (Haltungsreflex)
50 Stelle des Herzspitzenstoßes (Abkürzung)
52 Hirnwindungen, z. B. cerebral …
53 Benutzer, z. B. …-friendly (benutzerfreundlich)
58 Harn (Abkürzung)
59 Sinusknoten (Abkürzung)
60 Wismut (Elementsymbol)

66

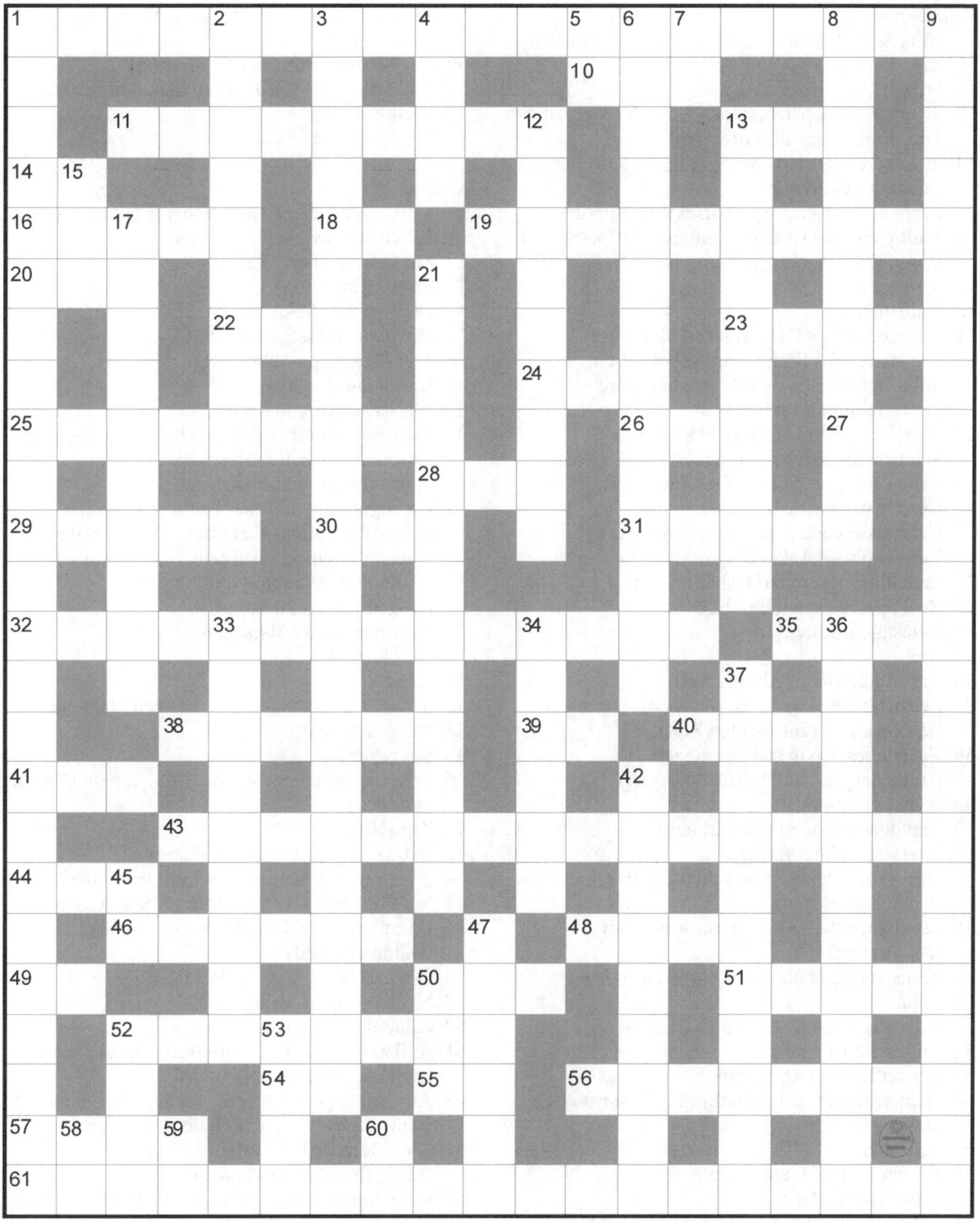

67

Waagerecht:

1 (Aus Arzt-Patient-Gespräch:) Wie hört es sich an?
11 Fragen
12 Staatlich, bürgerlich, z. B. … death (bürgerlicher Tod, Verlust der Ehrenrechte)
14 R. interventricularis anterior der A. coronaria sinistra (Abkürzung)
15 Chronische Atemwegsobstruktion (Abkürzung)
16 Multiple endokrine Adenomatose (Abkürzung)
17 Vorsilbe bei Fachbegriffen mit der Bedeutung drei
18 Unlöslich
21 Unregelmäßige Herzarbeit (Abkürzung)
22 Kunstwort aus Rauch und Nebel für ein luftkolloidales System (vor allem durch Schwefeldioxid toxisch)
23 Hals, Nasen und Ohren (Abkürzung)
25 Schmerzzeichen bei Cholecystitis (Eponym)
26 Rand (eines rundlichen Gebildes, z. B. Geschwür), Brillenfassung
27 Nekrotisierende (pseudomembranöse) Enterokolitis (Abkürzung)
29 Seifenlösungseinlauf (Abkürzung)
31 Reaktive Hyperämie (Abkürzung)
32 Belästigen, stören
34 Blei
35 Rasselgeräusche (Abkürzung)
37 Zeitlich festgelegt, z. B. ill … (zur unrechten Zeit), well … (zur rechten Zeit)
39 Entgiftetes Toxin mit erhaltenen Antigeneigenschaften (für Impfung)
40 (Geistig) gesund
42 Mandelentfernung (Abkürzung)
43 Interferon (Abkürzung)
45 Gray = abgeleitete SI-Einheit der Energiedosis (Einheitenzeichen)
46 Psychiatrisches Klassifikationssystem (Abkürzung)
48 Transiente globale Amnesie (Abkürzung)
49 Zahn
50 Code der Alphaaminosäure Histidin
51 Englische Biersorte
53 Dorsalflexion (Abkürzung)
54 Weiter, ferner, z. B. anything …? (sonst noch etwas)
55 Ertrinken
58 Reifen, sich voll entwickeln
59 Einwärtsschielen
62 Sauerstoffdissoziationskurve (Abkürzung)
63 Glutaminsäure (Abkürzung)
64 Heute Abend
66 Riesenwuchs
68 Regen, regnen, z. B. it ...ed gifts (es hagelte Geschenke)
69 Phytohämagglutinin (Abkürzung)
71 Einklemmung von Hirnteilen in den Schlitz des Kleinhirnzelts

Senkrecht:

1 (Aus Arzt-Patient-Gespräch:) Wie hoch ist Ihr übliches Gewicht?
2 Zusätzlich, überzählig
3 Entwicklung
4 Oberfläche (Abkürzung)
5 Die gleiche Länge behaltend, z. B. … contraction
6 Transketolase (Abkürzung)
7 Unverdaut
8 Wissenschaft von der Ernährung
9 Zahl der Neuerkrankungen in einer Zeiteinheit innerhalb einer Bevölkerung
10 Speiseröhrenfunktionsstörung
13 Laryngotracheobronchitis (Abkürzung)
14 (Aus Arzt-Patient-Gespräch:) Wann hatten sie zuletzt Geschlechtsverkehr? (when did you …)
19 Mittelohrentzündung (Abkürzung)
20 Urogenital (Abkürzung)
24 Nervensystem (Abkürzung)
25 Druckmesser
28 Auge
30 Sechs, z. B. she is … (sie ist sechs Jahre alt)
33 Nisse, Läuseei
35 Starr, steif
36 Erleben, durchmachen, z. B. to … pain (Schmerz erdulden)
38 Zwerchfell
41 Extrazellulärraum (Abkürzung)
44 Übertragung, Leitung (Wärme, Erregung)
47 Makrophagen-Hemmfaktor (Abkürzung)
52 Dämmerung, Zwielicht, z. B. … sleep (Dämmerschlaf)
56 Oder, z. B. … else (andernfalls)
57 Nucleoprotein Abkürzung)
60 (Charakter-)Zug
61 Äußere(r, s), z. B. … lip of iliac crest (äußere Lippe des Darmbeimkamms)
65 Auf, an, z. B. the scar … the leg (die Narbe am Bein), to live … air (von der Luft leben)
67 See, Meer, z. B. … urchin sting (Seeigelstachelverletzung)
69 Einheitenzeichen für die abgeleitete SI-Einheit des Drucks
70 Herzspitzenstoß (Abkürzung)

67

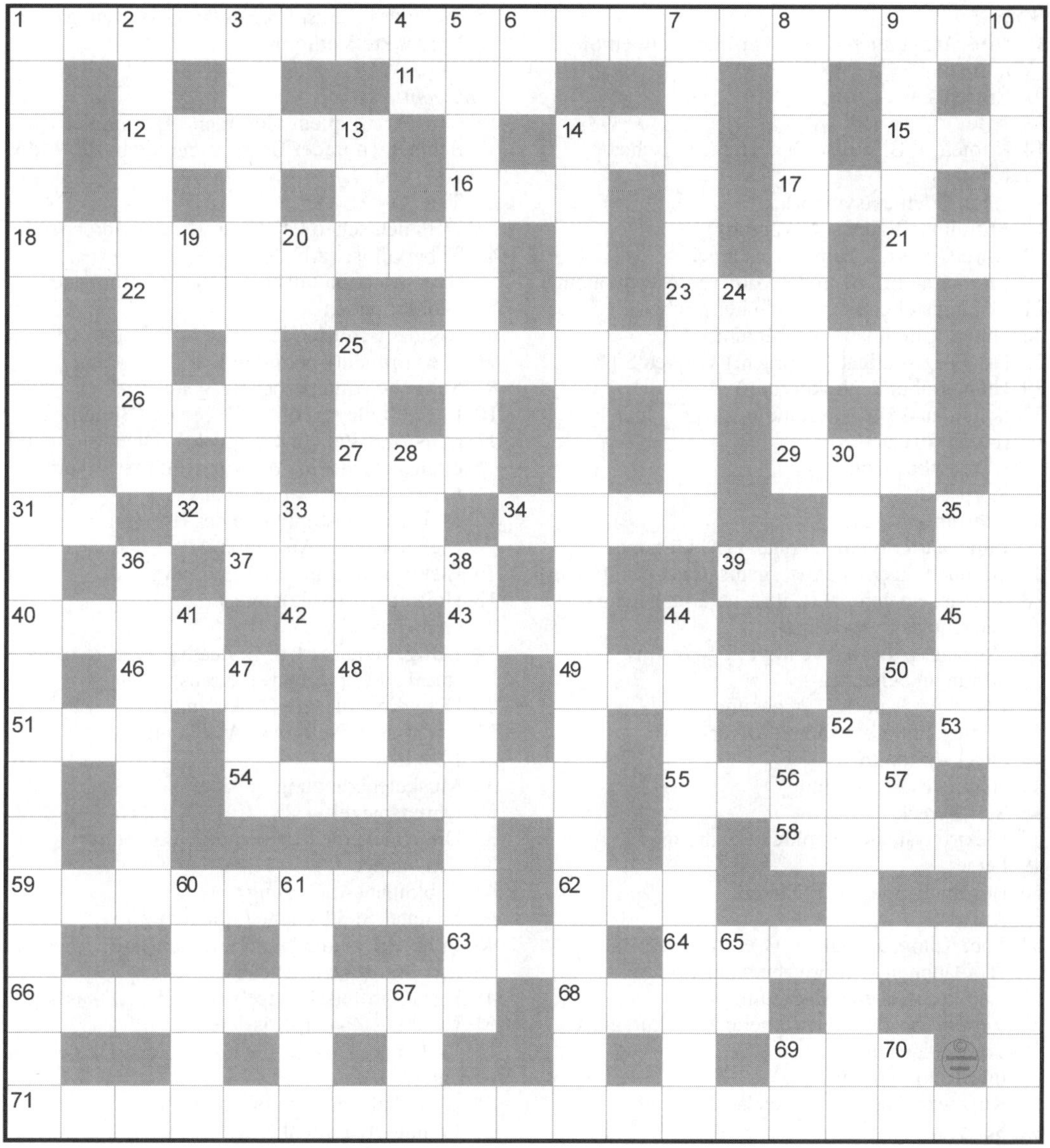
1 2 3 4 5 6 7 8 9 10
11
12 13 14 15
16 17
18 19 20 21
22 23 24
25
26
27 28 29 30
31 32 33 34 35
36 37 38 39
40 41 42 43 44 45
46 47 48 49 50
51 52 53
54 55 56 57
58
59 60 61 62
63 64 65
66 67 68
69 70
71

68

Waagerecht:

1 (Aus Arzt-Patient-Gespräch:) Bitte atmen Sie normal!
9 Erbsenbein
13 Affe
14 Knoten, z. B. surgeon's … (chirurgischer Knoten)
15 Neon (Elementsymbol)
17 Mitralinsuffizienz (Abkürzung)
19 Unreif, z. B. … baby, … cataract
20 Eiteransammlung in der vorderen Augenkammer
21 Milliardstel Gramm (Einheitenzeichen)
22 Untere Gliedmaße (Abkürzung)
25 (Aus Arzt-Patient-Gespräch:) Trinken Sie?
29 Hämoglobin A (Abkürzung)
30 Schön, makellos, anständig, z. B. … hair (blondes Haar)
31 Urämisches Koma
33 Körper
35 Schwangerschaft
36 Lungenarteriolenwiderstand (Abkürzung)
37 Gesundheitserhaltungsorganisation (Abkürzung)
38 (Er, sie, es) geht, z. B. it … without saying (es versteht sich von selbst)
39 Vorrang, z. B. to give high … to (etwas vorrangig behandeln)
40 Eis, z. B. … pack (Eispackung)
41 Plattenepithelkarzinom (Abkürzung)
43 (Volks-)Stamm
44 Herzindex (Abkürzung)
46 Schultereck
47 Elektronystagmographie (Abkürzung)
49 Ferse
50 Begabung, Geschicklichkeit
52 Knie
54 Ton, Klang, Tonfall, z. B. … deafness (Tontaubheit, sensorische Amusie)
56 Kernkörperchen (Abkürzung)
57 Vertebrobasiläre Insuffizienmz (Abkürzung)
58 Traubenzucker
60 Interleukin (Abkürzung)
61 Kurzbezeichnung für weiche Hirnhaut
62 Sehnerv
64 Geschwulst des Nervenstützgewebes
65 Obere Extremität (Abkürzung)
66 Argon (Elementsymbol)
67 Das Fersenbein betreffend
68 Entladen, entlasten, entlassen
70 In Ordnung, richtig, einverstanden (Kurzbezeichnung)
71 Stumm, schweigend
72 Rachenmandel
74 Intermittierende Überdruckbeatmung (Abkürzung)
75 Stelle des Herzspitzenstoßes (Abkürzung)
76 Verstärkte Verhornung

Senkrecht:

1 (Aus Arzt-Patient-Gespräch:) Bekommen Sie Schmerzen in der Brust, wenn Sie husten? (do you get a …)
2 Tier
3 Dem deutschen BKS oder BSR entsprechend
4 Tuberkulose (Abkürzung)
5 (Der Situation unangemessenes) gehobenes Wohlbefinden
6 Von, z. B. a friend ... mine (ein Freund von mir)
7 Die Hirnhäute betreffend, z. B. … veins
8 Seitliche Hinterknöchelgegend
10 Lage, Stelle, z. B. ... of bleeding (Blutungsort)
11 (Aus Arzt-Patient-Gespräch:) Haben Sie schon einmal irgendeine Art von Kontrazeptivum benutzt? (have you used any …)
12 Melanozytenstimulierendes Hormon = Melanotropin (Abkürzung)
16 Elektromyographie (Abkürzung)
18 Holzzucker (Abkürzung)
23 Gemeinschaft
24 Fällig, veranlasst, z. B. death was … to cancer (die Todesursache war Krebs)
26 Dehydrocholsäure (Abkürzung)
27 Rechtsschenkelblock (Abkürzung)
28 Fixe Idee
32 Muskelentzündung
34 Ohrenspiegel
35 Die Kniekehle betreffend, z. B. … artery
36 Schwanger
41 Subkutan (Abkürzung)
42 Scheitel-Steiß-Länge (Abkürzung)
45 In hinein, zu, nach, z. B. to translate … German (ins Deutsche übersetzen)
48 Das Zahnfleisch betreffend, z. B. … massage
51 Erzähler, Zähler, Kassierer
53 Entleeren, z. B. … the bowels (den Darm entleeren)
55 Krankhafte Angst vor Fremden, Fremdenfeindlichkeit
59 Erkennen, Erkenntnis
61 Paar
63 Spitze, Gipfel, Höhepunkt, z. B. … concentration
68 Zwölffingerdarmgeschwür (Abkürzung)
69 Somatosensorisch evoziertes Potenzial (Abkürzung)
71 Multiple Sklerose (Abkürzung)
72 Die Natriumausscheidung förderndes Hormon (Polypeptid) der Herzvorhöfe (Abkürzung)
73 Tot bei Ankunft (Abkürzung)
75 Proteingebundenes Iod (Abkürzung)

68

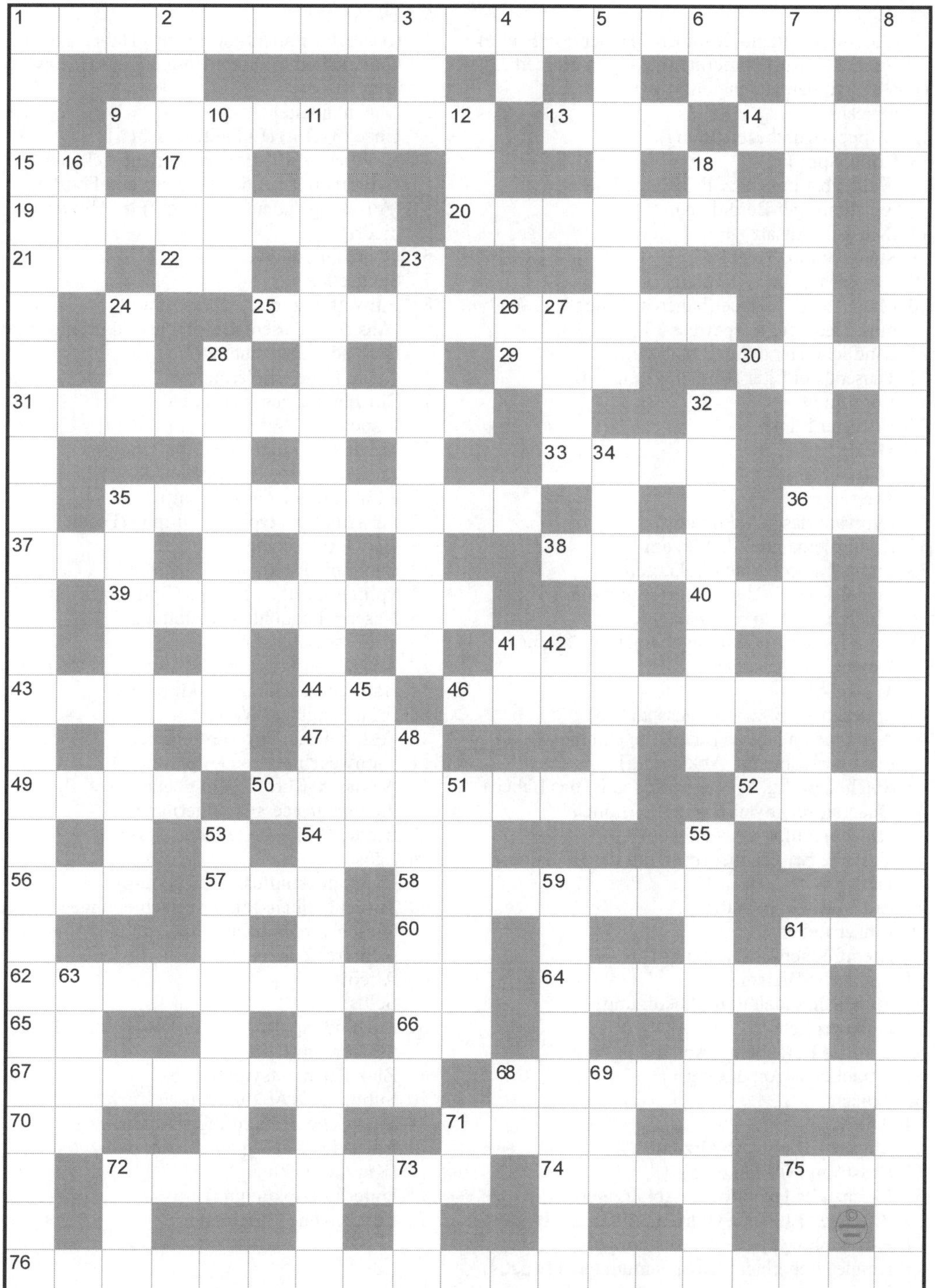

69

Waagerecht:

1 (Aus Arzt-Patient-Gespräch:) Haben Sie Blut in Ihrem Auswurf bemerkt? (have you noticed …)
10 Hefe (zu den Hefen gehört z. B. Candida albicans)
12 Grippe, (Kurzbezeichnung)
13 Rolle, Spirale
16 Wahl, abstimmen, z. B. an unanimous ... (einstimmiger Beschluss)
17 (Muskel-)Ansatz
18 Stange, Stab, Riegel
19 Vor der Geburt (Abkürzung)
20 Mager, z. B. … face (hageres Gesicht), … body mass (fettfreie Körpermasse)
21 Kindliche Herztöne (Abkürzung)
22 Tausendstel Liter (Einheitenzeichen)
23 Vergiftung
24 Höchster Punkt
26 Mittag
28 Mitesser (ugs.)
30 Atemzug
31 Pyruvatkinase (Abkürzung)
32 Erythroleukämie (Abkürzung)
33 Lipopolysaccharide (Abkürzung)
35 Signal-Rausch-Verhältnis (Abkürzung)
36 Lindern, z. B. to … a pain
38 Herz-Lungen-Wiederbelebung (Abkürzung)
39 Urogenital (Abkürzung)
40 Muskelkrampf
41 Spucken, z. B. … out (ausspucken)
42 A. thoracica interna (alte Bezeichnung A. mammaria interna, Abkürzung)
43 Solch, derartig, z. B. .. is life (so ist das Leben)
46 Quadrat, rechtwinkelig, z. B. … inch (Quadratzoll, 1 in^2 = 6,54 cm^2)
47 Vorsilbe bei Fachbegriffen mit der Bedeutung vier
49 Eid, z. B. Hippocratic …
50 Linker Lebergang
53 Atemfrequenz (Abkürzung)
54 Englische Biersorte
55 Subarachnoidalraum (Abkürzung)
56 Unbeweglich
60 Örtliche Betäubung (Abkürzung)
62 Intraokulär (Abkürzung)
63 Anhang
64 Ablenken
66 Magen – Darm (Abkürzung)
67 Brustwand (Abkürzung)
68 Essenzielle Hypertonie (Abkürzung)
69 Zollinger-Ellison-Syndrom (Abkürzung)
71 B-Lymphozyt (Kurzbezeichnung)
75 Rundes Leberband (Ligamentum teres hepatis)

Senkrecht:

1 (Aus Arzt-Patient-Gespräch:) Haben Sie einen Unterschied in Ihrem Harn bemerkt? (have you noticed ...)
2 Außenknöchel
3 Unze (31,1 g) (Einheitenzeichen)
4 Kindlich, z. B. … uterus (unentwickelte Gebärmutter bei der erwachsenen Frau)
5 (Aus Arzt-Patient-Gespräch:) Ihr Blutdruck ist niedrig
6 Obere Gliedmaße
7 Saugreflex
8 Einwertig, z. B. … antiserum
9 (Aus Arzt-Patient-Gespräch:) Mehr in dem einen Bein oder dem anderen?
11 Auch, ferner, außerdem
14 Einzeln, einsam, verlassen
15 Lispeln
22 Medioklavikularlinie (Abkürzung)
24 Zustand, der vom Üblichen abweicht
25 Kolibakterien (Abkürzung)
27 Für Alkohole typische Gruppe (Formel)
29 Herz (Abkürzung)
32 Behältnis für kleine Gegenstände
34 Splitter, z. B. … forceps (Splitterpinzette)
35 Nasennebenhöhlenentzündung
36 Bauchspeichelgang
37 Anstatt, an Stelle, z. B. … of me (statt meiner)
44 Harnuntersuchung (Abkürzung)
45 Er, männliches Wesen
48 Fest, z. B. … grip (fester Griff)
51 Harnwegsinfektion (Abkürzung)
52 An das X-Chromosom gebunden, z. B. … dominant/recessive inheritance
57 Rinde, Borke, bellen, husten (ugs.)
58 Läuse
59 Nierenplasmafluss (Abkürzung)
60 Zurückbleiben, Phasenverschiebung, z. B. jet … (Beschwerden nach schnellem Überfliegen mehrerer Zeitzonen)
61 Altern
65 Selbst
67 Entzündung der Hirn- und Rückenmarkshäute (Abkürzung)
69 Zink (Elementsymbol)
70 Sublingual (Abkürzung)
71 Sitzwache, Dauerpflege (Abkürzung)
72 Einer der drei Typen von Granulozyten (Kurzbezeichnung)
73 Unterlid (Abkürzung)
74 Lungenvene (Abkürzung)

69

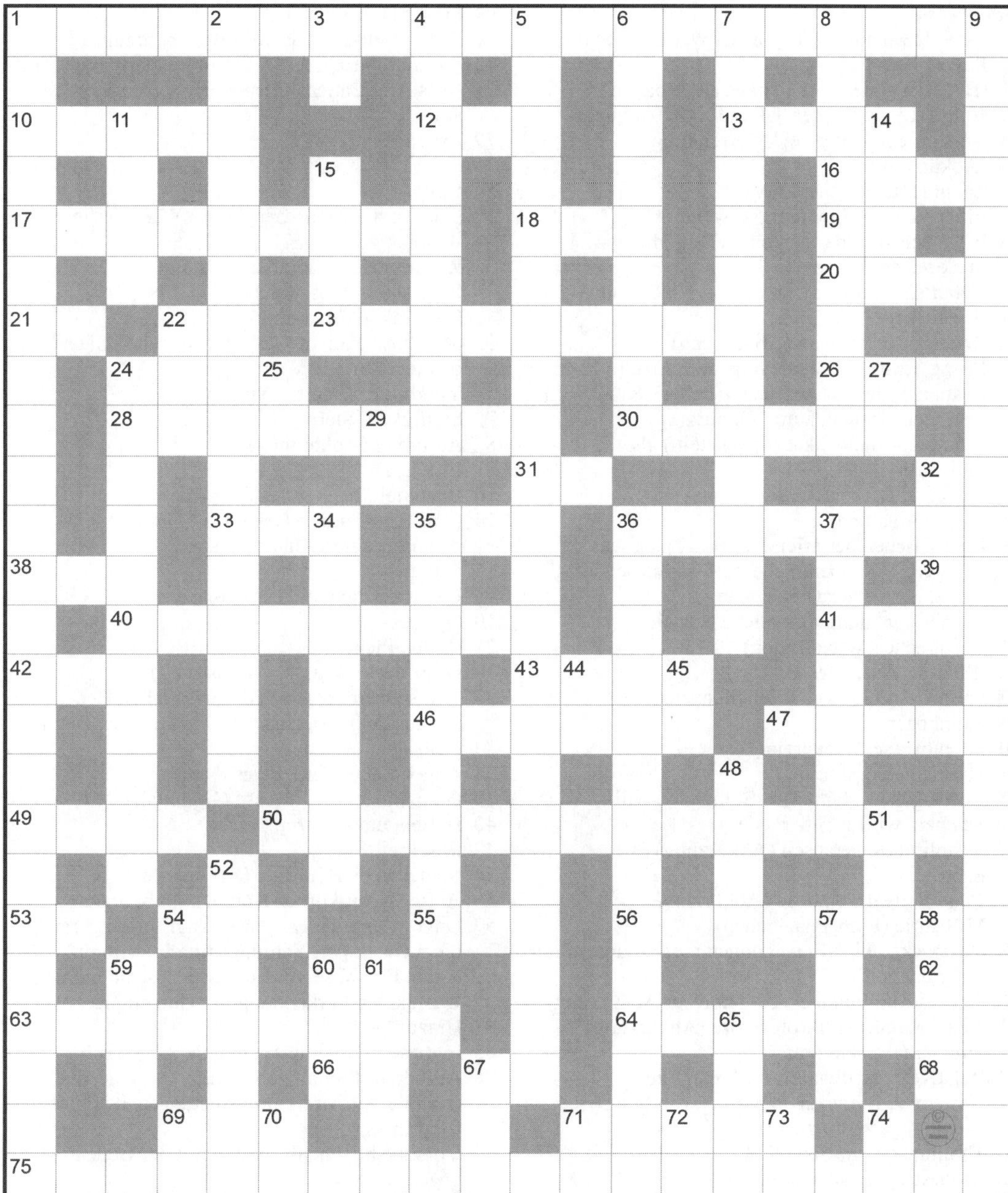

70

Waagerecht:

1 (Aus Arzt-Patient-Gespräch:) Wie steht es mit Ihren Eltern?
11 (Bade-)Wanne, z. B. to have a … (baden)
12 Anti-T-Lymphozyten-Globulin (Abkürzung)
13 Angeborene Hüftgelenksverrenkung (Abkürzung)
15 Zahnrad, z. B. … rigidity
17 Einspruch, Zustimmung verweigern
18 Eifersuchtswahn (nach einer Tragödie von Shakespeare benannt)
20 Geburtshilfe und Gynäkologie (Abkürzung)
21 Blutzucker (Abkürzung)
22 Rechter Unterlappen (Abkürzung)
23 Ertrag, Ernte, Ausbeute, ergeben, z. B. to … to treatment (der Behandlung weichen [Krankheit])
25 Tracheobronchialbaum (Abkürzung)
26 Ein Magnesiumsilikat (Speckstein) als Pudergrundlage
27 Schief, z. B. …neck (Schiefhals)
28 Aorta (Abkürzung)
29 Eiterbläschen betreffend, z. B. … psoriasis (schwere Schuppenfläche mit Eiterbläschen)
30 Eis, z. B. … pack (Eispackung)
31 Kurzbezeichnung für weiche Hirnhaut
35 Nasotracheal (Abkürzung)
36 (Finger-, Zehen-)Nagel (gr.)
37 Pound (0,45359 kg) (Einheitenzeichen)
38 Zahnbogen
40 Fruchtwasser (Abkürzung)
41 Strahlenunempfindlich
43 Vorbeigehen, -fahren, z. B. the pain will … (der Schmerz wird vorübergehen)
45 Systolisches Geräusch (Abkürzung)
46 Esel
47 Tiefe Venenthrombose (Abkürzung)
48 Millicurie (Einheitenzeichen)
49 Unzweckmäßige Bewegungen aufgrund gestörter Koordination
50 Gegenstromimmunelektrophorese (Abkürzung)
51 Neugeborenenerythroblastose (Abkürzung)
52 Sublingual (Abkürzung)
53 Relative Zentrifugalkraft (Abkürzung)
54 Gestern, z. B. the day before … (vorgestern), … evening (gestern Abend)
56 Thallium (Elementsymbol)
58 Kreuzschmerz (Abkürzung)
59 Wüstling, Lebemann
60 Sucht
62 Ekzemartige Hautpilzerkrankung, Hautflechte
64 Körpersprache
66 Neid, Missgunst, z. B. to be eaten up with … (vor Neid platzen)
67 Tiefe Bewusstlosigkeit
69 Freies Transplantat
71 Durch Mund und Luftröhre (Abkürzung)
72 Streifen, Strich, z. B. … culture (Strichkultur)
75 (Aus Arzt-Patient-Gespräch:) Setzen Sie sich auf!
79 Arbeitsmedizin

Senkrecht:

1 (Aus Arzt-Patient-Gespräch:) Was würden Sie wirklich gerne tun?
2 Radiologische Gefäßdarstellung
3 Ethylalkoholmissbrauch
4 Harntrakt (Abkürzung)
5 (Aus Arzt-Patient-Gespräch:) Drehen Sie sich auf den Rücken!
6 Ytterbium (Elementsymbol)
7 Steifigkeit, Starre
8 Adiuretin (Abkürzung)
9 Elfte(r, s)
10 Bauchfellüberzug des Dünnkdarms
14 (Aus Arzt-Patient-Gespräch:) Halten Sie den Atem für einen Augenblick an!
15 Schrei
16 Lupus erythematodes (Abkürzung)
19 Optiker
21 Pustel, Pickel
24 Destilliertes Wasser (Abkürzung)
32 „Aufschneider“ (nach der wörtlichen Bedeutung des aus dem Griechischen stammenden Begriffs)
33 Gelbsucht
34 Angeborenes Fehlen des Kopfes
39 Grenzlinie, z. B. … case (Grenzfall)
40 Helfen, unterstützen
42 Beschreibend
44 Mädchen, z. B. old … (alte Jungfer)
55 Antigen-Antikörper-Komplex (Abkürzung)
57 Ungewöhnliche Essgelüste (auf Stoffe gerichtet, die nicht zu den Nahrungsmitteln gehören)
61 Akute Psychose mit Bewusstseinstrübung und wahnhafter Verkennung der Umgebung
63 Hinzufügen
65 In dieser Schlafphase sind die Augen ruhig
68 Aufhören, Einhalt gebieten, z. B. … needle (Kanüle mit Arretierungsplatte gegen zu tiefes Eindringen)
70 Vorsilbe bei Fachbegriffen mit der Bedeutung gegen
73 Über, durch (Weg), z. B. ... esophagus (durch die Speiseröhre)
74 Berufskörperschaft (Abkürzung)
75 Unternormal (Abkürzung)
76 Schläfenlappen (Abkürzung)
77 Lungenembolie (Abkürzung)
78 Jetzige Erkrankung (Abkürzung)

70

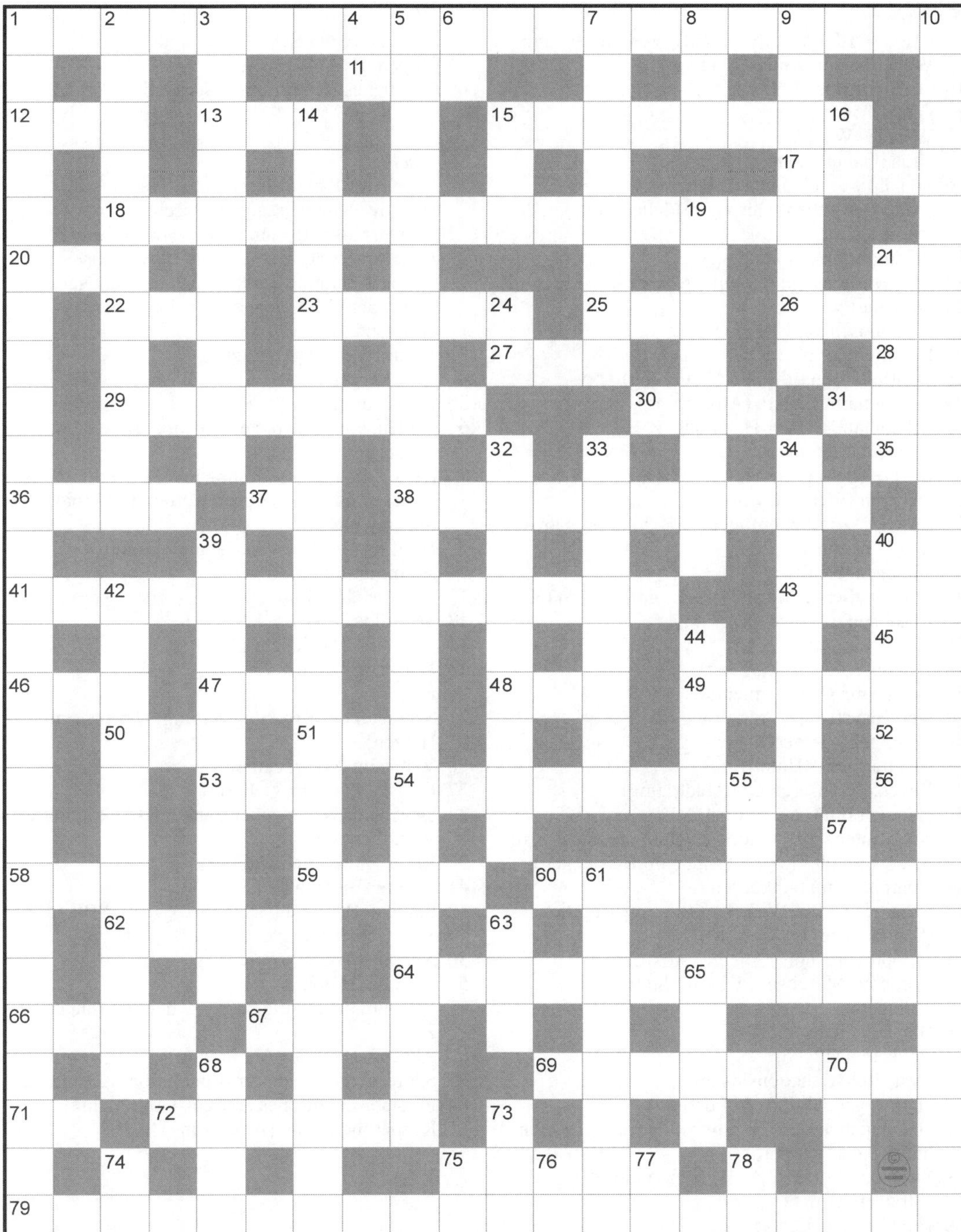
1 2 3 4 5 6 7 8 9 10
11
12 13 14 15 16
17
18 19
20 21
22 23 24 25 26
27 28
29 30 31
32 33 34 35
36 37 38
39 40
41 42 43
44 45
46 47 48 49
50 51 52
53 54 55 56
57
58 59 60 61
62 63
64 65
66 67
68 69 70
71 72 73
74 75 76 77 78
79

71

Waagerecht:

1 (Aus Arzt-Patient-Gespräch:) Werden Sie vom Wetter beeinträchtigt? (are you ...)
10 Osteoarthritis (Abkürzung)
11 Ohr
13 Weiches Wasser
15 Notaufnahmeraum (Abkürzung)
16 So bald wie möglich (Abkürzung)
17 (Aus Arzt-Patient-Gespräch:) Klingen Ihnen die Ohren?
19 Parathormon (Abkürzung)
22 Intravenöses Pyelogramm (Abkürzung)
23 Durchfall
24 Verbandschere
25 Hauptteil der oberen Gliedmaße
28 Infiltrationsanästhesie (Abkürzung)
29 A. coronaria sinistra (Abkürzung)
30 Schauplatz, Ort der Handlung, z. B. … of accident (Unfallort)
31 Rechte obere Extremität (Abkürzung)
32 Neodym (Elementsymbol)
34 Stricken, zusammenfügen, z. B. to ... on's brow (die Stirn runzeln)
35 Ellbogengelenk
37 Zurückfallen, Rückfall, wieder aufflackern (einer Krankheit)
38 Überdosis (Abkürzung)
40 Immunserum (Abkürzung)
41 Netzbeutel (Bursa omentalis)
43 Nervensystem (Abkürzung)
44 Traurig, niedergeschlagen, z. B. a … accident (ein tragischer Unfall)
45 Reverse Transcriptase (Abkürzung)
46 Hämoglobin C (Abkürzung)
47 Nach unten, z. B. to look … (hinunter sehen), to be … with the flu (mit Grippe im Bett liegen)
48 Neuroblastom (Abkürzung)
49 Scheitel, Spitze, Wirbel, z. B. ... presentation (Scheitellage [bei Geburt])
51 Lipoproteine hoher Dichte (Abkürzung)
52 Mittlerer, Mittelwert, Durchschnitt, z. B. arithmetic …
53 Blei (Elementsymbol)
54 Beinahe, fast
55 Orale Rehydratationslösung
56 Harnwegsinfektion (Abkürzung)
58 Getan, gemacht, z. B. now you have … it! (nun haben sie es geschafft)
59 Strahlung, Strahlen, z. B. … dermatitis (Strahlendermatitis)
60 Hautfinnenausschlag
61 Durst, z. B. to be …y (durstig sein)
62 Geburtshilfe (Abkürzung)
64 Wahrscheinlich, z. B. … signs (wahrscheinliche Zeichen [einer Schwangerschaft])
66 Dopamin (Abkürzung)
67 Leibliches Beeinflussungserlebnis

Senkrecht:

1 (Aus Arzt-Patient-Gespräch:) Traten irgendwelche Blutungen zwischen den Monatsblutungen auf? (have you had any …)
2 Langsam, spät, z. B. ... ulnar nerve palsy (Ulnarislähmung durch Druck auf den Nerv neben dem Ellbogen, z. B. bei ständigem Aufstützen)
3 Atemfrequenz (Abkürzung)
4 Ganzkörperwasser (Abkürzung)
5 Essstörungen
6 Ernten, einbringen, verdienen, z. B. …ed income (Arbeitseinkommen)
7 (Aus Arzt-Patient-Gespräch:) Hatten Sie etwas zu essen oder trinken seit Mitternacht? (have you had anything …)
8 Hart, rau, z. B. ... voice (raue Stimme)
9 Atemtraktinfektion
12 Mehrgebärende
13 Schlaflos
14 Weitblick, Weitsichtigkeit
18 Wurzelspitze (des Zahns)
20 Kiefer
21 Schenkel des Erregungsleitungssystems (im Herzen)
26 Wahnsinn, Verrücktheit
27 Kreislauf vor der Geburt
33 Degenerative Gelenkerkrankung (Abkürzung)
36 Wundheilung
39 Rotes Blutkörperchen
41 Untere Gliedmaße
42 Sand, z. B. … bath (Sandbad), … flea (Sandfloh)
49 Von Gefäßen ausgehend, z. B. … shock
50 Xenon (Elementsymbol)
51 Loblied, Hymnus
57 Seltsam, überzählig, z. B. … number (ungerade Zahl),
60 Akute Leukämie (Abkürzung)
63 Säuresekretion vor der Stimulation (Abkürzung)
64 Prostataspezifisches Antigen (Abkürzung)
65 Körperoberfläche (Abkürzung)

71

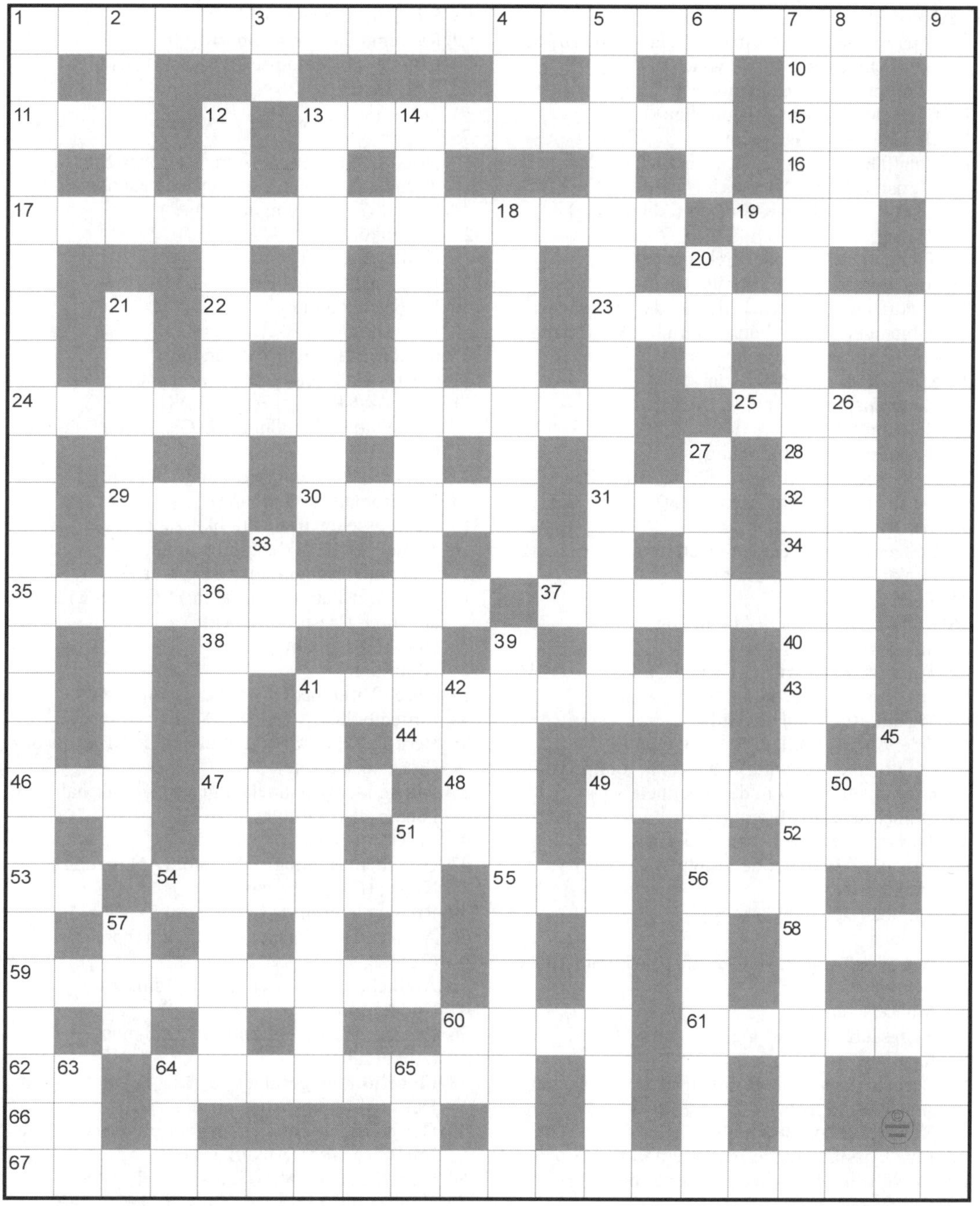
1 2 3 4 5 6 7 8 9 10 11 12 13 14 15 16 17 18 19 20 21 22 23 24 25 26 27 28 29 30 31 32 33 34 35 36 37 38 39 40 41 42 43 44 45 46 47 48 49 50 51 52 53 54 55 56 57 58 59 60 61 62 63 64 65 66 67

72

Waagerecht:

1 (Aus Arzt-Patient-Gespräch:) Haben Sie Brüder oder Schwestern? (have you ...)
9 Ytterbium (Elementsymbol)
10 Einschlusskörper (in Blutzellen)
14 Gestörtes Gleichgewicht
18 Handflächenseitig, z. B. … branch of ulnar nerve (R. palmaris des N. ulnaris)
20 Jakob-Creutzfeldt-Krankheit (Abkürzung)
21 Winzig
22 Schlummern, ein Nickerchen machen
25 Angeboren, z. B. … immunity
26 Elektrisch geladenes Teilchen, das aus einem Atom oder Molekül durch Zufuhr oder Entzug von Elektronen entsteht
27 Stimmresonanz (Abkürzung)
28 Hauttransplantat
29 Brechmittel
30 Rechtes Auge (Abkürzung)
31 Kanadische Vereinigung für das öffentliche Gesundheitswesen (Abkürzung)
32 Gebärmutter
33 Spitzes Stilett in eng anliegender Kanüle zur Punktion von Körperhöhlen
35 Trocken
36 Linke Herzkammer (Abkürzung)
37 Salpetersäure
39 Tonne, z. B. metric … (1000 kg), long … (1016 kg), short … (907 kg)
40 Mantel, Rock, äußere Hülle
42 Öde, Abfall, Müll, z. B. … of energy (Kraftverschwendung), she …s in routine work (sie verzettelt sich in der Routinearbeit)
44 Grüner Star (Abkürzung)
45 Transfer-Desoxyribonucleinsäure (Abkürzung)
46 Polymorphkerniger neutrophiler Granulozyt (Abkürzung)
48 Symmetrisch (Abkürzung)
49 Tollwut
51 Arm, bedürftig, z. B. a … life (ein kümmerliches Leben)
52 Muskelschmerz
53 Essigsäure (Abkürzung)
54 Kopflaus
55 Drehen, wenden, z. B. my head …s (mir dreht sich alles im Kopf)
56 Blutzucker (Abkürzung)
57 Eine klassifizierende Bakterienfärbung (Eponym)
62 Vorsilbe bei Einheiten mit der Bedeutung Billionstel
64 Halle, Saal, z. B. lecture … (Vortragssaal)
65 Lahm, hinkend, z. B. … of a leg
66 Colitis ulcerosa (Abkürzung)
67 (Wasch-)Becken
68 Silicium (Elementsymbol)
69 Radium (Elementsymbol)
70 Isotone (physiologische) Kochsalzlösung

Senkrecht:

1 (Aus Arzt-Patient-Gespräch:) Haben Sie irgendeine bedeutsame Gewichtszunahme bemerkt? (have you noticed …)
2 Nierenkolik
3 Kralle, Klaue, Talon
4 EBV ausgeschrieben
5 Wirbelentzündung
6 Unabhängig, z. B. … variable
7 Mandelentfernung (Abkürzung)
8 Oberes Halsganglion (des Sympathikus)
11 (Aus Arzt-Patient-Gespräch:) Hören Sie summende oder klingelnde Geräusche? (do you have ...)
12 Rasterelektronenmikroskop (Abkürzung)
13 Erythroblast (Abkürzung)
15 Achillessehnenreflex (Abkürzung)
16 Alzheimer-Krankheit (Abkürzung)
17 Computertomographie (Abkürzung)
19 (Aus Arzt-Patient-Gespräch:) Lassen Sie mich auf Ihren Brustkorb sehen!
23 Vorhautentzündung
24 Alptraum
27 Durch Viren bedingt, z. B. … infection
34 Luftembolie
38 Beruflich, die Arbeit betreffend, z. B. … history (Berufsanamnese)
39 Klingender (trommelähnlicher) Klopfschall, z. B. über großen Luftblasen
41 Milchbrustgang (Abkürzung)
43 Gewebeplasminogenaktivator (Abkürzung)
47 Nickel (Elementsymbol)
49 Ribonucleinsäure (Abkürzung)
50 Ausbrechen (Hautausschlag), durchbrechen (Zähne)
52 Ärztlich, medizinisch, z. B. … student (Medizinstudent)
56 Primäre Wiederbelebungsmaßnahmen (Abkürzung)
58 Flügelförmig, geflügelt, z. B. ... ligaments (vom Dens axis zum Os occipitale)
59 Der geistigen Entwicklung entsprechendes Alter, Intelligenzalter (Abkürzung)
60 Siegel, sicherer Verschluss, verschließen, z. B. …ed source (eingekapselte Strahlenquelle)
61 Vorgefühl, Vorsymptome (vor Anfall)
62 Von hinten nach vorn (Abkürzung)
63 Koronarinsuffizienz (Abkürzung)
67 Harnstoff-Stickstoff im Blut (Abkürzung)

72

73

Waagerecht:

1 (Aus Arzt-Patient-Gespräch:) Wo bekommen Sie die Schmerzen?
8 Intravenöses Urogramm (Abkürzung)
10 Gießen, schütten, z. B. to … out one's heart (sein Herz ausschütten)
12 Beidseitig
15 Wasserkopf
16 Wirkend, tätig, aktiv, z. B. an … mind (ein reger Geist)
17 Mitralstenose (Abkürzung)
18 Ein Nierenhormon
19 Thromboplastinzeit (Abkürzung)
20 Korn, Mais, Hühnerauge (ugs.)
21 Rand, z. B. full to the … (randvoll)
23 Übergang, z. B. …al epithelium (Übergangsepithel der Harnwege)
24 Kniescheibe
27 Ärztlicher Notdienst (Abkürzung)
29 Auf den Mund bezogen, z. B. … character (Persönlichkeitstyp in Psychoanalyse)
30 Verbindung zwischen einem Atom eines Elements und zwei Atomen Sauerstoff
32 Rubidium (Elementsymbol)
35 (Zeitungs-)Anzeige (ugs.)
36 (Aus Arzt-Patient-Gespräch:) Sehen Sie doppelt?
38 Osmium (Elementsymbol)
39 Diabetische Retinopathie (Abkürzung)
40 Naht
41 Geburtsjahr (Abkürzung)
42 Der geistigen Entwicklung entsprechendes Alter, Intelligenzalter (Abkürzung)
43 Saß, gesessen (von sitzen)
44 Osteomyelitis (Abkürzung)
45 Blutplättchen
47 Über, z. B. to worry … something (sich wegen einer Sache Sorgen machen)
48 Aluminium (Elementsymbol)
49 Manisch
50 Bleibend, z. B. … deformation (bleibende Verformung)
52 Zellvermittelte Immunität (Abkürzung)
53 Horn, z. B. anterior … (Vorderhorn des Rückenmarks)
55 Osmotischer Druck (Abkürzung)
56 Hämoglobin S (Abkürzung)
58 Stuhl, Lehrstuhl, z. B. …man (Vorsitzender)
60 Echinococcus granulosus (Abkürzung)
61 Ärgern, schikanieren, z. B. …ed (beunruhigt, geängstigt)
62 Eitel, leer, z. B. … efforts (vergebliche Bemühungen)
63 Eiförmig, oval, z. B. ... window (ovales Fenster des Innenohrs)
65 Folsäure
68 Weißes Blutkörperchen (Abkürzung)
69 Mitesser
70 Griffelfortsatz der Speiche

Senkrecht:

1 (Aus Arzt-Patient-Gespräch:) Welches Wetter ziehen sie vor?
2 Radialispuls (Abkürzung)
3 Unkonjugiertes Bilirubin (Abkürzung)
4 Durch die Wand, z. B. … infarction (Herzinfarkt vom Endokard bis zum Epikard)
5 Bluterbrechen (britische Schreibweise)
6 Angewandt, praktisch, z. B. … anatomy (angewandte Anatomie)
7 Lärmbedingter Hörverlust, Lärmschaden
9 Unternehmen, übernehmen, z. B. to … a risk (ein Risiko eingehen)
10 Voraussage des Verlaufs einer Krankheit
11 Harnstoffstickstoff
13 Eingang, z. B. pelvic … (Beckeneingang, Apertura pelvis superior)
14 (Aus Arzt-Patient-Gespräch:) Was machen Sie den ganzen Tag?
21 Blutdruck (Abkürzung)
22 Innerhalb des Brustkorbs (Abkürzung)
25 Säure, sauer
26 Fallgeschichten
28 Stimmung, z. B. … disorder (affektive Störung)
31 Gelblich gefärbt (z. B. Liquor)
33 Busen
34 Glutaminsäure
37 Lehre von den Erkrankungen der Harnwege (Abkürzung)
40 Hautkrebs
42 Mittlerer, Mittelwert, Durchschnitt, z. B. arithmetic …
45 Pumpe, pumpen, ugs. für Herz
46 Übliche Bezeichnung für Eierstock Eileiter umgebendes Bauchfell
51 Rollen, z. B. …ing gait (wiegender Gang, Seemannsgang)
54 Lesen, z. B. …ing disability (Leseschwäche)
57 Biopsie (Abkürzung)
59 Hämagglutinationshemmtest (Abkürzung)
61 Scheidenspülung (Abkürzung)
62 Blutvolumen (Abkürzung)
64 Vakuumextraktion (Abkürzung)
66 Hirnschlag (Abkürzung)
67 Code der Alphaaminosäure Cystein
68 Weltgesundheitsorganisation (Abkürzung)

73

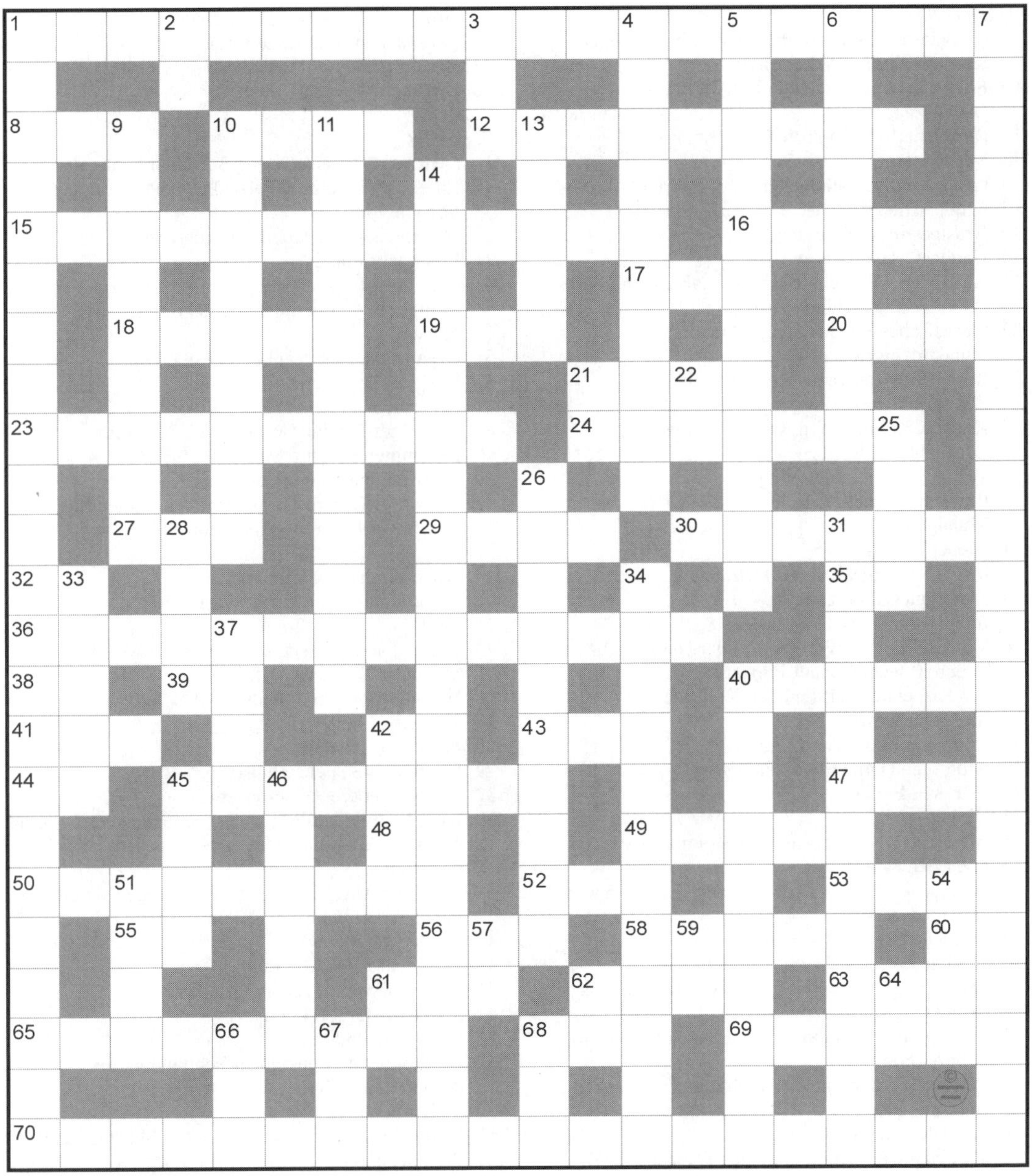
1
2
3
4
5
6
7
8
9
10
11
12
13
14
15
16
17
18
19
20
21
22
23
24
25
26
27
28
29
30
31
32
33
34
35
36
37
38
39
40
41
42
43
44
45
46
47
48
49
50
51
52
53
54
55
56
57
58
59
60
61
62
63
64
65
66
67
68
69
70

74

Waagerecht:

1 Gemeinsame Sehnenscheide der Fingerbeuger
9 Kardiovaskulär (Abkürzung)
10 Für sein (Schwangerschafts-)Alter zu klein (Abkürzung)
11 Retrolentale Fibroplasie (Abkürzung)
13 Verdünnen
15 Gruppe humanpathogener Picornaviren (Akronym)
17 Kindbettfieber
19 Brustgestillt (Abkürzung)
20 Hauttest (Abkürzung)
21 Ausbilden, sich schulen, z. B. ...able (schulbar, z. B. bei geistig Behinderten)
22 Statistisches Streuungsmaß (Quadrat der Standardabweichung)
24 Rote Blutkörperchen (Kurzbezeichnung)
25 Eiweißspaltendes Enzym
27 Knospe, Keim, Anfangsstadium einer Organentwicklung
29 Teilremission (Abkürzung)
30 Riechen, Geruch, z. B. her breath ...s (sie hat Mundgeruch)
31 Bienenstich
33 In-vitro-Fertilisation (Abkürzung)
34 Zielorgan (Abkürzung)
35 Intensivstation (Abkürzung)
36 Vom Zellkörper (Perikaryon) der Nervenzelle (Neuron) wegleitender Fortsatz
37 Ein Dispersionszustand von Kolloiden
38 Muskelgeschwulst
39 Immunglobulin (Abkürzung)
40 Atopische Dermatitis (Abkürzung)
42 Höchster Punkt
44 Hinken
46 Blau, z. B. ... fever = Rocky Mountains spotted fever (Rickettsiose)
48 Dass, jene, jener, z. B. let it go at ... (lassen wir es dabei bewenden)
49 Tödliche Dosis (Abkürzung)
50 Erhöhte Zahl von Erythrozyten im Blut
53 Gray = abgeleitete SI-Einheit der Energiedosis (Einheitenzeichen)
55 Eosinophiler Granulozyt (Kurzbezeichnung im Laborjargon)
56 Rechter Brustbeinrand (Abkürzung)
57 Die Zelle betreffend
61 Ethylalcohol (Abkürzung)
62 Vereinigung, Verbindung, Gewerkschaft, z. B. ... Jack (Britische Nationalflagge)
64 Behinderung
65 Endoskopische retrograde Pankreatikographie (Abkürzung)
66 Straff, gespannt
67 Rechter Mittellappen (Abkürzung)
68 Spiegel, z. B. ... image (Spiegelbild)
70 Den After betreffend
71 Weg, fort
72 Grob, unfein, roh, z. B. ... anatomy (makroskopische Anatomie)
73 Berühmte Klinik in Rochester (Minn.)
76 Brustbein-Rippen-Gelenke

Senkrecht:

1 (Aus Arzt-Patient-Gespräch:) Ich möchte, dass Sie für einige Tage in das Krankenhaus kommen (I'd like you to ...)
2 Mechanokardiographie (Abkürzung)
3 Eierstockfollikel
4 (Aus Arzt-Patient-Gespräch:) Sie sind zur Beratung bezüglich Familienplanung gekommen? (you've come ...)
5 Organische Herzkrankheit (Abkürzung)
6 Speichel betreffend
7 Äußerlich, äußere, z. B. ... iliac artery
8 (Aus Arzt-Patient-Gespräch:) Wie häufig bekommen Sie Ihre Monatsblutung?
10 Kreuzbeinnervengeflecht
12 (Aus Arzt-Patient-Gespräch:) Wie fühlen Sie sich gerade vor Ihren Monatsblutungen? (how do you ...)
14 Extrazellulär (Abkürzung)
16 Hämoglobin SC (Abkürzung)
18 Fünf
23 Kunst, Fachgebiet, z. B. state of the ... (aktueller Stand der Wissenschaft)
26 Magnetresonanzdarstellung (Abkürzung)
27 Wanze, Abhörvorrichtung
28 Forschung, forschen
29 Übermäßige Speichelabsonderung
32 Ein Neugeborenes betreffend
39 Bild, Leitbild, Abbild, z. B. she is the very ... of her mother (sie ist ihrer Mutter wie aus dem Gesicht geschnitten)
41 Machte, tat, z. B. you ... well to come (Sie taten gut daran zu kommen)
43 Kind (Abkürzung)
45 Erstgebärende (Abkürzung)
46 Burkitt-Lymphosarkom (Abkürzung)
47 Harnkatheter (Abkürzung)
51 Hodenentzündung
52 Blutkörperchensenkungsgeschwindigkeit (Abkürzung)
54 Sich erholen
58 Fehlende Erschlaffung der glatten Muskeln, z. B. der Speiseröhre
59 Polster, Wattetupfer, Kompresse, z. B. infrapatellar fat ... (Fettkörper unterhalb der Kniescheibe)
60 Ungewiss, zweifelhaft, z. B. ... temper (unsteter Charakter)
61 Einlauf
63 Entzündung des äußeren Gehörgangs (Abkürzung)
69 Interleukin (Abkürzung)
74 Tripper (Abkürzung)
75 Patellarreflex (Abkürzung)

74

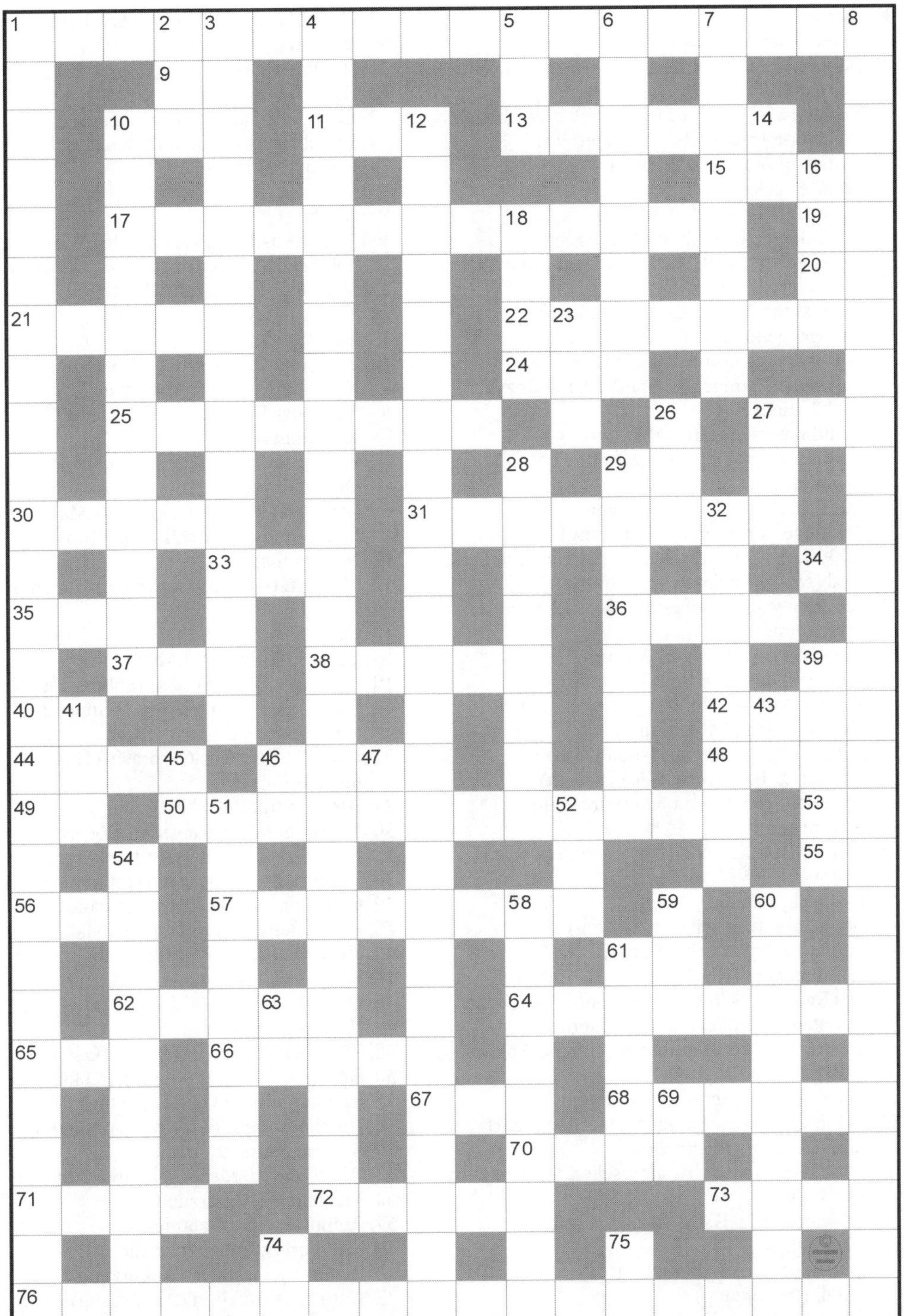
1
2
3
4
5
6
7
8
9
10
11
12
13
14
15
16
17
18
19
20
21
22
23
24
25
26
27
28
29
30
31
32
33
34
35
36
37
38
39
40
41
42
43
44
45
46
47
48
49
50
51
52
53
54
55
56
57
58
59
60
61
62
63
64
65
66
67
68
69
70
71
72
73
74
75
76

75

Waagerecht:

1 Untere Nasenmuschel
10 Damals, dann, z. B. from … (von da an), till … (bis dahin)
11 Nachholwachstum (beschleunigtes Wachstum nach vorübergehender Verzögerung)
14 Oxalessigsäure (Abkürzung)
15 Fleck, Klecks
16 Aufwachraum (nach Narkose)
17 Ansteckende Krankheit (Abkürzung)
18 Hatte, gehabt, z. B. she … her arm broken (sie brach sich den Arm)
19 Okulokutaner Albinismus (Abkürzung)
20 Einlage, gegossene Zahnfüllung
21 Phytohämagglutinin (Abkürzung)
23 Polymorphkerniger basophiler Granulozyt (Abkürzung)
24 Vanillinmandelsäure (Abkürzung)
25 Chronische myeloische Leukämie (Abkürzung)
26 Urobilinogen (Abkürzung)
27 Auf Schall oder Hören bezogen
28 Zentralnervensystem (Abkürzung)
29 Schwer, z. B. a ... drinker (ein starker Trinker), ... food (schwerverdauliche Nahrung)
31 Schwangerschaft außerhalb der Gebärmutter (Abkürzung)
33 Tabakmosaikvirus (Abkürzung)
34 Einfügen, ansetzen (von Muskeln)
35 Magen-Darm-Entzündung (Abkürzung)
36 Langzeitpflege (Abkürzung)
37 Haken, z. B. …worm (Hakenwurm)
38 Reizbar, z. B. … cough (Reizhusten)
41 Granulom, vor allem bei tertiärer Lues
42 Schlangengift
44 Wen, z. B. to … (wem), by … (durch wen)
45 Flohstich
47 Wollhaar, Flaum
49 Doppelblindversuch (Abkürzung)
52 Cholecystokinin (Abkürzung)
53 Schrittmacher (Abkürzung)
54 Das Rauchen betreffend, z. B. no … (Rauchen verboten), … room (Raucherzimmer)
55 Rechtsanteriorer Hemiblock (übliche Abkürzung in Ekg-Befund)
57 Code der Alphaaminosäure Glycin
58 Durchdringend, schneidend, stechend, z. B. … pain (stechender Schmerz)
59 Beendigen einer Schwangerschaft vor Ende der 28. Woche
61 Schwimmen, z. B. my head …s (mir ist schwindlig)
64 Angina pectoris (Abkürzung)
65 Anfall (Abkürzung)
66 Eines der beiden Vorhofsäckchen im Innenohr
68 Hals, Nasen und Ohren (Abkürzung)
69 Wir, uns
71 Harntrakt (Abkürzung)
72 Bein
73 Ellenseitig, auf die Elle bezogen, z. B. … artery
74 Vertebrobasiläre Insuffizienz (Abkürzung)
75 Epiphysenknorpel

Senkrecht:

1 (Aus Arzt-Patient-Gespräch:) Wissen Sie, ob Sie hohen Blutdruck haben? (do you know …)
2 Unreife rote Blutzelle (letzte Stufe vor dem Erythrozyten)
3 Nierenleiden
4 Submuköse Resektion (Abkürzung)
5 Kälte-Druck-Test (Abkürzung)
6 Normaler Blutdruck (Abkürzung)
7 Kindesmissbrauch
8 Kurzbezeichnung für eine beliebte histologische Doppelfärbung
9 (Aus Arzt-Patient-Gespräch:) Macht etwas ganz Bestimmtes dies schlimmer? (does …)
11 Mageneingang
12 (Aus Arzt-Patient-Gespräch:) Hatten Sie je eine Bronchitis?
13 Geruch
15 Basalzellkarzinom (Abkürzung)
19 Dunkel, z. B. …disease (unbekannte Krankheit)
22 Sich (an eine Umgebung, Temperatur, Höhe) anpassen
23 (Aus Arzt-Patient-Gespräch:) Bitte sehen Sie auf meinen Finger!
27 Atrioventrikulär (Abkürzung)
30 Transplantat vom eigenen Körper
32 Harn-Geschlechts-Trakt (Abkürzung)
36 Verminderte Zahl von Lymphozyten im Blut
39 Code der Alphaaminosäure Isoleucin
40 Beurteilung (eines Krankheitsfalls)
43 Venezolanische Pferdeenzephalitis (Abkürzung)
44 Wegener-Granulomatose (Abkürzung)
46 Dreieck, z. B. carotid … (Karotisdreieck [Halsgegend])
48 Zäpfchen, z. B. … of palate (Gaumenzäpfchen)
50 Britische Ärztevereinigung (Abkürzung)
51 Immunglobulin G (Abkürzung)
56 Humanes Papillomavirus (Abkürzung)
60 Schreien, brüllen, heulen
62 Westliche Pferdeenzephalitis (Abkürzung)
63 Metatarsal (Abkürzung)
67 Rubinrot, roter Hautpickel
70 Millicurie (Einheitenzeichen)
72 Bewusstseinsebene (Abkürzung)
73 Harnwegsinfektion (Abkürzung)
74 Virushepatitis (Abkürzung)

75

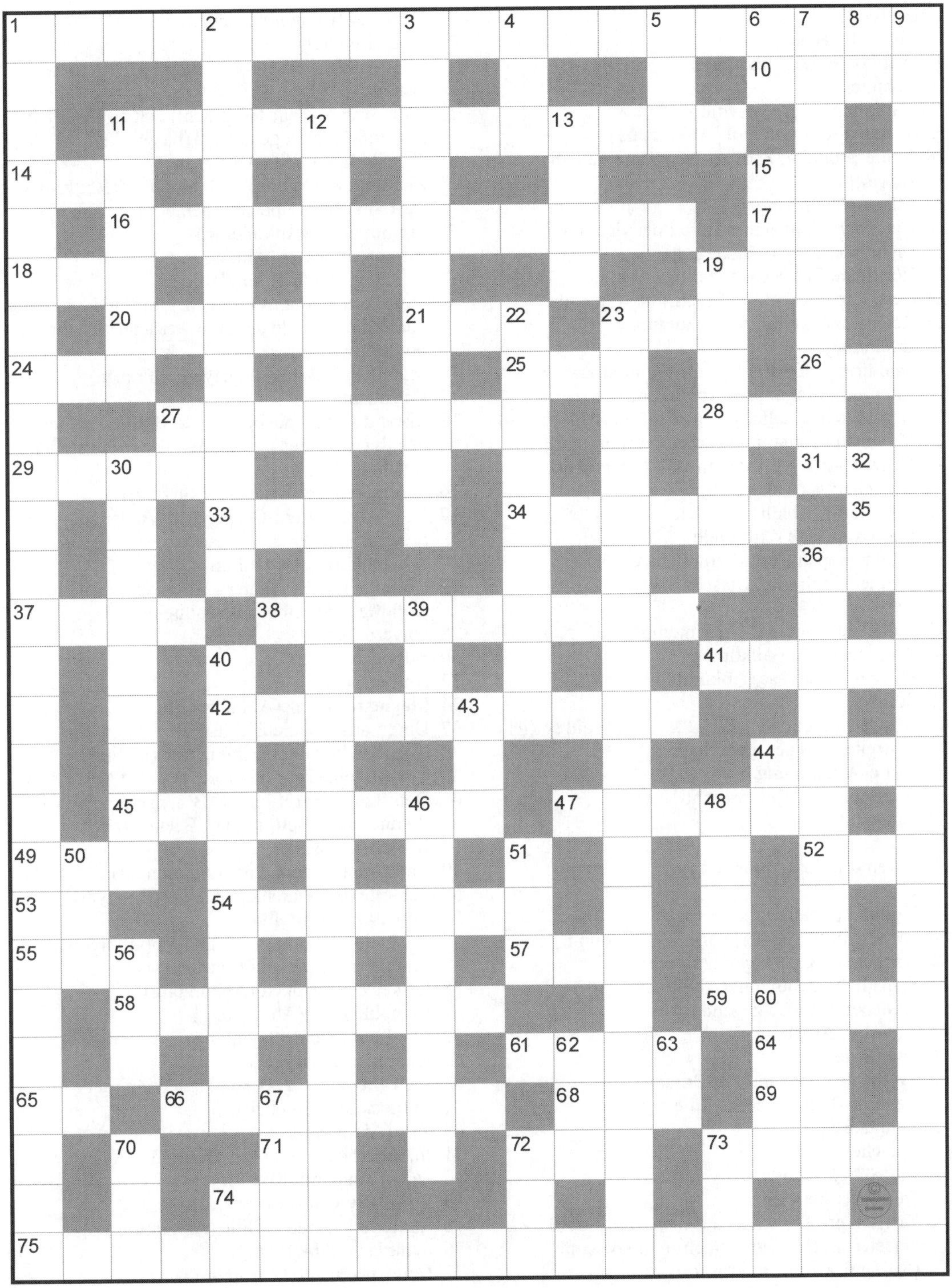

76

Waagerecht:

1 Herzschwäche
9 Antikörper (Abkürzung)
10 Schulter
14 Cadmium (Elementsymbol)
15 Tetrahydrocannabinol (Abkürzung)
18 Immer, ständig, z. B. As … yours (stets Ihr, Briefschluss)
19 Magenentzündung
21 Code der Alphaaminosäure Phenylalanin
22 Mehrgebärende (Abkürzung)
23 Westliche Pferdeenzephalitis (Abkürzung)
24 (Aus Arzt-Patient-Gespräch:) Ist Ihnen übel?
25 Rechtsschenkelblock (Abkürzung)
26 Ernährung
29 Schläfrig, schlaftrunken, benommen
31 Adenosindesaminase (Abkürzung)
33 Gesundheitserhaltungsorganisation (Abkürzung)
35 Maximaler Einatmungsdruck (Abkürzung)
36 Murray-Valley-Enzephalitis = Australische X-Enzephalitis (Abkürzung)
37 Dünndarm (Abkürzung)
38 Endoskopische retrograde Cholangiopankreatikographie (Abkürzung)
40 Kleiner Hohlraum, Bläschen
41 Herzton
43 Linke Herzkammer (Abkürzung)
44 Körpergewicht (Abkürzung)
45 Phosphodiesterase (Abkürzung)
46 Sohn
47 Abstreiten, leugnen, z. B. I .. having said so (ich bestreite, dies gesagt zu haben)
48 Auf eine Lähmung bezogen, z. B. … ileus
51 Ein Edelgas (Atomgewicht 10,2)
52 Augenlid
53 Lunge
54 Intramuskulär (Abkürzung)
57 Elle
59 Vollblut (Abkürzung)
60 Abweichung von der Norm, Fehlbildung
61 Seitlich, z. B. … condyle of femur
63 Künstliche Beatmung (Abkürzung)
64 Knöchel, Knöchelgegend
65 Unterlid (Abkürzung)
66 Onkologe
68 Erythema nodosum (Abkürzung)
69 Zehn, z. B. the upper … (die oberen Zehntausend)
70 Speichel
72 Luftröhrenschnitt
74 Den After betreffend
76 Kritisch prüfen, scharf ansehen, (mit Strahl) abtasten, z. B. …ning electron microscope (Rasterelektronenmikroskop)
78 Deziliter (Einheitenzeichen)
79 Oberer Nierenpol

Senkrecht:

1 (Aus Arzt-Patient-Gespräch:) Hat es sich in den letzten Monaten geändert? (has it …)
2 Taucherkrankheit (Abkürzung)
3 Zählung, Rechnung, z. B. blood … (Blutbild)
4 Systemischer Lupus erythematodes (Abkürzung)
5 Fremdkörper (Abkürzung)
6 Intrauterinpessar (Abkürzung)
7 Eintägig, flüchtig, kurzlebig, z. B. … fever
8 (Aus Arzt-Patient-Gespräch:) Ihr Kind kann nicht durch die Scheide geboren werden (it is not possible for …)
11 Männlicher Behaarungstyp bei Frauen
12 Entsalzung
13 Instand setzen, ausbessern, z. B. to … someone's health (jemandes Gesundheit wiederherstellen)
14 Jochbein (ugs.)
16 Zentralvenöser Druck (Abkürzung)
17 (Aus Arzt-Patient-Gespräch:) Wie lange haben Sie erbrochen?
20 Gerstenkorn (Hordeolum)
27 Rollhügel, z. B. greater …., lesser … (die beiden Rollhügel des Oberschenkelbeins)
28 Unvermögen
30 Ellbogen
32 Aminosäure
34 Magnetresonanz (Abkürzung)
37 Unterzungenspeicheldrüse
39 Körperliche Untersuchung (Abkürzung)
40 Lipoproteine sehr niedriger Dichte (Abkürzung)
42 Den Bauch betreffend, z. B. … actinomycosis
45 Pfanne (auch Bettpfanne), Becken (auch Klosettschüssel)
49 California-Enzephalitis (Abkürzung)
50 Schleife des Nierenkanälchens (Eponym)
55 Mürrisch, verdrießlich
56 Erwachen, z. B. in her … hours (in ihren wachen Stunden), … dream (Tagtraum)
58 Linker Unterlappen (Abkürzung)
61 Lymphknoten (Abkürzung)
62 Thallium (Elementsymbol)
67 Klammer, Klemme
68 Sich entziehen, z. B. to ... detection (der Entdeckung entgehen)
69 Typ (Abkürzung)
71 In, innerhalb, an, auf, z. B. blind … one eye (auf einem Auge blind)
73 Ihr (Dativ von she)
75 Bakterielle Endokarditis (Abkürzung)
76 Scharlach (Abkürzung)
77 Herzspitzenstoß (Abkürzung)

76

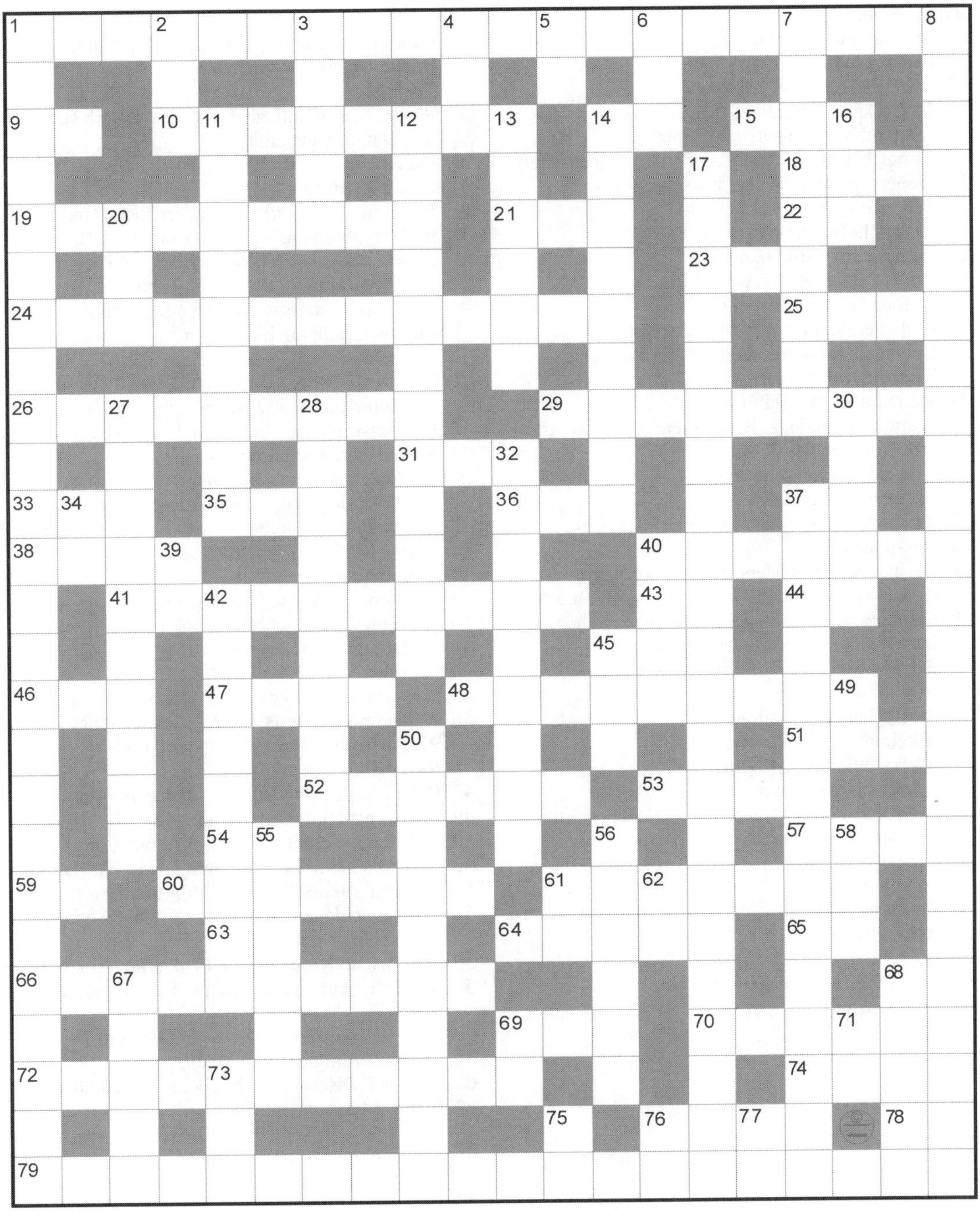
1
2
3
4
5
6
7
8
9
10
11
12
13
14
15
16
17
18
19
20
21
22
23
24
25
26
27
28
29
30
31
32
33
34
35
36
37
38
39
40
41
42
43
44
45
46
47
48
49
50
51
52
53
54
55
56
57
58
59
60
61
62
63
64
65
66
67
68
69
70
71
72
73
74
75
76
77
78
79

77

Waagerecht:

1 Arteria iliaca interna
10 Beschleunigt
12 Edel, z. B. … gas (Edelgas)
13 Ton, Klang, Tonfall, z. B. … deafness (Tontaubheit, sensorische Amusie)
14 Samen betreffend, z. B. … fistula (Samenfistel)
15 Fieber (speziell bei Malaria)
18 Zervixdysplasie (Abkürzung)
19 Acetylcholin (Abkürzung)
20 Intrapleural (Abkürzung)
21 Äußere Haarzellen (Abkürzung)
22 Aufbauender Stoffwechsel
23 Code der Alphaaminosäure Asparagin
25 Ethylendiamintetraessigsäure (Abkürzung)
27 Tripper (Abkürzung)
28 Standardfehler (Abkürzung)
29 Warum, weshalb, z. B. the great …s of life (die großen Fragen des Lebens)
30 Schneide, Ecke, schärfen
33 Antigen (Abkürzung)
35 Keim, z. B. … layer (Keimblatt)
37 Herzmuskel
38 Rechtsseitiger Leistenbruch (Abkürzung)
39 Relative biologische Wirksamkeit (Abkürzung)
40 Einäugig, z. B. … vision (einäugiges Sehen)
41 Intraokulärer Druck (Abkürzung)
42 Extrapyramidales motorisches System (Abkürzung)
43 Prostaglandin (Abkürzung)
44 Alkaloid der Tollkirsche (Parasympathikolytikum)
45 Lehre von den Giften
48 (Aus Arzt-Patient-Gespräch:) Können sie diese Nadel fühlen?
51 Lebensraum (im Sinne von Kurt Lewin)
53 Fresszelle
56 Auslassen, z. B. to ... to do something (vergessen, etwas zu tun)
57 Harnentleerung
61 Anregend, Anregungsmittel
64 Einpflanzung der Speiseröhre in den Leerdarm

Senkrecht:

1 (Aus Arzt-Patient-Gespräch:) Ich möchte einen Rachenabstrich vornehmen
2 Techniker
3 Regel, Normalfall, z. B. by … of thumb (über den Daumen gepeilt)
4 Höhenangst
5 Innere Medizin
6 Bedingung, körperliche und seelische Verfassung
7 Reiben, abreiben, einreiben (Salbe), z. B. friction … (Reibegeräusch [der entzündeten Pleura])
8 Akuter Notfall, z. B. … childbirth
9 (Aus Arzt-Patient-Gespräch:) Sie sind in letzter Zeit nicht glücklich gewesen?
11 Sterberate
16 (Aus Arzt-Patient-Gespräch:) Irgendwelche anderen Krankheitszeichen?
17 Blutausstrich
24 Salicylsäure (Abkürzung)
26 Desoxyguanosin (Abkürzung)
31 Wiedereinlagerung von Calciumsalzen
32 Schwindel, Übelkeit
34 Dünne Schicht, Film, z. B. … on teeth (Zahnbelag)
35 Glomerulosklerose (Abkürzung)
36 Rasselgeräusche (Abkürzung)
37 Beifall, gute Laune, zujubeln, z. B. … up (Kopf hoch!)
43 Hinterseitenwandinfarkt (Abkürzung)
46 Außen, hinaus, z. B. to be … on account of illness (wegen Erkrankung der Arbeit fernbleiben)
47 Hier, z. B. this belongs … (dies gehört hierher)
49 Folsäureantagonisten (Abkürzung)
50 Fieber unbekannter Herkunft (Abkürzung)
52 Positronenemissionstomographie (Abkürzung)
53 Prämenstruelles Syndrom (Abkürzung)
54 Schlag, schlagen, Schlager, z. B. she's badly … (es hat sie schlimm erwischt)
55 Chronische lymphatische Leukämie (Abkürzung)
58 Vorsilbe bei Fachbegriffen mit der Bedeutung gleich
59 Nebennierenrindenhormon (Abkürzung)
60 Immunserumglobulin (Abkürzung)
62 Oberer Speiseröhrenschließmuskel (Abkürzung)
63 Eisen (Elementsymbol)

77

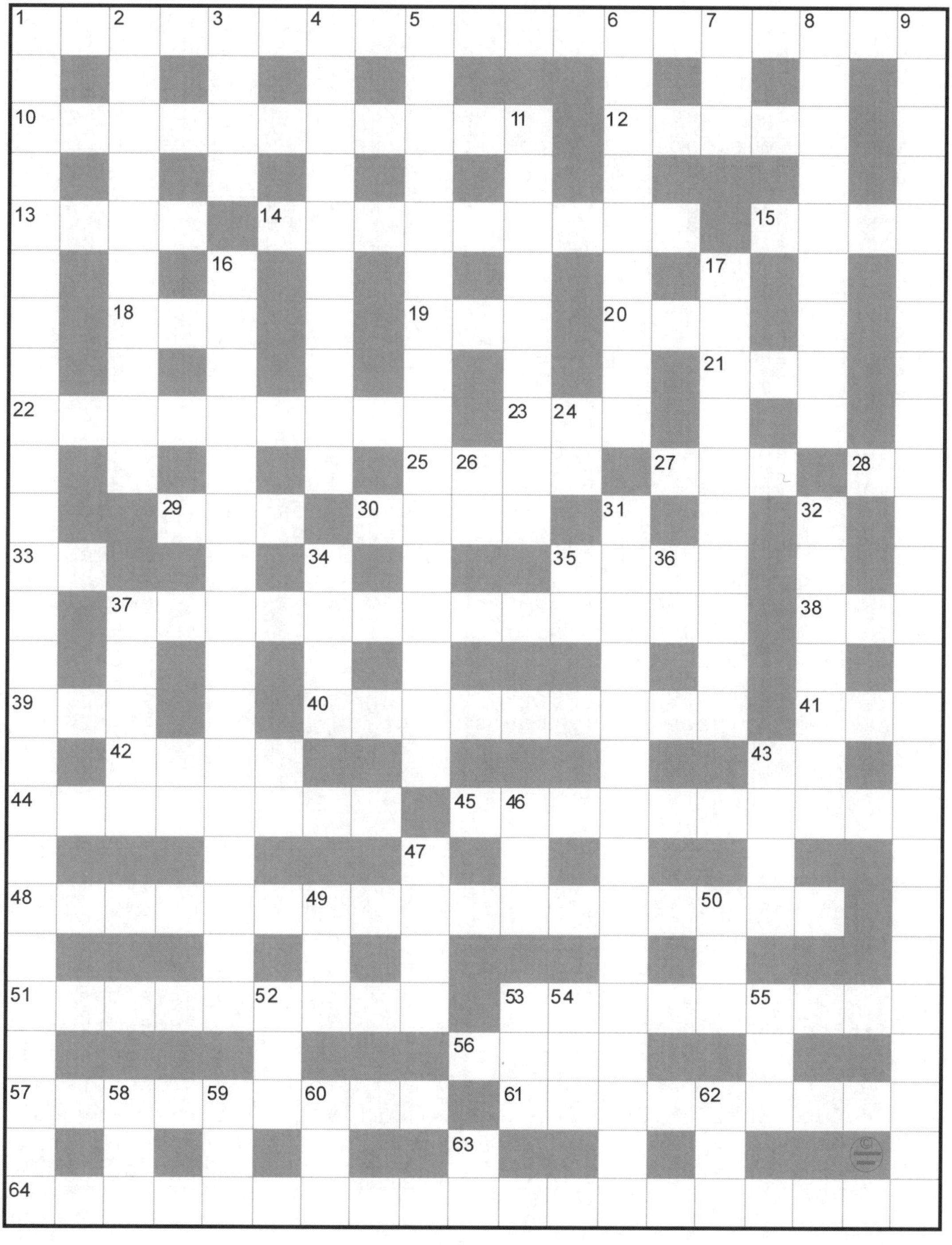

Lösungen 1–9

```
I WI LLGI VEYOUACHECKUP
W LUL J D U E L
ORS MYOCARDITIS NONE
U O B C S O T A
LEFTATRIUM AGEUSIA S
D T R E L E E F G PE
LATERALMARGINOFORBIT
I I E O T G O A GU
K S G COIL QUIT DOER
EMS I A O P SKELETON
T U OFTEN SV E NO
O E N I Y T TUFT N
EV AORTICARCH ONLY
X R B N A H A R O
ARENA OPSIC MUCH U
M T S C O C H A E MR
I R IRRITABLEBLADDER
NPO C E E L A A T AI
E SWAMP MCI LAD HANG
Y T N I E N M J I SH
O E X TIN D U ULNA T
U RDI U T N CYS KISS
NPN EASE ZERO T ID I
O A T S S S E N D
WILLYOURHUSBANDAGREE
```

1

```
BURNINGWITHURINATION
R N F N E O E R E
E REFER D ROLECHANGE
A E A FUND E NEED
TUNINGFORK OPTICS A
H A T E A A L B PAIN
E LID ARTERIALWALL Y
T M E R I R Y A S
HAEMATOPOIESIS NEEP
R D T F N S N FATE E
O U HAD STIGMA GPC
U L EFA V S A I
GALLBLADDERCARCINOMA
H A R THAT C I X L
Y GUSH M OUTPATIENT
O W S S I I E R
UTI H SMALLINTESTINE
R TUBE P Y Y A
M H O PEP OXYGENDEBT
ORDER O LA U R M
U R D THENAREMINENCE
T A E T SC G A N
HOWAREYOUATTHEMOMENT
```

2

```
DIDYOUGOTOYOURDOCTOR
O V FHT R I O O
Y BLAST Y LYE S DULL
O E R H R O TICKLE L
UTERINEHORN E O I O
F F A R I GER V V KV
EAT N MUD I I EVEN E
E A C O E T T R ROAR
L PHARMACEUTIC O O
PHE N E T D S MAIDEN
A W C T OTIC A L T
I OBESE M N INCH WHO
N R R RAY A N H I Y
WOMB M L TOILET O
H C VIBRATE N L DU
E PUO I O R RSE EVER
NMR N T N CBC REVEAL
Y OPERATE H E Y E FE
O C B M M O L MIND F
USE I I AWFUL U TILT
B DROWN R F U RI H S
E U P RAO LCM R CI
N R S C O O A UNIT D
DOESYOURWATERDRIBBLE
```

3

```
DISCHARGEFROMYOUREAR
I U E F L U CEA O
DENIAL BAKERSCYST L
Y L C P PCR REAL
ODONTOLOGY FL UPON O
U H A C E N C V
HIRSCHSPRUNGSDISEASE
A O A O S FOWL C R
VALERICACID F A ALSO
E E E I O E NETTLE N
AURA MARRIAGE E GGT
N E E L E T C R L O
OPV RAW BH K ACUITY
R E U O C B L M O
MDR PERIOSTEUM BBT U
A S T K L E N P A BR
LEAN READINGDISORDER
D L P R I T E L DI
EZ ALE GNRH STUPOR G
L A J R C R R H
INJECT PURINELOWDIET
V O E A R B N G O S
E BAN BOYS ODOR S BI
R T L O E AXIS D
YOUHAVEPULLEDAMUSCLE
```

4

```
DOYOUHAVECONVULSIONS
I L D H D M E
S NECKOFTALUS O POLE
C A E HR ORAL N
HYPERLIPEMIA ZONAL A
A A R O F Y N TN
RIGHTPULMONARYARTERY
G E I N A H F A AB
ERR VOCALLIGAMENT IL
F I E O S L G V INTO
REAL UNIPOLAR E O O
O T U D R APRON MD
MYRINGITIS TNM D S I
Y I D T N I U VD E N
O CHE I GANGLIA GREY
U S ROOM C OPSI T O
RR BLANCH OTC O CO U
V T Y E Z M Y ANULAR
ADI IDDM SPIT C RI W
G S N Z L O T EC A
INSIGHT HEELSHINTEST
N U Y M T I V L E
AREYOURBOWELSREGULAR
```

5

```
HAVEYOUEVERHADASTHMA
O E E A C C R H
W MBL ATG D MUTUAL U
L E L G E I E I N SN
ORTHODONTICS DO SAND
N A W R A U T N M RR
GUM FDA RLL RETAINE
H OWE P I O U R SCID
AIR V HLA MALLEUS DP
V P EGO N E Y M I LE
ETHER BT ONE O OVER
Y O RING I AXR N C
OBSERVATION B T AWE
U I H CN G STERN N
H STAFF G OTORRHEA T
AV B E I M L O U MR
D O D R V Y UPDATE E
A FROSTBITE T E R L
CSF M I T LYE COCCI
O Y L I I Z P A
U BIONICS TWELFTHRIB
G O M T I R U I L
HOWMANYDAYSDOYOULOSE
```

6

```
HOWMUCHDOYOUWEIGHNOW
A C M P I E H
VALVULARHEARTDISEASE
E R G T O N LP N
TRIIODOTHYRONINE END
O V G A T O DX I
GOBLETCELL HBC I CD
E N O MAPLE E S Y
TANNICACID AMNION O
U E T T C N L T RAI U
PACKAGEINSERT D R
I R L D E C HAPPEN P
NOON STIR K I RRNA
T P S O V OWN SSS I
H H U N E F S U OPEN
EGO S G CF U PUFF S
N B POUND INR E S B
I I E E B A RELATE
G ACNE COLUMN E ECOG
H C L L C G E I
THESEPILLSAREFORPAIN
```

7

```
WHATABOUTYOURSEXLIFE
E B M O P I P I V
N SLENDERNESS INVADE
E T L A S N E S E IR
EPIDIDYMITIS DIURNAL
D N O H O N V O F PO
THEIR O NEGLECT LUES
O N A S F O I O U RT
TIC TIP RPF N MAKE C
A E I I GA F S Y E O
KW SORT CARBON W SON
E I N A T O FIVE PS
SANE LEU N L ENBLOC
O T C R TOO S I I
M EXANTHEMA W TATTOO
EAR T L L E I B U
X TEARGAS STRABISMUS
R R R R GIRL U N
AGITATED N I LEGUME
Y G C E T U M A A S
SPONTANEOUSABORTIONS
```

8

```
HYPERIRRITABILITY
O D E C S I A N N O
W ACCIDENT VF O U
D U X P ENTER
INHERITANCE R R B
D U R C SPOT ORL
TEMPERATE T I CP O
H O N C I L I O
E R THELARCHE CBD
AL V L N O I P
CANIHAVEYOURARM R
CX TY T S I HE
I SAPROPHYTE TOES
DZ LOS I I MS
E C T PANCREAS I U
N O E U G E A M R
T MENIERESDISEASE
HIP S R L S I
A O I P SILICOSIS
PINHOLE E E S H
PDE N RE DG FUNGI
EENT FARM A M G
NATURALCHILDBIRTH
```

9

Lösungen 10–18

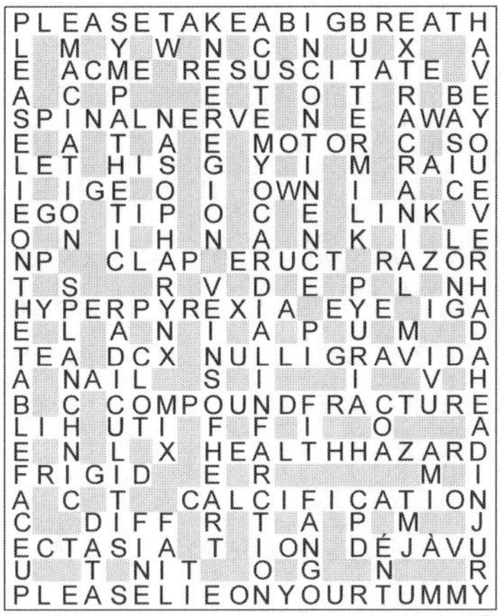
10

11

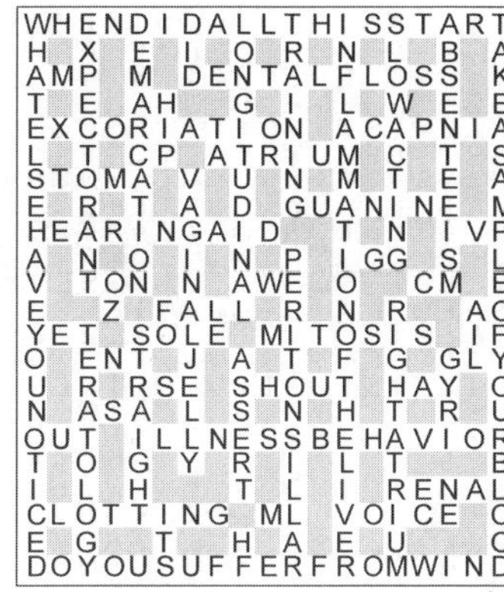
12

13

14

15

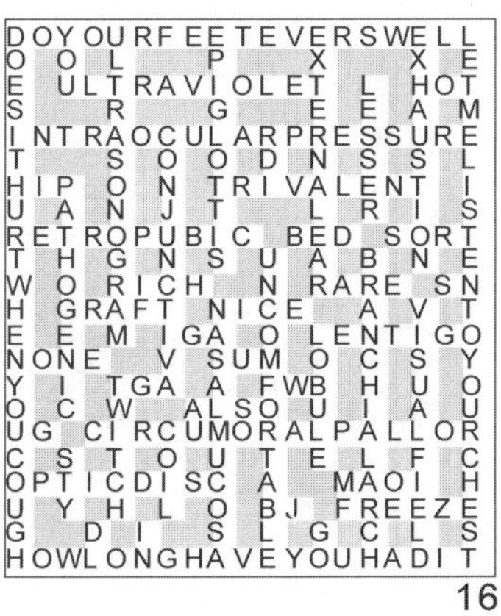
16

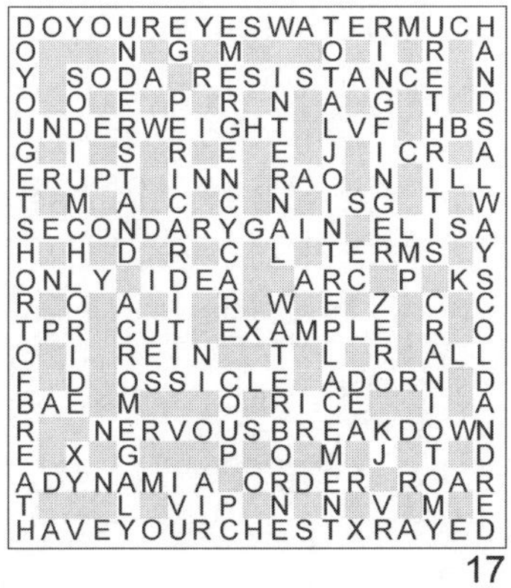
17

18

Lösungen 19–27

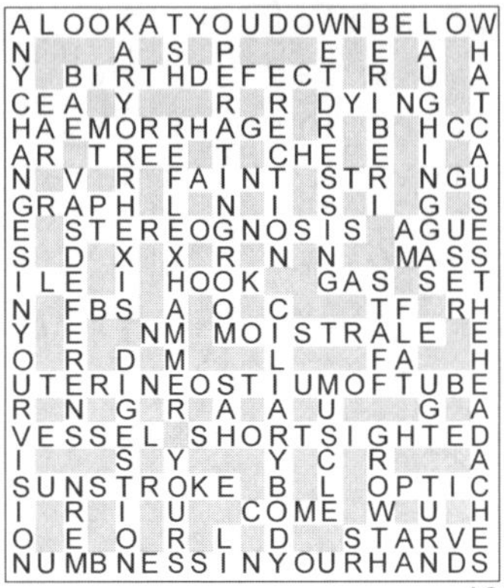

19

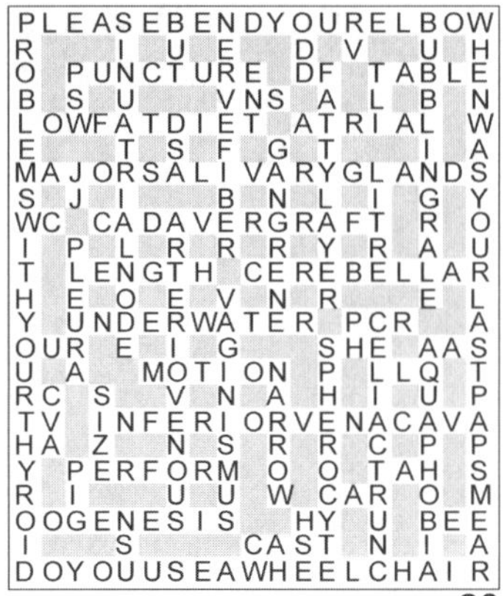

20

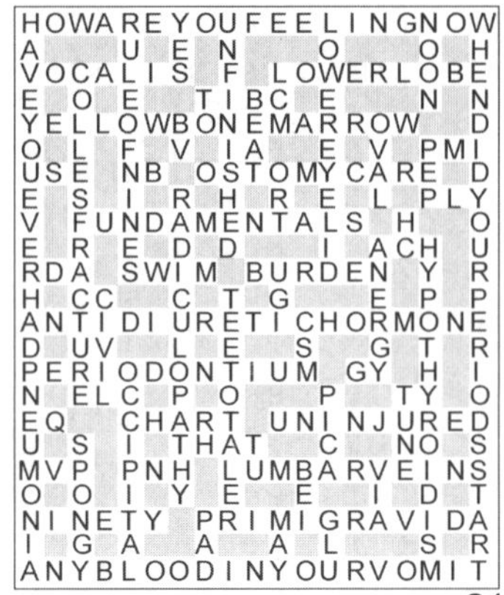

21

22

23

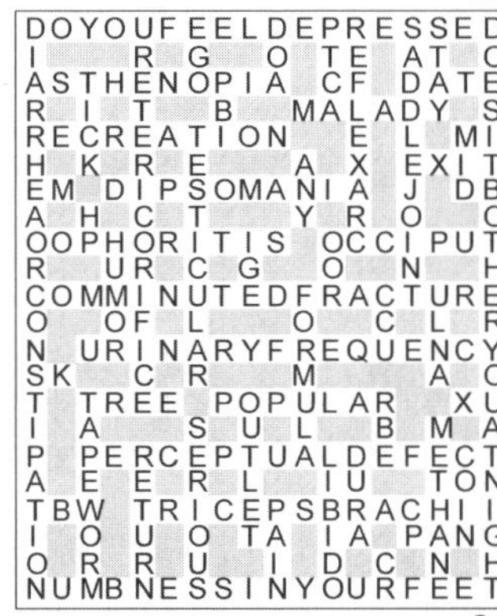

24

25

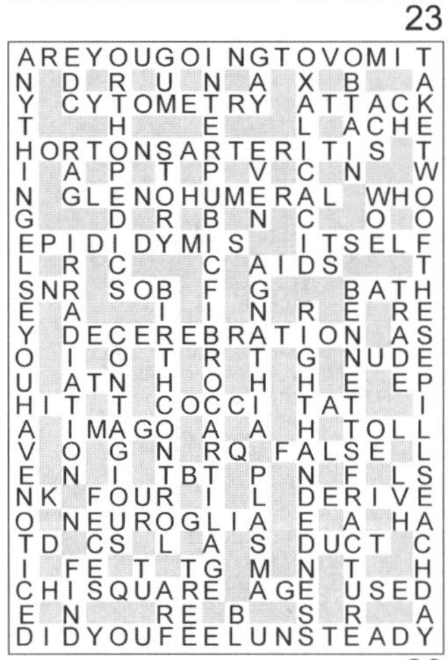

26

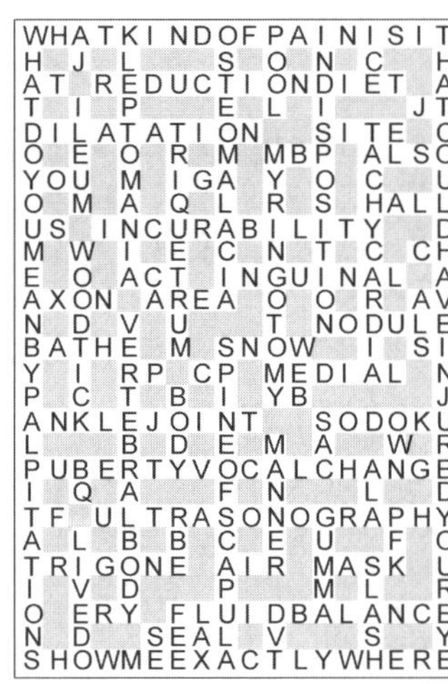

27

Lösungen 28–36

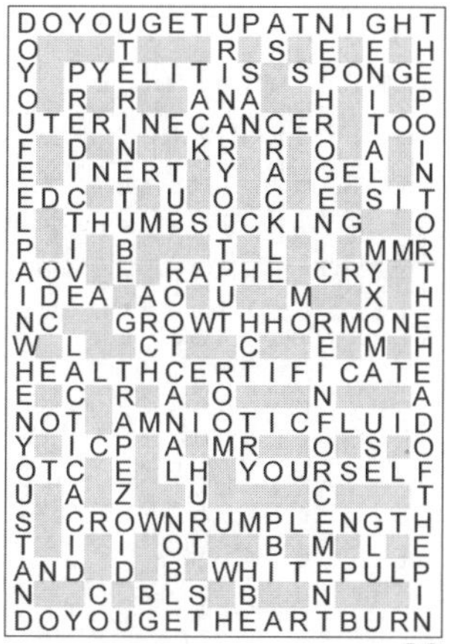

28

29

30

31

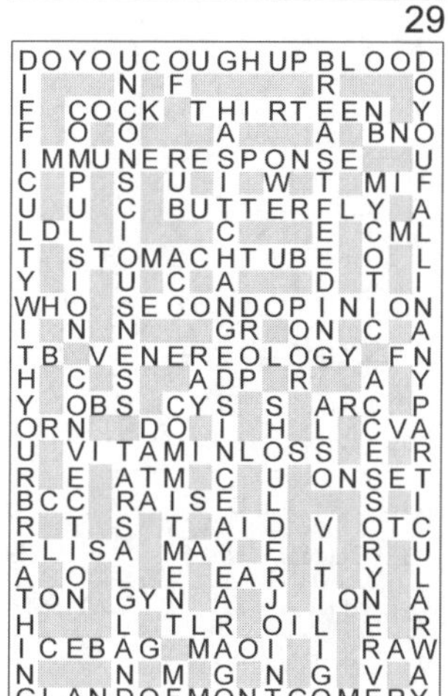

32

33

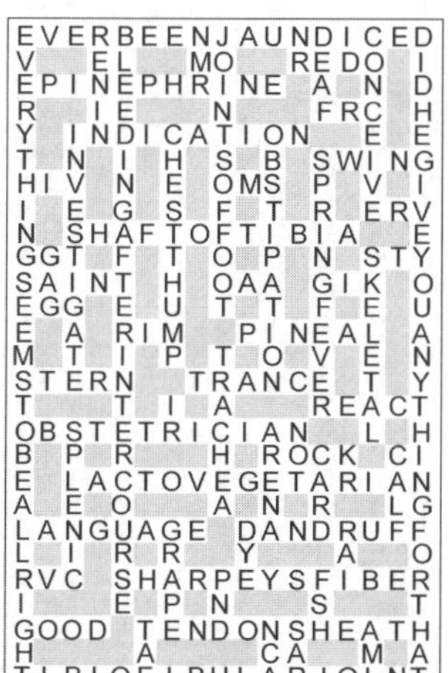

34

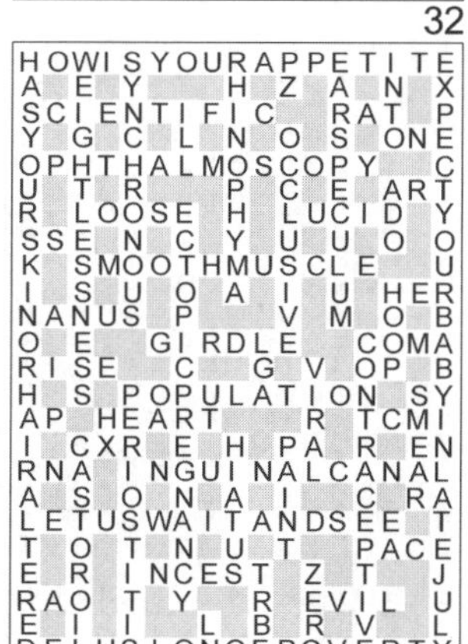

35

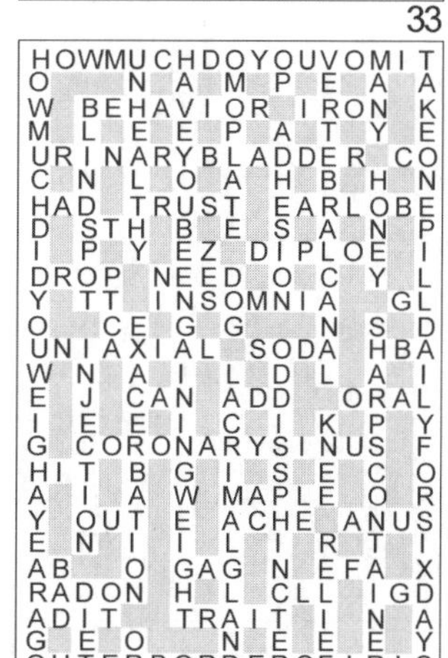

36

Lösungen 37–45

```
LISTENTOYOURTUMMY
O A I R I E O
OBSTRUCTIVE CVS U
K E E P OA K E T
INTESTINAL HB NPO
N FILM A I T H
TK DEATHRATTLE A
O P U G A E R V
THORACICDUCT LYME
H L L N E E S A
I YOUHAVEDIABETES
SYM R T PI ME I T
A Y IRIS VI L P O
P O N O LENTIFORM
PASTE N I F E F A
A I U SPELL JT C
R THIRDMOLARTOOTH
A I SER I M IN X
TEST MIDDLEFINGER
U E IF U U A
SEPARATIONANXIETY
```

37

```
WEREYOUINHOSPITAL
E V B E E O E
AP QTINTERVAL PUT
R I H P I V O Y
PATHOLOGIST I G O
A C R T SCAR U
D HEADACHE F AIR
SB C O E B LVP S
AORTICVALVE O H H
ST C I T O Y O
WHATISYOURWORK PU
E C N M E Q L
LYE LIPS BEAM U D
L T E H A N ERASE
AWAIT YOLK IN D R
S B S I E D R S
T UTERINEBLEEDING
AAL T O N E L P O
M ACHOLIA V SCL L
PAR E O TIE L EPO
O DRUG I N ACG O
N C IRON W I S
SUBARACHNOIDSPACE
```

38

```
WALKACROSSTHEROOM
H SNS T H T O
ANP AMENORRHEA U
T L E OM SVT
DEEPSENSATION U H
O ACTH EC SPOT
TSS H H HEAVY P O
H EVERY P LE PLAN
E C SUPPURATIVE O
MAO I E M SO M S
O U AIR PIT PIECE
TEG T R U N R
I HOWLONGWILLITBE
OD A N Y MEMO AS
N HDV IFN O PKU
S A E ABERRANT ES
LABILE CC E A K C
O I E D OBSERVE I
O TANTRUM O Y YET
K G Y A R EA AA
LIGATE S BEDREST
I Y H BITE TEM TI
K R I I V M R O
EPITHELIALIZATION
```

39

```
WHATISWORRYINGYOU
H I N DO A F L
E LIVERDISEASE CN
R O IE A I A
EQUILIBRIUM LASER
D U C Y G C
ORBIT WETCOUGH MO
Y F I H U G A S L
OT DOYOUSLEEPWELL
U N O N C A
SORT PKU ICR OAT
H E S I T C HENCE
ORALCANCER WONDER
O C U G R H M A
TDT RECLINE BCELL
T I V O N R O L
HAVEYOUBEENSICK I
E E G G I D BIG
D NUCHAL AHF A
RCM H AA O DAM
U ADDISONSDISEASE
G Y L DA S T N
SHOULDERSPICACAST
```

40

```
DEEPARTERYOFTHIGH
O D U E N E O
Y WOE BSP LET F W
OCA N A R Y R LLL
U SHOULDERBLADE O
H T C T S E P X N
AMEBA O SKILL IGG
V P RUN I N E B H
ESR C S OFF G IGA
I OPINION O I L V
N D N L DR ALIVE
D U O CLASS T Y
INCOMPATIBILITY O
G TPA Q X S IU
ET D LIQUIDDIET H
S N Q C I A N H A
TRICUSPID Y D ARD
I N A U STEEL T
ONEARMED FO X AIH
N T AO FAR F S I
O EUNUCH TS ICS S
F E TR L ORN E P
TENDINITIS GAMMA
E N C M D E I I
NOONECANBECERTAIN
```

41

```
WHATDRUGSDOYOUUSE
H B I O P M X
ATLAS HINGE P CUT
T E O O O N H Y E
HA BREWERSYEAST R
A I D L O O L O N
SINCE O U UTI LCA
Y H RINGS RATIO L
OPEN G MMPI GLU
U R CBD ADO SAY R
RAI A ORN U F E
H T T T E TRIPLET
EYELASHES H N E H
A D L E TPA GAS R
LG HY ADH N U IMA
T VS T EDD I O L
HEPATITIS B NANUS
B K A I RIA P
ENDEMIC ALE LYMPH
EE R K A H BEI
NEOPLASM STREP N
LD I L D H R T C
I PREMATUREINFANT
K I S U I L E
ENDOMETRIALCANCER
```

42

```
WHENISYOURBABYDUE
E D E A R X
R PLEASEMAKEAFIST
E L N E E N N E
TREATMENT ACTH R
H ARID A MCH I N
IBS C INCH I BMA
N E APNEA I N I L
G BIL FORTNIGHT U
S E E P T T I R
GENERICNAME Y O E
O D H T L RIP NUT
IVY OMIT DM E H
N OLD O H EV ROAR
G U O U ABDOMEN A
RER P SEE IL TELL
O KISS M AU I O
U N I HEARTMURMUR
N E N A TREE E I
DUE R U H FMF F
Y STAMMER ONCE SI
O U E I S N C
UTERINEPARTOFTUBE
```

43

```
ANYHEARINGPROBLEMS
N X O O E R S U
Y RECTUSSHEATH O F
O P E T O R H SP F
TUMESCENCE YOUTH E
H LSE O F S HAIR
E N I COMPLETE G F
R O V O I Y A FEAR
SENSEORGAN STOMA O
E C S N L W I L M
R OAWO X CONCHA NP
IGM E SA RM U AA
O PHARYNGEALTONSIL
U L T MT AN E T LP
SLIT C H S PA L I
I A DOYOUEVERFAINT
LENS C M AR A C A
L CRUCIATELIGAMENT
N E Y P U O I
EH SEXUAL MOSQUITO
S R GUT A S N
SEROUSCOATOFUTERUS
```

44

```
ACESAREANOPERATION
N D B G S A E O
Y MUSCLESPINDLE MT
TR E EN PINTA I
RESPIRATION O HBSC
OD Z K N L ID E
U LOUD ACIDBURN GD
B O R D L I C GLIA
LOWRESIDUEDIET FN
E B T A D N X TY
WHATHAPPENEDTHEN C
I C R E GXT TRAIL
T K E RVF O P O O
HIP S R O PCH PART
Y A HVA R H A H S
O I O S MATURITY O
U NPL HAI H M H HF
R D C A ANAL B
EASE DETAIL C L L
Y P LUQ C M I MAYO
EXIT R I I SKIM O
SATURATEDFATTYACID
```

45

Lösungen 46–54

```
ANYPAINSINYOURLEGS
L  R S G   A A O
LONGTERMMEMORY CXR
R  H  A  E  H  E
INJURYTOTHEHEAD BT
G V O R  T X T C H
HYPOPLASIA CAMPHOR
T  A N N B M  E O
BREATHSOUND INTIMA
E D H L R  TN    T
T DOYOUFEELNERVOUS
WD  PCA  AT  O SF
E POSTERIORCHAMBER
E U M N N Y I E RE
NEPHRITIS NATURE Q
S I    O G    K U
P LATERALVENTRICLE
AG VAL   A I    N
S INGUINALLIGAMENT
M R  D A    MB  L
SELFRESPONSIBILITY
```

46

```
DOYOUCOUGHUPSPUTUM
O PMS K E PITCH E
T L BAM H I A BIRD
HGA I I A N LE S I
E CELLDIVISION SGA
FAT I D E I LETHAL
ACALCULIA D IM O W
MST A E N INTACT A
I I LLE X O H  W L
LOOP HAIR U  GIRL
Y N A R ABSENT L O
GH GPC TYR  XYL F
E SUPERIORLIP  M T
T H L BF F I BABY
OVARIANCYST TR K M
N F C O O PULSE P
Y TRANSFUSE IQ Y A
O O T E R ST JOIN
UHF I BASIS A U I
R U ORL H PORK S C
N LANCE OWE Y LTC
E N MENU C DOPE A
REACH DIL I W ERV
V GET TD MEAL P I
E G E F E E R O T
SINGLEPARENTFAMILY
```

49

```
DOYOUTAKELAXATIVES
E  R F P  ANA O P
SEPTIC NICU I FISH
C  N R D RAS AC I
REPLACEMENT OSTEON
I L RNV M I M E C
BIA Y E IBC ALMOST
E T R R C A S B E
OXYGENSATURATION R
N S T I Y I I L XO
EAM E B P ABASIA F
O A N LTH C  S P
F ATTENUATED MRNA
TRH I TS O  T V N
H Y OC C LETHARGIC
E D N F H  ARV R
SORE SUBDURALSPACE
E A P R P  FU  A
A DOYOUALWAYSSWEAT
T E REND A I XI
TINUC PRESBYOPIC
A I V LA DQ L L D
C TRAVEL UNIT O U
K I T SOMA N FRAC
SUSPENSORYLIGAMENT
```

52

```
HOWSEVEREISTHEPAIN
O M S P R T A S O
WG MONOCYTE NOON T
O B P  S L D A SI
FLIGHTTOILLNESS C
T NEAT P A D MUTE
E ERG SWEAT NEAR D
NIT I T L EEE J TA
ABACTERIAL S O ON
R G I I S D SURVEY
E E SUCK BED Q SS
TW H T F P W WI
H DOYOUHAVEITCHING
EB P R S N H S N
ALLENTEST DOSAGE O
TS L E  G L I  F
T VEINSOFUPPERLIMB
AXIS S  TL N E L
CONSCIOUS Y DIG MO
K    O I  VEGAN O
SUBMANDIBULARGLAND
```

47

```
DOYOUHAVEMIGRAINES
O  O Y T A  P E
YFRACTURE INGEST R
O A  DCS E Y SO
U ICHTHYOSIS PMB U
HPL O A M M C PASS
A WPW E I PRO HG C
VIA MLMN O N Y TO
E Y A AMAUROSIS A
UDP NUT N T CLIENT
R HAY O CEA I S O
E O C M E NREM S F
TAB HEAD VT N SOUL
H I I T FCC CM A
RIA LYMPHNODE HAIR
AC HD  R RH  W G
LAPAROSCOPY BOAT E
D ME I M O L N BI
I E N AMB U O NOUN
SVC H L OUTDO S RT
C ZEALOUS O DESIRE
H E V R I E S H S
AIME RAS ABUSE NT
R ANY H DT GRAY I
G  ONES U A T N
EPIDURALHEMORRHAGE
```

50

```
WHATBROUGHTYOUHERE
H S  P A E K R X
E HYPOVOLEMIA CUT
RA  H  A P  AP R
EPILEPTICATTACK A
I T N G T  V I VC
S POOL COMPLAINT A
TIE T S S C I E FP
H DOYOUWEARGLASSES
E I PNPB  K I EU
PIG E I PUS DEAF L
A R ANAL L I  M A
IDEACHASE I SUFFER
N E A T U PMS O F
ED TRUE RVP OCULAR
X F C DIVE L R A
ACARIASIS DOUBT TC
CTS N P Y D TPHA T
T THOUGH TI I RAIU
L  M  Z S O I R
YOUHAVEBROKENABONE
```

53

```
DOYOUCOUGHUPPHLEGM
O F L S DIRT E A
E ATROPHIC O H AT
SHAPE V A A STABLE
T PERCEIVE T V ER
HSE I R E RAH EARN
E X O FLY E E Y TA
PCB RUL OCCASION L
ANEW ROBUST I U VD
I A H W H A SNEEZE
N THAN TABLE V VP
C  M B D T PEEP R
OSTEALGIA U R R I
ME  T  N BROTH VV
EXTREMITY E S AREA
O R B NUMB STUDENT
NEUROLOGIST A SD I
I E N C S R T T GO
NB E U C ACIDRAIN
TOSS GLIA U C E FS
HBCO SACRUM U PITY
E I S T R AERATE N
N ALOPECIA E H PD
I T L  HAIR TARTAR
GUINEAPIG O H O PO
H C U H E O R A EM
TRANSVERSEFRACTURE
```

48

```
DONTWORRYABOUTTHIS
O  R  BOARD  U U
Y IDIOT U ADHERE P
OHM S I R N O N GE
U METABOLIC WEEK R
H E J I A H L RMSF
ANDROPAUSE MORS I
V I I L TCC N SPEC
EIA NPN M R GAY I
V T T EYELASH NMNA
APEX XR N N A DIAL
G  S V SCISSORS T
INPATIENT A O FE
N O I  R L L MAIM
AUTOLOGOUS BLUE XP
L A L A SATE C O
DDS BNO L T H POMR
I S O S PLATINUM A
SVI RDS E R S P L
C U N OOR VDG GLIA
HOME D I A O BIER
A  HYPO TUNE A T
RUGAE N DRIVE ONCE
G R WIG O O C R
EXAMINATIONANXIETY
```

51

```
PLEASEBENDYOURKNEE
A D U H Y S A X
IMMOBILIZE REDPULP
N  C N D O S E
WORKOFMOURNING EDC
H E N I R    AAT
E DISADVANTAGED TE
N N C D T O PICED
YOUWILLNEEDACAST D
O C ONES D  K SA
U LEU L POLYP ACT
ACE STOMA E HIP OE
R U  BENT MY OAWO
EASY REACT L L LF
W  A NY PEOPLE D
O PSS A T O G A E
RUL BASEOFTHESKULL
R E E S P A NAIL I
YOURS AXE T E UNIV
I R T U N OBTURATE
N A O LAIN I I R
GOLESSTHANONCEADAY
```

54

Lösungen 55–63

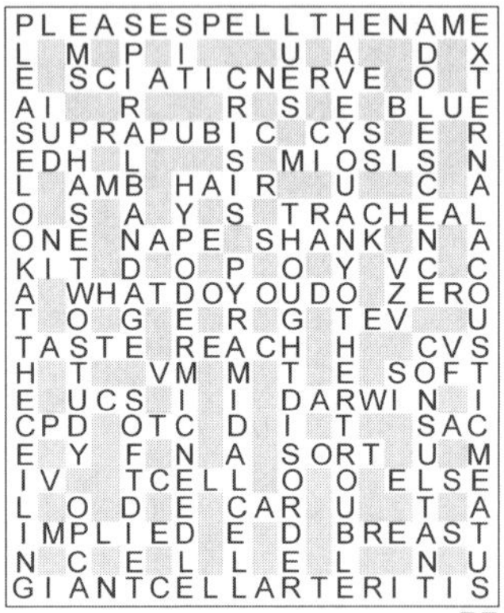

55

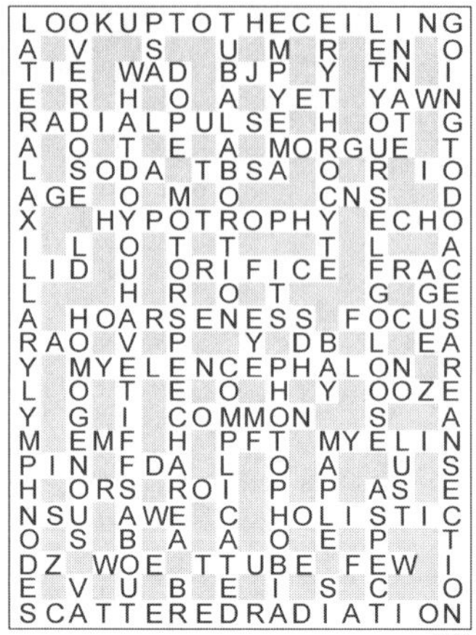

56

57

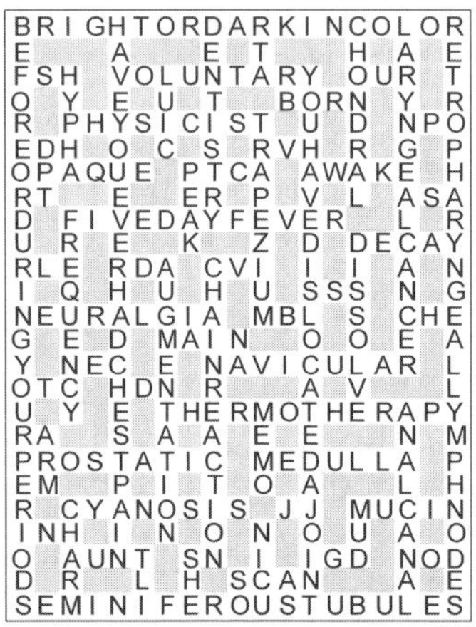

58

59

60

61

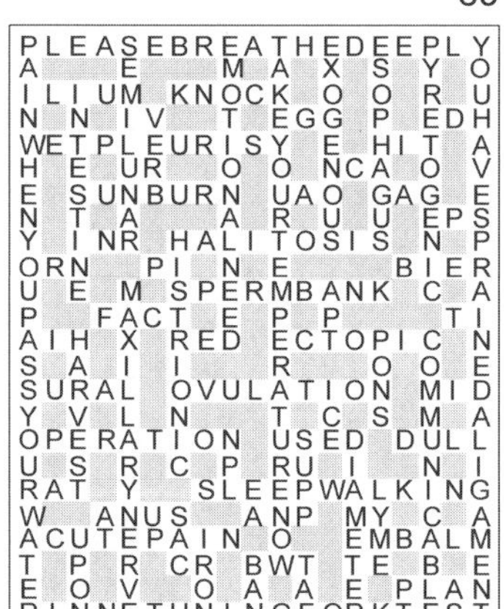

62

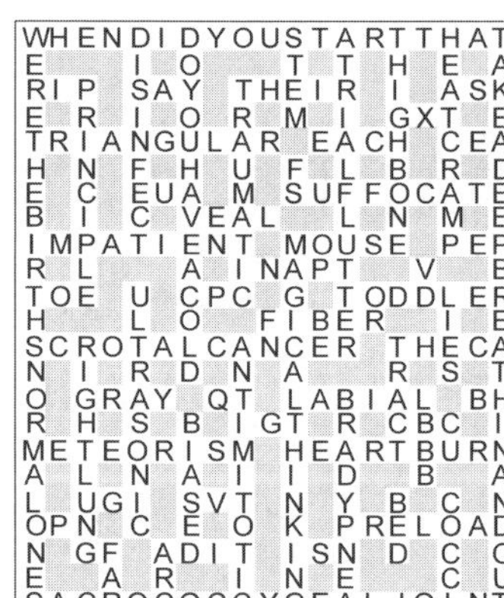

63

Lösungen 64–72

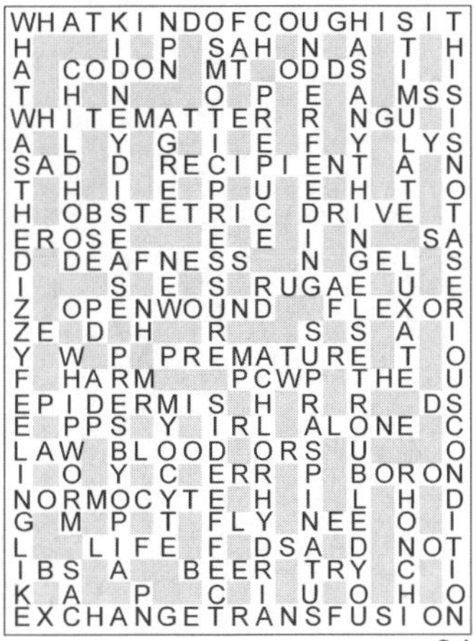

64

65

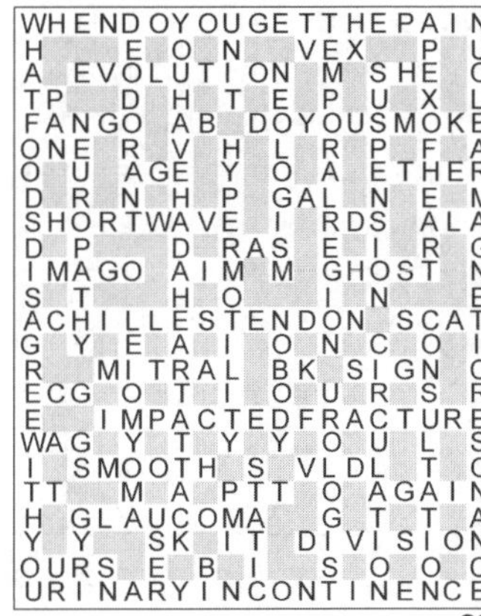

66

67

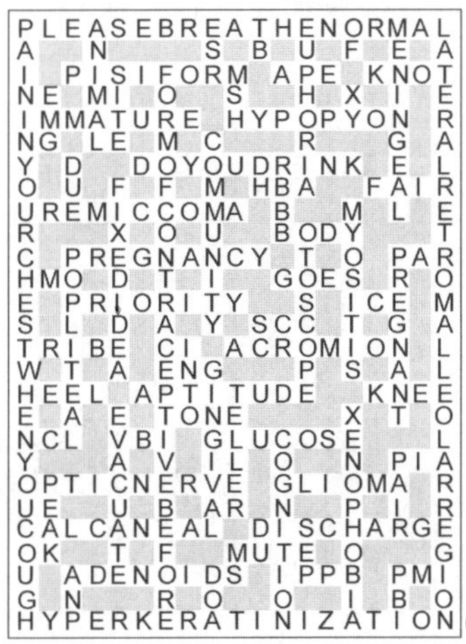

68

69

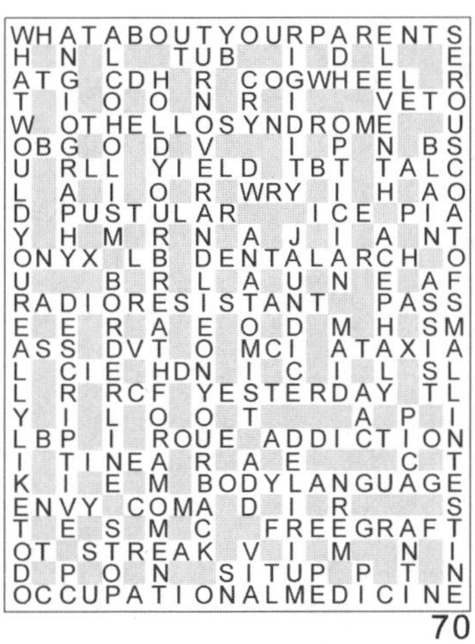

70

71

72

Lösungen 73–77

```
WHEREDOYOUGETTHEPAIN
H P C R A R O
IVU POUR BILATERAL I
C N R R W N N M C S
HYDROCEPHALUS ACTIVE
W E G A A E MST I I
E RENIN TPT U E CORN
A T O I D BRIM A D
TRANSITION PATELLA U
H K I R Y C L S C C
E EMS O ORAL DIOXIDE
RB O G U S G S AD D
DOYOUSEEDOUBLE N H
OS DR N O I U SUTURE
YOB O MA SAT K H A
OM PLATELET A I OVER
U U D AL I MANIC I
PERMANENT CMI C HORN
R OP E HBS CHAIR EG
E L X VEX VAIN OVAL
FOLICACID WBC COMEDO
E V Y A H I E I S
RADIALSTYLOIDPROCESS
```

73

```
COMMONFLEXORSHEATH
O CV O H A X O
M SGA RLF DILUTE W
E A R A E I ECHO
I CHILDBEDFEVER BF
N R A V L I A N ST
TRAIN I J VARIANCE
O L F C U ERY L N
H PROTEASE T M BUD
O L L O T R PR U O
SMELL N BEESTING Y
P X I VF E S Y E TO
I CU C A F E AXON U
T SOL MYOMA L N I G
AD E I R R I ACME
LIMP BLUE C S THAT
FD POLYCYTHEMIA GY
O R R P O S L EO
RSE CELLULAR P U U
A C H A R C EA N R
F UNION P HANDICAP
ERP TENSE A E E E
W E I I RML MIRROR
D R S N I ANAL T I
AWAY GROSS MAYO
Y T G D I K I D
STERNOCOSTALJOINTS
```

74

```
INFERIORNASALCONCHA
F E E M P THEN
Y CATCHUPGROWTH I Y
OAA I A H D BLOT
U RECOVERYROOM CD H
HAD U E O R OCA I
A INLAY PHA PMB B N
VMA O O A CML S UBG
E ACOUSTIC E CNS S
HEAVY E H L A U EUP
I U TMV Y INSERT GE
G T E E M E LTC
HOOK IRRITABLE Y I
B G A H L T O GUMMA
L R SNAKEVENOM P L
O A S D E K WHOM
O FLEABITE LANUGO A
DBT S R R I T V CCK
PM SMOKING M U Y E
RAH M N A GLY L T I
E PIERCING F ABORT
S V N H G SWIM AP W
SZ UTRICLE ENT WE O
U M UT E LEG ULNAR
R C VBI O E T I S
EPIPHYSIALCARTILAGE
```

75

```
CARDIACINSUFFICIENCY
H C O L B U P O
AB SHOULDER CD THC U
N I N E E H H EVER
GASTRITIS PHE O MP B
E T S A A E WEE A
DOYOUFEELSICK L RBBB
I T I R B O A Y
NUTRITION SOMNOLENT
T R S M ADA N G L O
HMO MI P T MVE H SB B
ERCP O I I VACUOLE
L HEARTSOUND LV BW B
A A B E N O PDE L O
SON DENY PARALYTIC R
T T O C H C N O NEON
F E M EYELID LUNG V
E R I M N D W B ULNA
WB ANOMALY LATERAL G
M AR E ANKLE LL I
ONCOLOGIST I N G EN
N L S L TEN SALIVA
TRACHEOTOMY G I ANAL
H M E O B SCAN DL
SUPERIORPOLEOFKIDNEY
```

76

```
INTERNALILIACARTERY
W E U C N O U M O
ACCELERATED NOBLE U
N H E O E E D R V
TONE SPERMATIC AGUE
T I A H N T T B E N
O CIN O ACH IPL N O
T I Y B L R O OHC T
ANABOLISM ASN O Y B
K N T A EDTA VDG SE
E WHY EDGE R S V E
AG E F I GERM E N
T CARDIACMUSCLE RIH
H H S L I A A T A
RBE Y MONOCULAR I OP
O EPMS E C PG P
ATROPINE TOXICOLOGY
T T H U F M R
CANYOUFEELTHISPIN E
U M A R C U C
LIFESPACE PHAGOCYTE
T E OMI T L N
URINATION STIMULANT
R S C S F O E L
ESOPHAGOJEJUNOSTOMY
```

77

Vorkommende Abkürzungen

A

AA	Alcoholics Anonymous; acetic acid; arachidonic acid
AAC	antigen-antibody complex
AAL	anterior axillary line
AAS	aortic arch syndrome
AAT	aspartate aminotransferase
AB	antibody; abortion
ABD	abdomen; abdominal
AC	adrenal cortex; amniocentesis
ACC	adrenocortical carcinoma
ACE	angiotensin-converting enzyme
ACG	angiocardiography
ACH	acetylcholine; adrenocortical hormone
ACHE	acetylcholinesterase
ACP	acid phosphatase
ACS	acute confusional state
ACTH	adrenocorticotropic hormone
AD	alcohol dehydrogenase; Alzheimer's disease; atopic dermatitis
ADA	adenosine deaminase
ADH	antidiuretic hormone
ADI	acceptable daily intake
ADL	activities of daily living
ADP	adenosine diphosphate
AF	atrial fibrillation; amniotic fluid
AFB	acid-fast bacillus
AFP	alpha fetoprotein
AG	antigen; silver
AH	arterial hypertension
AHF	antihemophilic factor
AHG	antihemophilic globulin
AI	artificial insemination; apical impulse; aortic insufficiency
AID	artificial insemination-donor
AIDS	acquired immunodeficiency syndrome
AIH	artificial insemination-husband
AJ	ankle jerk
AL	aluminum; acute leukemia
ALA	alanine; aminolevulinic acid
ALL	acute lymphocytic leukemia
ALS	advanced life support
AM	adrenal medulla
AMB	ambulance
AMC	amoxicillin
AMI	acute myocardial infarction
AMP	adenosine monophosphate
AN	antenatal
ANA	antinuclear antibody
ANP	atrial natriuretic peptide
AO	aorta
AOG	aortography
AOV	aortic valve
AP	alkaline phosphatase; angina pectoris; arterial pressure; anterior-posterior
AR	argon; airway resistance; artificial respiration
ARD	acute respiratory disease
ARF	acute respiratory failure
ARG	arginine
ART	active resistance training
ARV	AIDS-associated retrovirus
AS	alimentary system; arsenic; atherosclerosis; aortic stenosis
ASA	acetylsalicylic acid
ASAP	as soon as possible
ASN	asparagine
AT	adenotomy; atherosclerosis
ATG	antithymocyte globulin
ATM	atmosphere
ATN	acute tubular necrosis
AU	gold
AV	arteriovenous; atrioventricular
AVB	atrioventricular block
AVN	atrioventricular node
AXR	abdominal X-ray

B

BA	barium; bronchial asthma; basilar artery
BAE	barium enema
BAM	barium meal
BAO	basal acid output
BB	blue bloater
BBT	basal body temperature
BC	birth control
BCC	basal cell carcinoma
BCE	basal cell epithelioma
BD	base deficit
BE	base excess
BEAM	brain electric activity map
BEI	butanol-extractable iodine
BF	breast fed; blood flow
BG	blood glucose
BH	borderline hypertension
BHF	Bolivian hemorrhagic fever
BHL	biologic half-life
BI	bismuth
BIA	bioelectric impedance analysis
BIL	bilirubin
BJ	biceps jerk
BJP	Bence-Jones protein
BK	bradykinin
BL	Burkitt's lymphoma
BLS	basic life support
BMA	British Medical Association
BN	bedside nursing
BNO	bowels not opened
BP	blood pressure
BQ	becquerel
BR	bromine
BRR	brachioradialis reflex
BS	blood sugar; breath sounds
BSA	body surface area
BSE	bovine spongiform encephalitis
BSP	bromsulphalein
BT	bleeding time
BTS	bradycardia-tachycardia syndrome
BUN	blood urea nitrogen
BV	blood volume
BW	body weight
BWT	birth weight
BX	biopsy

C

CA	calcium; cancer; carcinoma; cardiac arrest
CAO	chronic airway obstruction
CBC	complete blood count
CBD	common bile duct
CC	chief complaint
CCK	cholecystokinin
CCU	critical care unit
CD	cadmium; contagious disease
CDH	congenital dislocation of the hip
CE	California encephalitis
CEA	carcinoembryonic antigen
CF	cardiac failure
CFT	complement-fixation test
CG	chorionic gonadotropin
CH	child; children; crown-heel (length); choline
CHE	cholinesterase
CHEI	cholinesterase inhibitor
CHI	chemotherapeutic index
CI	cardiac index; coronary insufficiency
CIE	counterimmunoelectrophoresis
CIN	cervical intraepithelial neoplasia
CK	creatine kinase
CL	chlorine
CLL	chronic lymphocytic leukemia
CM	cardiomegaly
CMI	cell-mediated immunity
CML	chronic myelocytic leukemia
CN	caudate nucleus
CNS	central nervous system
CO	cardiac output; cobalt
COA	coenzyme A
CP	cleft palate; capillary pressure
CPC	carotid pulse curve
CPD	congenital polycystic disease
CPHA	Canadian Public Health Association
CPR	cardiopulmonary resuscitation
CPS	cycles (counts) per second
CPT	cold pressure test
CR	chromium; crown-rump (length); complete remission
CS	cesarean section; cerebrospinal
CSA	cross sectional area
CSF	cerebrospinal fluid
CSM	cerebrospinal meningitis
CT	computed tomography; calcitonin; chemotherapy
CTS	carpal tunnel syndrome
CU	copper
CV	cardiovascular
CVA	cerebrovascular accident
CVI	cerebrovascular insufficiency
CVP	central venous pressure
CVS	cardiovascular system
CW	chest wall

CX cervix
CXR chest X-ray
CYS cysteine

D

DA dopamine; deoxyadenosine
DAH disordered action of the heart
DAM diacetylmorphine
DB decibel
DBT double-blind trial
DC decarboxylase
DCA deoxycorticosterone acetate
DCS decompression sickness
DCX dicloxacillin
DD differential diagnosis
DDS Doctor of Dental Surgery; dialysis disequilibrium syndrome
DEA dehydroepiandrosterone
DF dorsiflexion
DG deoxyguanosine
DH dehydrocholic acid
DI diabetes insipidus; diphtheria
DIFF differential blood count
DIL dilute
DJD degenerative joint disease
DL deciliter
DM diabetes mellitus
DO diamine oxidase
DOA dead on arrival
DP diphosphate
DPT diphtheria pertussis tetanus
DQ equivalent dose
DR diabetic retinopathy
DS dumping syndrome
DSA digital subtraction angiography
DSM Diagnostic and Statistical Manual of Mental Disorders
DT delirium tremens
DTP diphtheria, tetanus, and pertussis
DU duodenal ulcer
DVT deep venous thrombosis
DW distilled water
DX diagnosis
DZ dizygotic

E

EA ethyl alcohol; enteral alimentation; enteroanastomosis
EAG electroatriogram
EAM external acoustic meatus
EB erythroblast
EC extracellular; Escherichia coli; enterochromaffin
ECG electrocardiogram
ECHO enteric cytopathogenic human orphan
ECOG electrocochleography
ECS extracellular space
ED effective dose
EDC expected date of confinement
EDD expected date of delivery
EDH epidural hematoma
EDM early diastolic murmur
EDTA ethylenediaminetetraacetic acid
EDV enddiastolic volume
EE endogenous eczema; exudative enteropathy
EEE Eastern equine encephalitis
EEG electroencephalogram
EENT eyes, ears, nose, and throat
EF ejection fraction
EFA essential fatty acids
EFE endocardiale fibroelastosis
EG echinococcus granulosus
EH essential hypertension
EIA enzyme immunoassay
EKC epidemic keratoconjunctivitis
EL erythroleukemia
ELC electrocoagulation
ELISA enzyme-linked immunosorbent assay
EM emmetropia; electron microscope
EMF endomyocardial fibrosis
EMG electromyogram
EMS emergency medical service
EN erythema nodosum
ENG electronystagmography
ENT ears, nose, and throat
EO eosinophil
EP ectopic pregnancy; evoked potential
EPMS extrapyramidal motor system
EPO erythropoietin
EPS endocrine polyglandular syndrome
EQ equivalent
ER emergency room; epigastric region
ERC endoscopic retrograde cholangiography
ERCP endoscopic retrograde cholangiopancreatography
ERG electroretinogram
ERP endoscopic retrograde pancreatography
ERV expiratory reserve volume
ERY erythrocyte
ES extracellular space
ESR erythrocyte sedimentation rate
ET ergotherapy; endotracheal
EU extrauterine
EUA examination under anesthesia
EUP extrauterine pregnancy
EV extravascular
EZ eczema

F

FA fatty acid; folic acid; formaldehyde
FAA folic acid antagonist
FAR fluorescent antibody reaction
FAS fetal alcohol syndrome
FAT fluorescent antibody test
FB foreign body
FBC full blood count
FBS fasting blood sugar
FC frontal cortex
FCC flucloxacillin
FD fatal dose
FDA Food and Drug Administration
FDH focal dermal hypoplasia
FE iron (ferrum); fetal erythroblastosis
FH fetal heart
FHT fetal heart tones
FL fluid
FLU influenza
FM flavin monocucleotide
FMF fetal movement felt
FMP first menstrual period
FN fibronectin
FO foramen ovale
FP food poisoning
FR frequency
FRAC fracture
FRC functional residual capacity
FS frozen section
FSH follicle stimulating hormone
FT foot; full term
FU fluorouracil
FUO fever of unknown origin
FWB full-weight bearing
FX fracture

G

GA general anesthesia
GAL galactose
GB gallbladder
GC general condition
GD gastroduodenostomy
GE gastroenteritis; gastroenterology; gastroenterostomy
GER gastroesophageal reflux
GF glomerular filtrate
GFR glomerular filtration rate
GGT gamma-glutamyl transferase
GH growth hormone
GI gastrointestinal
GIFT gamete intrafallopian transfer
GIH growth hormone inhibiting hormone
GIK glucose-insulin-potassium solution
GK glucokinase
GL greatest length
GLC glaucoma
GLN glutamine
GLU glutamic acid
GLY glycine
GN graduate nurse
GNRH gonadotropin releasing hormone
GO gonorrhea
GP general practitioner
GPC general physical condition
GR grain
GS glomerulosclerosis
GSW gunshot wound
GT glucose tolerance
GU gastric ulcer; genitourinary
GUS genitourinary system
GXT graded exercise test
GY gray
GYN gynecology; gynecologist

H

HA hepatitis A; hemolytic anemia; hemagglutination
HAI hospital-acquired infection; hemagglutination-inhibition test
HB hemoglobin; hepatitis B
HBA hemoglobin A
HBC hemoglobin C
HBCO carboxyhemoglobin
HBE His bundle electrocardiogram
HBS hemoglobin S
HBSC hemoglobin SC

HC hepatitis C
HCC hepatocellular carcinoma
HCL hydrochloric acid
HCT hematocrit
HD hepatitis D
HDL high-density lipoprotein
HDN hemolytic disease of the newborne
HDV hepatitis D virus
HE helium; hepatitis E; hematoxylin-eosin
HF hay fever
HG mercury (hydrargyrum)
HGA homogentisic acid
HI hemagglutination-inhibition test
HIS histidine
HIV human immunodeficiency virus
HL hearing loss
HLA human leucocyte antigen
HMO health maintenance organization
HMP hexose monophosphate
HP house physician
HPL human placental lactogen
HPV human papilloma virus
HR heart rate
HS house surgeon
HSE herpes simplex encephalitis
HT heart; height
HV hyperventilation
HVA homovanillic acid
HX hypoxanthine
HY hyperopia
HZ hertz
HZV herpes zoster virus

I

IA intra-arterial; intra-articular; infiltration anesthesia
IB inclusion body
IBC iron binding capacity
IBS irritable bowel syndrome
IBW ideal body weight
IC intracutaneous; intracranial; immune complex
ICA internal carotid artery
ICD International Classification of Diseases; intraventricular conduction defect
ICF intercellular fluid
ICP intracranial pressure
ICR iliac crest
ICS intercostal space
ICU intensive care unit
ID infectious disease
IDD insulin-dependent diabetes
IDDM insulin-dependent diabetes mellitus
IDT intradermal test
IE immunoelectrophoresis; intra-epithelial
IF inspiratory force
IFN interferon
IG immunoglobulin
IGA immunoglobulin A
IGD immunoglobulin D
IGE immunoglobulin E
IGG immunoglobulin G
IGM immunoglobulin M
IGT impaired glucose tolerance
IH infectious hepatitis
IK interstitial keratitis
IL interleukin; intermediate lobe
ILE isoleucine
IM intramuscular
IMA internal mammary artery
IN interstitial nephritis
IND investigational new drug
INH inhalation; isoniazid
INN international nonproprietary name
INO inosine
INR înternational normalized ratio
INSP inspection
IO intra-ocular; intestinal obstruction
IOP intraocular pressure
IP incubation period
IPA isopropyl alcohol
IPL intrapleural
IPPB intermittent positive pressure breathing
IPPV intermittent positive pressure ventilation
IQ intelligence quotient
IR infrared; iridium
IRL infrared light
IS immune serum globulin; immunosuppressive
ISG immune serum
ISN inosine
IT intrathoracic
IU international unit; intra-uterine
IUD intrauterine device
IV intravenous; intraventricular
IVB intraventricular block
IVC intravenous cholangiography
IVF in vitro fertilization
IVP intravenous pyelogram
IVU intravenous urogram

J

JBE Japanese B encephalitis
JCD Jakob-Creutzfeldt disease
JJ jaw jerk
JT joint
JV (internal) jugular vein
JVP jugular venous pressure

K

KB ketone bodies
KG kilogram
KJ knee jerk; kilojoule
KM kilometer
KR krypton
KS Kaposi's sarcoma
KV kilovolt
KW kilowatt
KY kymography

L

LA left atrium; local anesthesia; labial
LAD left anterior descending
LB pound (libra)
LBBB left bundle branch block
LBP low back pain
LCA left coronary artery
LCM left costal margin
LD lethal dose
LDL low-density lipoprotein
LE lupus erythematosus; left eye; lower extremity
LET linear energy transfer
LEU leucine
LF left foot
LFT liver function test
LG lymphogranulomatosis
LGA large for gestational age infant
LH luteinizing hormone
LI lithium
LIH left inguinal hernia
LL lower lid
LLE left lower extremity
LLL left lower lobe
LLQ left lower quadrant of abdomen
LM legal medicine
LMP last menstrual period
LN lymphoid node
LOC level of consciousness
LOS length of stay
LP lumbar puncture
LPS lipopolysaccharide
LR low residue; lateral right
LS laparoscopy
LSE left sternal edge
LTB laryngotracheobronchitis
LTC long term care
LTH luteotropic hormone
LU lutetium
LUA left upper arm
LUL left upper lobe
LUQ left upper quadrant of abdomen
LV left ventricle
LVF left ventricular failure
LVH left ventricular hypertrophy
LYS lysine

M

MA mental age
MAO monoamine oxidase
MAOI monoamine oxidase inhibitor
MAX maximum
MB myeloblast
MBC maximal breathing capacity
MBD minimal brain dysfunction
MBL myeloblastic leukemia
MBP mean blood pressure
MC metacarpal
MCG mechanocardiography
MCH mean corpuscular hemoglobin
MCI millicurie
MCL midclavicular line
MCP metacarpophalangeal joint
MCV mean corpuscular volume
MD Doctor of Medicine; maximum dose
MDR minimum daily requirement
ME middle ear
MEA multiple endocrine adenomatosis
MEB methylene blue
MEG magnetoencephalography
MF myocardial fibrosis
MH malignant hyperthermia
MHC major histocompatibility complex

MI myocardial infarction; mitral insufficiency
MIC minimal inhibitory concentration
MIF macrophage inhibition factor
MIP maximum inspiratory pressure
MIS Müllerian inhibiting substance
MJ megajoule
ML milliliter
MLM malignant lentigo melanoma
MMPI Minnesota Multiphasic Personality Inventory
MMR measels, mumps, and rubella virus vaccine life
MN manganese
MO molybdenum
MP multipara; mercaptopurine
MPO myeloperoxidase
MR magnetic resonance
MRI magnetic resonance imaging
MRNA messenger ribonucleic acid
MS multiple sclerosis
MSH melanocyte stimulating hormone
MSS musculoskeletal system
MST mitral stenosis
MT metatarsal
MV minute ventilation
MVE Murray Valley encephalitis
MVP mitral valve prolapse
MW molecular weigth
MY myopia
MZ monozygotic

N

NA sodium (natrium); nicotinic acid
NAD no appreciable disease; nicotinamide adenine dinucleotide
NB neuroblastoma
NC nucleus
NCA neurocirculatory asthenia
NCL nucleolus
ND neoplastic disease; neodymium
NE neon; norepinephrine
NEC necrotizing enterocolitis
NG nanogram; new growth
NGU nongonococcal urethritis
NH neonatal hepatitis
NI nickel
NICU neonatal intensive care unit
NK natural killer cells
NM nuclear medicine
NMNA National Male Nurses' Association
NMR nuclear magnetic resonance
NN nerves (nervi)
NP nasopharynx; nasopharyngeal; neuropsychiatry; nucleoprotein
NPC nasopharyngeal carcinoma
NPH normal pressure hydrocephalus
NPL neoplasm
NPN nonprotein nitrogen
NPO nothing by mouth (nil per os)
NPT nocturnal penile tumescence
NR no response; nodal rhythm
NREM nonrapid eye movement
NS nervous system; neurosurgery
NSR normal sinus rhythm
NSU nonspecific urethritis
NT nasotracheal; normotensive
NY Nystagmus

O

OA osteoarthritis; oxaloacetate; orotic acid
OAA oxaloacetic acid
OAF osteoclast activating factor
OAWO opening abductory wedge osteotomy
OB obstetrics
OBG obstetrics and gynecology
OBS organic brain syndrome
OC oral contraceptive
OCA oculocutaneous albinism
OCC occipital
OCG oral cholecystography
OD overdose
ODC oxygen dissociation curve
OE otitis externa
OHC outer hair cells
OHD organic heart disease
OL left eye (oculus laevus)
OM osteomyelitis; otitis media; osteomyelosclerosis
OMS osteomyelosclerosis
OOR orbicularis oculi reflex
OP outpatient; osmotic pressure
OPCA olivopontocerebellar atrophy
OPD outpatient department
OPN opinion
OPSI overwhelming post splenectomy infection
OPT optical
OPV oral poliovirus vaccine
OR operating room
ORL otorhinolaryngology
ORN ornithine
ORS oral rehydration solution
ORT oral rehydration therapy
OS osmium
OT occupational therapy; occupational therapist; orotracheal
OTC over the counter
OV overventilation
OZ ounce

P

PA pascal; posterior-anterior
PAL posterior axillary line
PAR pulmonary arteriolar resistance
PB lead
PBI protein-bound iodine
PC professional corporation; pulp canal
PCA posterior cerebral artery
PCB paracervical block
PCH paroxysmal cold hemoglobinuria
PCR polymerase chain reaction
PCV packed cell volume
PCWP pulmonary capillary wedge pressure
PD interpupillary distance; peritoneal dialysis
PDA patent ductus arteriosus
PDE phosphodiesterase
PE physical examination; pulmonary embolism
PEEP positive end expiratory pressure
PET positron emission tomography
PF plantar flexion
PFK phosphofructokinase
PFT pulmonary function test
PG prostaglandin
PH hydrogen ion concentration; portal hypertension
PHA phytohemagglutinin
PHE phenylalanine
PI present illness; previous illness; pulmonary infarction; pulmonary insufficiency; pancreatic insufficiency
PID pelvis inflammatory disease
PK pyruvate kinase
PKD polycystic kidney disease
PKU phenylketonuria
PLMI posterolateral myocardial infarction
PM pacemaker
PMB polymorphonuclear basophil leukocyte
PMI point of maximum impulse
PMN polymorphonuclear neutrophil leukocyte
PMS premenstrual syndrome
PN pyelonephritis; pneumonia; postnatal
PND paroxysmal nocturnal dyspnea
PNH paroxysmal nocturnal hemoglobinuria
PNPB positive-negative pressure breathing
PO postoperative
POMR problem-oriented medical record
PP primipara
PPM parts per million
PPS postperfusion syndrome
PR partial remission; pulse rate
PRL prolactin
PRO proline
PS pulmonal stenosis
PSA prostate-specific antigen
PSI pounds/square inch
PSS progressive systemic sclerosis
PSW psychiatric social worker
PT platinum; prothrombin time
PTCA percutaneous transluminal coronary angioplasty
PTH parathyroid hormone
PTT partial thromboplastin time
PU peptic ulcer
PUO pyrexia of unknown origin
PV pulmonary vein
PVC polyvinyl chloride
PVR pulmonary vascular resistance
PZ pancreozymin

Q

QA quality assurance
QT quart

R

RA
RA radium; right atrium
RA rheumatoid arthritis

RAAS renin-angiotensin-aldosterone system
RAH right anterior hemiblock
RAI radioactive iodine
RAIU radioactive iodine uptake
RAO right anterior oblique
RAS reticular activating system; renin-angiotensin system
RAW resistance airway
RB rubidium; ribosome
RBBB right bundle branch block
RBC red blood cell; red blood cell count
RBE relative biologic effectiveness
RC respiratory center
RCD relative cardiac dullness
RCF relative centrifugal force
RCM right costal margin
RD retinal detachment
RDA recommended dietary allowance
RDI recommended daily intake
RDS respiratory distress syndrome
RE right eye
RER rough endoplasmic reticulum
RF respiratory frequency; rheumatoid factor
RH reactive hyperemia; rhesus factor
RI respiratory insufficiency
RIA radioimmunoassay
RICE rest, ice, compression, elevation
RIG rabies immune globulin
RIH right inguinal hernia
RIP reflex inhibiting pattern
RIU radioactive iodine uptake
RL rales
RLE right lower extremity
RLF retrolental fibroplasia
RLL right lower lobe
RLQ right lower quadrant of abdomen
RM respiratory movement
RML right middle lobe
RMSF Rocky Mountain spottet fever
RN radon
RNA ribonucleic acid
RNV radionuclide ventriculography
ROI region of interest
RP radial pulse; refractory period
RPF renal plasma flow; retroperitoneal fibrosis
RPM revolutions per minute
RQ respiratory quotient
RR recovery room
RRNA ribosomal ribonucleic acid
RS respiratory system; Ringer's solution
RSE right sternal edge
RSV respiratory syncytial virus
RT respiratory therapy; reverse transcriptase; radiotherapy
RTA renal tubular acidosis
RU ruthenium
RUA right upper arm
RUE right upper extremity
RUL right upper lobe
RV residual volume; right ventricle
RVC responds to verbal commands
RVF right ventricular failure
RVG radionuclide ventriculography
RVH right ventricular hypertrophy
RVP right ventricular pressure

S

SA sinu-atrial; surface area; salicylic acid
SAD seasonal affective disorder
SAH subarachnoid hemorrhage
SAN sinu-atrial node
SAR specific absorption rate
SAS subarachnoid space; subaortic stenosis
SB antimony (stibium); small bowel
SBE self-breast examination
SC subcutaneous
SCAT sheep cell agglutination test
SCC squamous cell carcinoma
SCID severe combined immunodeficiency disease
SCL soft contact lens
SD skin dose; standard deviation
SDH subdural hematoma
SE selenium; standard error
SEM scanning electron microscope
SEP somatosensory evoked potential
SER serine
SF synovial fluid; scarlet fever
SG sphygmogram
SGA small for gestational age
SH serum hepatitis
SI International System of Units (Système International d'Unités); stroke volume index; silicon
SIA sialic acid
SIMV synchronized intermittent mandatory ventilation
SK streptokinase
SL sublingual; streptolysin
SLE systemic lupus erythematosus
SM systolic murmur
SMA sequential multiple analysis
SMR submucous resection
SN tin (stannum); subnormal; sinu-atrial node
SNR signal-to-noise ratio
SNS sympathetic nervous system
SO salpingo-oophorectomy
SOB shortness of breath
SOD superoxide dismutase
SP suprapubic
SPEC specific
SPG splenoportography
SR sedimentation rate; strontium
SS serum sickness; steady state
SSE soapsuds enema
SSS sick sinus syndrome
SSSS staphylococcal scalded skin syndrome
ST skin test; sedimentation time
STH somatotropic hormone
STR streptococcus
SUPP suppository
SV stroke volume
SVC superior vena cava
SVI slow virus infection
SVT supraventricular tachycardia
SY sympathetic
SYM symmetrical
SZ seizure

T

TA tantalum; transactional analysis; terminal arteriole
TAB tablet
TAF tumor angiogenesis factor
TAH total abdominal hysterectomy
TAT tetanus antitoxin
TB tuberculosis; tracheobronchial
TBS tablespoon
TBSA total body surface area
TBT tracheobronchial tree
TBW total body water
TC technetium; therapeutic community
TCC transitional cell carcinoma
TCMI T cell-mediated immunity
TD thoracic duct
TDD transdermal drug delivery
TDNA transfer desoxyribonucleic acid
TDT terminal deoxynucleotidyl transferase
TDZ thymus dependent zone
TE tonsillectomy; tellurium
TEG thromboelastogram
TEM triethylene melamine
TEN toxic epidermal necrolysis
TEV talipes equinovarus
TF transfer factor
TG thyroglobulin
TGA transient global amnesia
THC tetrahydrocannabinol
THI thiamine
THR threonine
TI therapeutic index; titanium; tricuspid insufficiency
TIBC total iron binding capacity
TIG tetanus immune globulin
TIT triiodothyronine
TK transketolase
TL thallium; temporal lobe
TLC thin layer chromatography; total lung capacity
TLE thin layer electrophoresis
TLI total lymphoid irradiation
TLR tonic labyrinthine reflex
TM tropical medicine
TMJ temporomandibular joint
TMV tobacco mosaic virus
TN trigeminal neuralgia
TNM tumor, (regional lymph) node, (distant) metastases
TNTC too numerous to count
TO target organ
TOE tonsillectomy
TP total protein
TPA tissue plasminogen activator
TPHA Treponema pallidum hemagglutination assay
TPN total parenteral nutrition
TPR temperature, pulse, respiration
TPT thromboplastin time
TR tremor; tract
TRBF total renal blood flow
TRH thyrotropin releasing hormone
TRY tryptophan

TS	test solution; tricuspid stenosis
TSE	testicular self-examination
TSH	thyroid stimulating hormone
TSS	toxic shock syndrome
TT	thrombin time
TTP	thrombotic thrombocytopenic purpura
TTS	tarsal tunnel syndrome
TU	tumor
TUR	transurethral resection
TV	tidal volume
TW	total body water
TX	treatment
TY	type
TYR	tyrosine

U

UA	urinalysis
UAO	upper airway obstruction
UBG	urobilinogen
UBN	urobilin
UC	urinary catheter; ulcerative colitis
UCB	unconjugated bilirubin
UCS	unconscious
UDCA	ursodeoxycholic acid
UDP	uridine diphosphate
UE	upper extremity
UES	upper esophageal sphincter
UG	urogenital
UGI	upper gastrointestinal tract
UGT	urogenital tract
UHF	ultrahigh frequency
UK	urokinase
UMP	uridine monophosphate
UNIV	universal
UQ	ubiquinone
UR	unconditioned reflex; urine
URI	upper respiratory tract infection
UROL	urology
US	ultrasound
USP	United States Pharmacopeia
UT	urinary tract
UTI	urinary tract infection
UV	ultraviolet

V

VA	visual aciuty
VAL	valine
VAR	vasomotor rhinitis
VB	blood volume
VBI	vertebrobasilar insufficiency
VC	vital capacity
VD	venereal disease; respiratory dead space
VDG	venereal disease gonorrhea
VDS	venereal disease syphilis
VE	vacuum extraction
VEN	venous
VF	ventricular fibrillation; field of vision; vocal fremitus
VH	viral hepatitis
VI	vaginal irrigation
VIN	vincamine
VIP	vasoactive intestinal polypeptide
VIT	vitamin
VLDL	very-low-density lipoprotein
VM	vasomotor
VMA	vanillyl mandelic acid
VNS	villonodular synovitis
VP	venous pressure
VR	vocal resonance
VS	vesicular sound
VT	tidal volume
VV	vulvovaginal
VZV	varicella-zoster virus

W

WAS	Wiskott-Aldrich syndrome
WB	whole blood
WBC	white blood cell
WC	whooping cough
WD	well developed
WEE	Western equine encephalitis
WG	Wegener's granulomatosis
WHO	World Health Organization
WL	wave length
WM	white male
WN	well nourished
WPW	Wolff-Parkinson-White syndrome
WT	weight

X

XA	chiasma
XE	xenon
XMM	xeromammography
XO	xanthine oxidase
XP	xeroderma pigmentosum
XR	xeroradiography
XU	xylulose
XUL	xylulose
XY	xylose
XYL	xylose

Y

YB	ytterbium
YF	yellow fever
YOB	year of birth

Z

ZE	Zollinger-Ellison syndrome
ZEEP	zero-end expiratory pressure
ZES	Zollinger-Ellison syndrome
ZN	zinc
ZR	zirconium

Literatur

1. Anderson K N, Anderson L E, Glanze W D: Mosby's medical, nursing, and allied health dictionary. 4th ed. Mosby, St Louis etc. 1994.
2. FCAT Federative Committee on Anatomical Terminology: Terminologia anatomica. International anatomical terminology. Thieme, Stuttgart – New York 1998.
3. Friedbichler I, Friedbichler M: Fachwortschatz Medizin Englisch. Thieme, Stuttgart – New York 2003.
4. Hoffmann L: Fachwortschatz Medizin. Häufigkeitswörterbuch Russisch, Englisch, Französisch. 2. Aufl. VEB Verlag Enzyklopädie, Leipzig 1973.
5. Lippert-Burmester W, Lippert H: Medizinische Fachsprache – leicht gemacht. Lehr- und Arbeitsbuch 4. Aufl. Schattauer, Stuttgart – New York 2004.
6. Messinger H: Langenscheidts Großwörterbuch Englisch – Deutsch. 3. Aufl. Langenscheidt, Berlin usw. 1978.
7. Nöhring F-J: Fachwörterbuch Medizin Deutsch – Englisch. 3. Aufl. Urban & Fischer, München – Jena 2003.
8. Nöhring F-J: Fachwörterbuch Medizin Englisch – Deutsch. 4. Aufl. Urban & Fischer, München – Jena 2002.
9. Parkinson J: A manual of English for the overseas doctor. 3rd ed. Churchill Livingstone, Edinburg etc. 1985.
10. Peters U H: Lexikon Psychiatrie, Psychotherapie, medizinische Psychologie. 5. Aufl. Urban & Fischer, München – Jena 1999.
11. Pschyrembel klinisches Wörterbuch. 259. Aufl. de Gruyter, Berlin – New York 2002.
12. Reuter P: Springer Großwörterbuch Medizin. Medical dictionary. Springer Berlin usw. 2001.
13. Roche Lexikon Medizin. 5. Aufl. Urban & Fischer, München – Jena 2004.